"十三五"江苏省高等学校重点教材

普通高等教育智能制造系列教材

制造物联技术基础

（第三版）

郭　宇　黄少华　廖文和　编著

U0287246

科学出版社

北　京

内 容 简 介

本书是"十三五"江苏省高等学校重点教材(编号：2019-1-063)。

物联网在制造领域的深度渗透和落地应用催生了一种以"物物互联、泛在感知"为特征的新型信息化、数字化制造技术——制造物联。制造物联技术为制造业生产要素的智能化识别、定位、跟踪、监控和管理提供了很好的解决方案。本书共由三篇构成：第一篇介绍制造物联技术的理论基础、内涵和发展现状，围绕离散制造业的特点和生产模式，系统介绍制造物联技术的系统架构；第二篇阐述制造物联的关键技术，包括自动识别技术、中间件技术、无线传感网技术、实时定位技术、多源制造数据实时采集与传输技术、制造大数据建模与存储技术、制造大数据分析技术以及制造物联安全技术等；第三篇介绍制造物联技术的应用实例，涉及生产异常监测系统、实时定位系统、订单剩余完工时间预测系统、车间物流动态优化系统和生产过程优化系统等。

本书可用作智能制造工程、机械工程及相关专业的高年级本科生和研究生教材，也可供相关研究人员和工程技术人员参考使用。

图书在版编目（CIP）数据

制造物联技术基础 / 郭宇，黄少华，廖文和编著. 3 版. -- 北京：科学出版社，2024. 11. -- （"十三五"江苏省高等学校重点教材）（普通高等教育智能制造系列教材）. -- ISBN 978-7-03-080110-4

I. TH166

中国国家版本馆 CIP 数据核字第 2024LN9893 号

责任编辑：邓　静 / 责任校对：王　瑞
责任印制：赵　博 / 封面设计：马晓敏

科学出版社 出版

北京东黄城根北街 16 号
邮政编码：100717
http://www.sciencep.com

北京厚诚则铭印刷科技有限公司印刷
科学出版社发行　各地新华书店经销

*

2017 年 6 月第 一 版　　开本：787×1092　1/16
2024 年 11 月第 三 版　　印张：15
2024 年 11 月第七次印刷　字数：368 000

定价：65.00 元
（如有印装质量问题，我社负责调换）

前　言

随着市场竞争激烈化和客户需求差异化程度的不断提升，全球制造环境呈现出协同化、个性化和绿色化的变化特点，对提高生产效率与产品质量、降低生产成本与资源消耗等提出了更高的要求，传统离散制造业迫切需要转型升级，向智能制造不断变革发展。以物联网为代表的新一代信息技术，是智能制造的基础与核心技术，正在重构制造业技术体系，快速推动着制造业新一轮产业革命的发展。

物联网是在互联网的基础上延伸和扩展的一种网络，是"物与物相连的互联网"，制造物联技术是物联网与先进制造技术的深度融合，是促进制造业由"制造"向"智造"转型的重要力量之一。制造物联技术是以先进识别、传感网络、人工智能等为技术基础，通过制造要素之间、制造要素与物理环境之间、物理环境与信息系统之间的互联互感，实现对制造资源、制造信息与制造活动的全面感知、精准控制和透明化管理的一种新型制造模式，是推动制造系统向智能化、透明化、柔性化方向发展的重要技术手段。

本书以国防基础科研项目、重点科研专项和国家自然科学基金项目为依托，结合离散制造业的特点和生产模式，分析离散制造业物联网技术的应用场景，建立制造物联网系统架构，阐述制造物联网的相关关键技术。涉及内容包含制造物联技术的基础知识以及课题组成员自2011年以来的研究成果。

本书共3篇16章。第一篇(第1～3章)介绍制造物联技术的理论基础：物联网技术的基本概念、特点、技术体系及关键技术，在此基础上阐述制造物联技术的内涵和发展现状，并结合离散制造业的特点和生产模式，系统介绍制造物联技术的系统架构。第二篇(第4～11章)分析制造物联的关键技术，包括自动识别技术、中间件技术、无线传感网技术、实时定位技术、多源制造数据实时采集与传输技术、制造大数据建模与存储技术、制造大数据分析技术和制造物联安全技术。第三篇(第12～16章)通过相关实例分析制造物联技术的应用，涉及基于制造物联的离散车间生产异常监测系统、基于RFID的离散制造车间实时定位系统、制造大数据驱动的订单剩余完工时间预测系统、基于制造物联的车间物流动态优化系统和制造物联环境下考虑能耗的生产过程优化系统，实现车间生产异常的精准监控、制造要素的实时定位与动态跟踪、车间订单的完工预测以及车间物流与生产过程的动态优化。以实际应用案例分析物联网的应用效果和实施前景，结果表明，物联网的应用可以有效地改善企业的智能化水平，提高企业的生产效率。

本书的章节结构规划、统稿工作由郭宇、黄少华和廖文和完成，具体写作分工为：第1～3章由郭宇、廖文和撰写，第4～7章由郭宇、黄少华、张立童撰写，第8～11章由黄少华、周子颉撰写，第 12 章和第 13 章由黄少华、杨辰撰写，第 14～16 章由郭宇、黄少华、刘道元撰写。与本书内容相关的研究工作得到了"十三五"江苏省高等学校重点教材（编号：2019-1-063）的支持，感谢年丽云、田旭、蒋明杰、张蓉、钱伟伟、姜佳俊在上述项目研究工作中所做出的贡献。

　　制造物联技术的发展十分迅速，限于作者的学术水平和专业范围，书中疏漏和不妥之处在所难免，敬请广大读者批评指正。

作　者

2024 年 4 月

目　　录

第一篇　制造物联技术概论

第二篇　制造物联关键技术

第一篇 制造物联技术概论

第1章 制造物联概述

互联网的快速发展使世界各地的人们能够打破时间和空间的限制进行自由交流，而物联网(internet of things，IoT)顾名思义是"物物相连"的互联网，是一个基于传感网络等信息承载体，让所有能够被独立寻址的普通物理对象实现互联互通的网络。物联网和互联网有着本质的区别，互联网是连接虚拟世界的网络，而物联网是连接物理的、真实世界的网络。物联网是利用无所不在的网络技术，整合传感技术和射频识别(radio frequency identification，RFID)技术而建立起来的物理对象之间的互联网，是继计算机、互联网与移动通信网之后的又一次信息产业浪潮，是一个全新的技术领域。

《中国制造 2025》从国家层面确定了我国建设制造强国的总体战略，明确提出，要以加快新一代信息技术与制造业深度融合为主线，以推进智能制造为主攻方向，实现制造业由大变强的历史跨越。物联网正是推进智能制造必需的应用技术。随着新一代信息技术的快速发展，物联网在离散制造车间的应用愈加广泛与深入，催生了一种新型信息化、数字化制造技术——制造物联，成为促进生产企业由"制造"向"智造"转型的重要力量。

本章主要对制造物联的理论基础概念、特点、体系结构、关键技术做简要概述，并指出其未来的发展趋势。

1.1 制造物联技术的理论基础：物联网

1.1.1 物联网的概念

随着各种传感器技术、信息技术、网络技术的发展，物联网技术应运而生。1995 年，《未来之路》一书中提及物-物互联。1998 年麻省理工学院(Massachusetts Institute of Technology，MIT)提出了当时称作电子产品代码(electronic product code，EPC)系统的物联网构想。1999 年，在物品编码技术的基础上，麻省理工学院的自动识别实验室首先提出了物联网这一概念。2005 年 11 月 17 日，在突尼斯举行的信息社会世界峰会上，国际电信联盟(International

Telecommunication Union，ITU)发布了《ITU 互联网报告 2005：物联网》，称以物联网为核心技术的通信时代就要来临。

物联网是在互联网的基础上，利用 RFID 技术、传感技术、无线通信技术等构建一个涵盖世界万物的网络。在这个网络中，物体能够相互传递信息而无须人工干预。物联网使世界上每一个物理对象在网络中相互连接，描绘出一个互联网延伸到现实世界、囊括所有物品的愿景。

从技术层面上讲，物联网技术就是通过射频识别、传感器、全球定位系统(global positioning system，GPS)、激光扫描器等前端的信息采集系统，采集各种需要的数据信息，再通过互联网等网络技术将数据传输到云计算中心进行处理，最后根据分析处理的最终结果对前端进行智能化的控制。从应用层面上讲，物联网是指世界上所有的物体都连接到一个网络中，形成"物联网"，然后"物联网"与现有互联网结合，实现人类社会与管理系统的整合，更加精细和生动地管理生产和生活。

物联网就是"物与物相连的互联网"。这有两层含义：第一，物联网仍然以互联网作为基础和支撑，可以说物联网是在互联网的基础之上延伸和扩展的一种网络；第二，物联网将联系的范围扩展到了物与物之间，在很大程度上扩展了互联网之间的联系。在物联网当中存在大量的传感器以及监控设备等，通过这些设备进行信息的收集，将收集的信息通过互联网进行传输，同时对各种设备、物体进行智能化的控制。

1.1.2 物联网的特点

物联网源于对物品识别的需求，但在当前技术背景下，物联网所能够或者应该实现的功能目标已经远远超过了简单的物品识别，需要从系统的角度去研究和思考其与传统网络相比具有的特点。物联网的网络由诸多异构网络和多样化的终端设备组成，这种异构的特点决定了物联网与传统网络的诸多不同之处。

第一，物联网是各种感知技术的广泛应用。全面感知就是对物体的生存状态和环境信息的实时感知，包括近距离感知(通过传感器感知物理量)、远距离感知(通过网络传递感知信息)和双向感知。在物联网中，存在大量不同类型以及功能的传感器，每个传感器都是一个信息源，这些传感器为物联网提供大量的信息。由于传感器功能的差异，不同类别的传感器所捕获的信息内容和信息格式不同。另外，传感器获得的数据具有实时性，需要按一定的频率周期性采集环境信息，不断更新数据。

第二，物联网是一种建立在互联网上的泛在网络。可靠传送就是以互联网为基础，随时随地进行可靠的信息交互、信息反馈、自动化控制和智能自治管理。物联网技术的重要基础和核心依旧是互联网，通过各种有线网络和无线网络与互联网融合，将物体的信息实时准确地传递出去。物联网上的传感器定时采集的信息需要通过网络传输，由于其数量极其庞大，形成了海量信息。这些设备搜集的大量信息需要由互联网进行传输，在传输过程中，为了保障数据的正确性和及时性，必须适应各种异构网络和协议。

第三，物联网不仅仅提供了传感器的连接，其本身也具有智能处理的能力，能够对物体实施智能控制。智能处理利用云计算技术，对感知数据和信息进行分析处理，评估物体的生存状态和环境改变，对物体实施相应的控制策略，并对控制效果进行评估。物联网将传感器和智能处理相结合，利用云计算、模式识别等各种智能技术，使自动化的智能控制技术深入各个领域。从传感器获得的海量信息中分析、加工和处理出有意义的数据，以适应不同用户的不同需求，发现新的应用领域和应用模式。

异构网络首先要解决的是不同网络与设备之间的协同能力和协同效率问题，这是决定物联网在现实应用中的实用性和效率的最基本因素，也是其与传统单一网络最大的不同。对于具有一定智能特点的信息系统，其知识来源之一往往是用户的基本信息。用户的基本信息涉及的内容很广，从用户的性别、年龄、职业，到用户接受服务时所处的服务环境(情境)，再到用户的历史服务记录，这些都是进行有效的服务发现和挖掘的基础数据。而物联网这种异构网络的集合，完全可以从诸多不同的角度获取上述数据。以智能楼宇为例，一个完善的物联网系统完全可以通过全球定位系统确定用户所在大楼的地理位置，通过无线传感器网络获取用户所处的位置，甚至使用无线射频技术获得用户在楼内活动的路径信息。以此为基本信息，结合以往对该用户的服务记录，可以更精确地确定此次服务的内容，如消息推送的内容。

同时，物联网由于具有异构的特点，无法使用统一的网络标准来衡量其物理性能。因此，有必要研究适用于物联网的网络服务质量评估方法，来评估物联网在实际运行过程中的性能表现。对其性能的量化评估，可以实现对物联网系统的反馈调节，提升其服务效率和整体性能，还可以结合传统网络的物理性能，有效寻找特定物联网系统在性能方面的瓶颈因素。

在安全方面，物联网也面临着比传统网络更严峻的考验。对于诸多异构网络，任何一个环节出现信息安全问题，整个物联网都会面临安全威胁。在异构网络的协同过程中，更是增加了潜在的信息安全风险。

1.1.3　物联网的体系结构

根据物联网采集、传输、处理的基本过程，可将其划分为三层结构，即感知层、网络层和应用层，具体体系结构如图 1.1 所示。

物联网中由于要实现物与物和人与物的通信，感知层是基础。感知层在物联网中属于信息收集的主要部分，主要用于对物理世界中的各类物理量、标识、音频、视频等数据进行采集与感知。感知层主要由各种型号以及功能不同的传感器、RFID 读写器、条形码识读器等组成，这些传感器相当于人体的感觉器官，负责感知外界的信息，对各种信息进行分析识别，收集有用信息，为后续工作的开展奠定基础。感知层的关键技术包括传感器、RFID、全球定位系统、自组织网络、传感器网络、短距离无线通信等。感知层必须解决低功耗、低成本和小型化的问题，并且向更高灵敏度、更全面感知能力的方向发展。

网络层主要用于实现更广泛、更快速的网络互联，从而把感知到的数据信息可靠、安全地进行传送。网络层主要依靠传统的互联网，同时结合广电网、通信网等，在第一时间将各种传感器收集的信息进行传输，并用云计算平台对传输过来的信息进行分析和计算，从而做出相应的判断。目前能够用于物联网的通信网络主要有互联网、无线通信网、卫星通信网与有线电视网等。物联网中有许多设备需要接入，因此物联网必须是异构泛在的。由于物体可能是移动的，因此物联网的网络层必须支持移动性接入。

应用层主要包括应用支撑平台子层和应用服务子层。应用支撑平台子层用于支撑跨行业、跨应用、跨系统之间的信息协同、共享和互通。应用服务子层包括智能交通、智能物流、智能医疗、智能电力、数字环保、数字林业等领域。应用层通过各种终端设备能够及时获取物联网传递的信息。人们可以通过应用层的接入终端及时获取物联网中丰富的信息。当前,物联网技术不断发展,相应的控制领域也在不断扩大,对于人们生活和生产作业的影响也越来越大。

物联网是新一代信息技术的重要组成部分,其关键环节可以归纳为全面感知、可靠传送、智能处理。全面感知是指利用 RFID、GPS、摄像头、传感器、传感器网络等技术手段,随时随地对物体进行信息采集和获取。可靠传送是指通过各种通信网络、互联网随时随地进行可靠的信息交互和共享。智能处理是指对海量的跨部门、跨行业、跨地域的数据和信息进行分析处理。

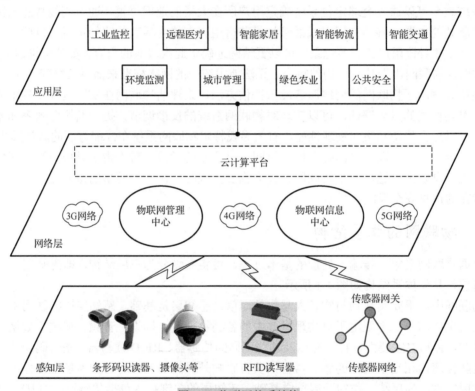

图 1.1　物联网体系结构

1.1.4　物联网的关键技术

物联网涉及的新技术很多,其中的关键技术主要有 RFID 技术、传感器与传感节点技术、网络通信技术和云计算等。

1. RFID 技术

射频识别技术是物联网的关键技术之一,它是一种自动识别和跟踪物体的技术,依赖于使用 RFID 标签等设备存储和检索数据。RFID 技术由将 RFID 标签和读写器连接到计算机系统来实现。一个典型的 RFID 系统包括三个主要的部件:标签、读写器和 RFID 中间件。标签位于需要被识别的对象上,它是数据载体;读写器有一个天线,可以发射无线电波,标签进入读写器的感应区域就能通过返回数据进行响应;RFID 中间件可以提供通用服务,负责管理 RFID 设备及控制读写器和标签之间的数据传输,同时还有硬件维护的作用。随着 RFID 技术

应用的推广，RFID 越来越受到各行各业的关注，其中就包括制造业。RFID 技术具有识别唯一性、可重复读写、防水、耐高温等优点。

2．传感器与传感节点技术

传感器是指能感知预定的被测指标并进行信号转换的器件和装置，通常由敏感元件和转换元件组成，用来感知信息采集点的环境参数，如声、光、电、热等信息，并能将检测感知到的信息按一定规律变化成电信号或所需形式输出，以满足信息的传输、处理、存储和控制等要求。如果没有传感器对被测的原始信息进行准确可靠的捕获和转换，一切准确的测试与控制都将无法实现，即使是现代化的电子计算机，没有准确的信息或不失真的输入，也将无法充分发挥其应有的作用。

传感器的类型多样，可以按照用途、材料、输出信号类型、制造工艺等方式进行分类。常见的传感器有速度传感器、热敏传感器、压力敏和力敏传感器、位置传感器、液面传感器、能耗传感器、加速度传感器、射线辐射传感器、振动传感器、湿敏传感器、磁敏传感器、气敏传感器等。随着技术的发展，新的传感器类型也不断产生。传感器的应用领域非常广泛，包括工业生产自动化、国防现代化、航空技术、航天技术、能源开发、环境保护与生物科学等。

随着纳米技术和微机电系统(micro-electro-mechanical system，MEMS)技术的应用，传感器尺寸的减小和精度的提高大大拓展了传感器的应用领域。物联网中的传感器节点由数据采集模块、数据处理模块、数据传输模块和电源构成。节点具有感知能力、计算能力和通信能力，也就是在传统传感器的基础上，增加了协同、计算、通信功能，构成了传感器节点。智能化是传感器的重要发展趋势之一，嵌入式智能技术是实现传感器智能化的重要手段，其特点是将硬件和软件相结合，即将嵌入式微处理器功耗低、体积小、集成度高和嵌入式软件高效率、高可靠性等优点相结合，同时结合人工智能技术，推动物联网中智能环境的实现。

3．网络通信技术

无论物联网的概念如何扩展和延伸，其最基础的物与物之间的感知和通信是不可替代的关键技术。网络通信技术包括各种有线和无线传输技术、交换技术、组网技术、网关技术等。

其中机器对机器(machine to machine，M2M)技术则是物联网实现的关键。M2M 技术是指所有实现人、机器、系统之间通信连接的技术和手段，同时也可代表人对机器(man to machine)、机器对人(machine to man)、移动网络对机器(mobile network to machine)之间的通信。M2M 技术的使用范围广泛，可以结合全球移动通信系统(global system for mobile communications，GSM)、通用分组无线服务(general packet radio service，GPRS)技术、移动通信系统(mobile telecommunications system，MTS)等远距离连接技术，也可以结合行动热点(Wi-Fi)、蓝牙(bluetooth)、紫蜂(ZigBee)、RFID 和超宽带(ultra wide band，UWB)等近距离连接技术，此外，还可以结合可扩展标记语言(extensible markup language，XML)和公共对象请求代理体系结构(common object request broker architecture，CORBA)，以及全球定位系统、无线终端和网络的位置服务技术等，用于安全监测、自动售货机、货物跟踪等领域。目前，M2M 技术的重点在于机器对机器的无线通信，而将来的应用则将遍及军事、金融、交通、气象、电力、水利、石油、煤矿、工控、零售、医疗、公共事业管理等各个行业。短距离无线通信技术的发展和完善使得物联网信息通信有了技术上的可靠保证。

网络通信技术为物联网数据提供传送通道,如何在现有网络上进行增强,适应物联网业务的需求(低数据率、低移动性等),是该技术研究的重点。物联网的发展离不开通信网络,更宽、更快、更优的下一代宽带网络将为物联网发展提供更有力的支撑,也将为物联网应用带来更多的可能。

4. 云计算

云计算(cloud computing)是网络计算、分布式计算、并行计算、效用计算、网络存储、虚拟化、负载均衡等传统计算机技术和网络技术发展融合的产物。它旨在通过网络把多个成本相对较低的计算实体整合成一个具有强大计算能力的完美系统。

物联网要求每个物体都与该物体的唯一标识符相关联,这样就可以在数据库中进行检索。加上随着物联网的发展,终端数量急剧增长,产生庞大的数据流,因此需要一个海量的数据库对这些数据信息进行收集、存储、处理与分析,以提供决策和行动。传统的信息处理中心难以满足这种计算需求,这就需要引入云计算。

云计算可以为物联网提供高效的计算、存储能力,通过提供灵活、安全、协同的资源共享来构造一个庞大的、分布式的资源池,并按需动态部署、配置及取消服务。其核心理念就是通过不断提高"云"的处理能力,最终使用户终端简化成一个单纯的输入/输出设备,并能按需享受"云"的强大计算处理能力。

物联网能整合上述所有技术的功能,实现一个完全交互式和反应式的网络环境。

1.2 制造物联技术的内涵

1.2.1 制造物联的概念

制造业是国民经济的主体,是科技创新的主战场,是立国之本、兴国之器、强国之基。2015 年,国务院印发《中国制造 2025》,为我国实施制造强国战略定下了第一个十年行动纲领,旨在通过创新、升级、智能化等手段,提高中国制造业的核心竞争力,实现从"制造大国"向"制造强国"的跃升。

《中国制造 2025》将"推进信息化与工业化深度融合"列为战略任务之一,明确指出要加快推动新一代信息技术与制造技术融合发展,把智能制造作为两化深度融合的主攻方向。物联网涉及下一代信息网络和信息资源的掌控利用,是信息通信技术发展的新一轮制高点,正在制造领域广泛渗透和应用,并与未来先进制造技术相结合,形成新的智能化制造技术——制造物联。制造物联技术在不断发展和完善之中,不仅可以解决制造业在生产、物流、管理等诸多方面的问题,还可以为制造业的发展提供更广阔的思路。

当前,关于制造物联技术的研究仍处于不断深入与快速发展之中,不同的专家学者对其概念进行了不同的描述,具有代表性的制造物联定义总结如下。

(1)制造物联是以嵌入式、RFID、商务智能、虚拟仿真与建模等技术为支撑,实现了产品智能化、制造过程自动化、经营管理辅助决策等应用的信息技术。

(2)制造物联是以制造车间物理资源互联为基础，以实时信息为驱动，用于生产过程实时监测与控制的车间优化管理系统。

(3)制造物联是运用以 RFID 和传感网络为代表的物联网技术、先进制造技术与现代管理技术，构建服务于供应链、制造过程、物流配送、售后服务和再制造等产品全生命周期各阶段的基础性、开放性网络系统，形成对制造要素、制造信息和制造活动的全面感知、精准控制。

(4)制造物联是通过泛在实时感知、全面互联互通和智能信息处理，实现产品/服务全生命周期的优化管理与控制以及工艺和产品创新的一种物联网增强的智能制造模式。

可以看出，针对物联网在制造业中的应用需求与覆盖范围的差异，制造物联的相关定义在描述上虽然存在一定差异，但都是围绕应用目标对物联网基本概念的扩展。基于上述描述，作者将制造物联的定义总结如下。

狭义地讲，制造物联是通过 RFID、传感器、UWB 等感知设备，按照约定协议对制造相关的人员、设备、工具等实体进行互联通信与信息交换，以实现面向各类制造要素和过程的智能化识别、感知、定位、监控与管理的一种网络；广义地讲，制造物联可扩展为面向制造的信息空间与物理空间的融合，是基于先进识别、传感网络、虚拟仿真、人工智能等技术，以制造要素之间、制造要素与物理环境之间、物理环境与信息系统之间的互联互感为基础，实现对产品全生命周期中的制造要素、过程和数据全面感知、智能分析与优化管理的一种智能制造使能技术。

1.2.2　制造物联的特点

为了全面分析制造物联关键环节具有的典型特点，从信息科学的视角，针对信息的传播过程，建立制造物联的信息功能模型，如图 1.2 所示。

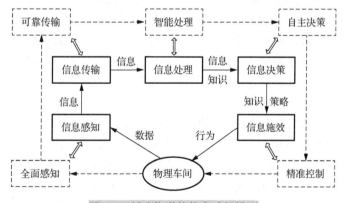

图 1.2　制造物联的信息功能模型

制造物联具有的信息感知、信息传输、信息处理、信息决策和信息施效五大功能清晰地反映出其几大显著特征，具体分析如下。

(1)泛在化、互联性(信息感知)。

利用 RFID、传感器、定位设备等感知设备，构建面向制造车间的泛在网络，实现人员、设备、物料、产品、车间、工厂、信息系统乃至产业链所有环节的互联互通，以及资源属性、制造状态、流转过程等数据的全面感知与采集。

(2)可靠性、实时性(信息传输)。

将制造车间物理实体接入物联信息网络,依托多种信息通信方式,实现网络覆盖区域内多源信息的可靠、实时交换与传输,打通制造企业端到端数据链。

(3)关联性、集成化(信息处理)。

通过多种数据处理方法,对海量的感知信息进行智能分析与处理,形成可被优化决策使用的标准信息,并支持来自异构传感设备的多源制造信息的集成管控。

(4)自主性、自适应性(信息决策)。

根据实时采集的多源制造数据,自主分析与判别执行过程及资源的自身行为,实现制造过程的动态响应,并依据相关知识、数据模型和智能算法,实现面向制造过程的动态资源能源配置与生产管控自适应决策。

(5)精准化、协同化(信息施效)。

依据决策方案,调节制造要素或制造过程,使对象处于预期的执行状态,并通过实时数据的集成共享,实现各单元、全过程、所有环节的协同优化及精准控制。

1.3　制造物联的国内外发展现状

1.3.1　应用研究发展现状

美国、日本、韩国、欧盟等都在物联网的研究应用方面进行了巨大的投入,并启动了以物联网为基础的"智慧地球""U-Japan""U-Korea""物联网行动计划"等区域战略规划。早在 2005 年,国际电信联盟就在其年度技术报告中指出:以物联网为核心技术的通信时代就要来临。2009 年,在欧盟委员会的资助下,《物联网战略研究路线图》和《RFID 与物联网模型》等对物联网概念有重要推广作用的意见书由欧洲物联网研究项目组(CERP-IoT)制定;同年,日本针对物联网发展趋势也制定了"i-Japan 计划";2009 年 5 月,欧洲各国的官员、企业领袖和科学家在布鲁塞尔就物联网进行专题讨论,并将其作为振兴欧洲经济的思路;2009 年 6 月欧盟发布了新时期下物联网的行动计划。

2013 年,随着德国在汉诺威工业博览会上正式提出"工业 4.0"项目,制造业迎来了新一轮工业革命,这是继机械化、电力和信息技术革命之后的第四次工业革命,信息物理系统(cyber physical system,CPS)的深度融合则是这次革命的核心。"工业 4.0"的愿景是,制造企业能将与生产相关的机器、人员、信息系统等各种生产要素融入信息物理系统中,在未来建立一个统一的全球制造网络。这次新变革是由物联网和服务网在制造业中的应用所引发的。从本质上讲,"工业 4.0"包括将信息物理系统技术一体化应用于制造业和物流行业,以及在工业生产过程中使用物联网和服务技术。这将对价值创造、商业模式、下游服务和工作组织产生影响。其中,制造物联技术是实施"工业 4.0"战略的关键技术。

在我国,2009 年 10 月研究出首颗物联网核心芯片——"唐芯一号"。2009 年 11 月 7 日,总投资超过 2.76 亿元的 11 个物联网项目在无锡成功签约,项目研发领域覆盖传感网络智能技术研发、传感网络应用研究、传感网络系统集成等物联网产业的多个前沿领域。2010 年,工业和信息化部和国家发展改革委出台了一系列政策支持物联网产业化发展。2013 年，国务院印发《国务院关于推进物联网有序健康发展的指导意见》。2016 年 12 月，工业和信息化部印发《信息通信行业发展规划(2016—2020 年)》。2018 年，中国信息通信研究院发布了《物联网安全白皮书(2018)》；同年 12 月，工业和信息化部印发《车联网(智能网联汽车)产业发展行动计划》，其中指出：到 2020 年，实现车联网(智能网联汽车)产业跨行业融合取得突破，具备高级别自动驾驶功能的智能网联汽车实现特定场景规模应用。2021 年 9 月，工业和信息化部等八部门印发《物联网新型基础设施建设三年行动计划(2021—2023 年)》，指出要加速推进全面感知、泛在连接、安全可信的物联网新型基础设施建设，加快技术创新，壮大产业生态，深化重点领域应用，推动物联网全面发展，不断培育经济新增长点，有力支撑制造强国和网络强国建设。

当前，物联网在制造领域的应用已逐步进入深度探索和实施应用阶段。西门子股份公司的物联网操作系统 MindSphere，使制造业安全地连接机床、产品、工厂和系统，用于生产全过程的数据收集、分析和应用，能够及时全面了解生产运作情况并采取措施优化性能和运行状况，从而尽可能提高生产效率和利润，帮助企业实现数字化转型。通用电气公司的物联网平台 Predix 为企业提供了数据分析、预测性维护、远程监控等功能，帮助制造业企业实现智能化生产。奔驰的工厂 4.0 项目在其生产线上采用了物联网技术，实现了生产过程的自动化和智能化管理，显著提高了生产效率和产品质量。在我国，珠海格力电器股份有限公司基于高质量、高可靠的 5G 内网，结合实际生产环境，开展了基于物联网的视觉精加工及质量检测、生产线数据采集和控制、产线 5G 视频监控和行为人工智能(artificial intelligence，AI)分析、自动导向车(automated guided vehicle，AGV)智能管理、园区内物流管理五类融合应用部署，通过对数据的全面感知、实时传输和快速计算处理，以"5G+工业互联网"助力实现柔性生产、智能检测，适应流水线到网络化智能生产的变化。宁德时代新能源科技股份有限公司的第二家"灯塔工厂"——四川时代新能源科技股份有限公司通过自主研发的物联网系统，在厂区部署了超过 40000 个环境探测传感器。这些传感器通过窄带物联网技术进行数据采集，确保厂房内所有设备的状态参数实时上传，通过利用人工智能、工业物联网和柔性自动化技术，使生产线速度提升 17%、优率损失降低 14%。

随着网络连接、云服务、大数据分析和低成本传感器等所有核心技术的就绪，物联网已经从萌芽期步入迅速发展的阶段。在通信技术方面，作为新一代蜂窝移动通信的 5G 技术开始应用，已开启万物互联新时代，5G 从标准规划阶段起就将物联网的典型应用场景纳入了其基本应用场景。此外，由于窄带物联网(narrow band internet of things，NB-IoT)具有覆盖范围广、海量连接和低功耗的特点，世界各国正在大力推进 NB-IoT 的发展，在我国已实现 NB-IoT 大规模商用。在硬件方面，芯片、传感器和模组是物联网设备的关键硬件。近几年国产传感器和模组正在崛起，已能够提供完整的产品及解决方案，并不断夺得海外厂商的市场份额。但是芯片技术在很大程度上仍然依赖进口，急需实现国产替代，从而加快制造物联技术的落地应用。

1.3.2　理论研究发展现状

我国在物联网领域的布局较早，早在 1999 年中国科学院就启动了传感网络的研究。制造物联网以车间现场的物理生产要素为基础，通过 RFID、UWB 和传感器等物联设备实时采集生产要素的相关生产过程信息并将其传递到上层应用，实现车间现场生产要素的智能感知、实时监控和精细管理。制造物联网收集到的海量生产过程信息对实现制造环境的在线监测具有十分重要的工程意义。目前，国内外许多企业和学者已经对制造物联网在实际车间的应用做了深入研究，并取得了相关成果。

制造物联是将物联网技术与制造技术相结合，实现对产品制造与服务过程以及产品全生命周期中制造资源与信息资源的动态感知、智能处理与优化控制的一种新型制造模式。RFID 技术作为物联网的核心技术，已经在服装、电子、机械、航空和汽车等制造领域得到广泛应用。香港大学的黄国全(2008 年)基于 RFID 技术提出了无线制造的框架，实现了车间数据的实时采集、在制品状态的跟踪、库存管理以及生产决策支持；Lee 等(2013 年)研究了 RFID 技术在服装制造业资源分配中的应用，通过 RFID 实时数据，运用模糊理论处理不精确的信息，并结合服装制造业的特点，提出了基于 RFID 的资源分配系统，实现了对企业制造资源分配的优化，在某服装企业的应用结果表明，该系统能够优化资源分配；Bindel 等(2012 年)将嵌入式 RFID 设备应用到印刷电路板的制造过程中，填补了业内的知识空白，减少了故障停机时间，实现了质量追溯，以支持生产决策，并论证了系统的有效性；Zhou 和 Piramuthu(2012 年)通过对单品级对象进行电子标识，实现了底层物品质量数据的全面采集，并运用知识学习的自适应方法，实现了制造过程的质量控制；Ngai 等(2014 年)结合实际案例，研究了 RFID 技术在飞机零件供应链中的价值，并提出了成本分析模型，结果表明 RFID 技术能够显著降低库存成本；Gwon 等(2011 年)将 RFID 技术应用到汽车装配生产线中，实时监控装配过程，并将 RFID 数据集成到生产决策系统中，保证订单的按时交付；王加兴(2010 年)、聂志等(2015 年)都将 RFID 技术应用到离散制造车间的数据采集中，从不同角度对数据采集流程和方法进行了分析，以促进生产优化和生产调度；Huang 等(2017 年)通过在离散制造车间现场部署物联感知设备，以采集的多源生产过程数据为输入，构建了生产异常检测模型，实现了生产过程中典型异常的在线检测。

在车间实时定位监控方面，Ding 等(2008 年)采用基于 RFID 和 Wi-Fi 的实时定位技术，实现了物料追踪、库存管理、位置检测、仓库管理的自动化，降低了成本；Chongwatpol 和 Sharda(2013 年)研究了基于 RFID 的车间生产调度，通过位置流数据跟踪在制品状态，建立调度规则，研究结果表明能够缩短生产周期、提高机器利用率；闫振强(2014 年)对基于 RFID 的车间定位算法进行了研究，提出了改进 Landmark 算法，提高了定位精度；周光辉等(2011 年)研究了数字化制造车间的物料实时配送方法，对车间进行精确布局，运用 UWB 定位技术对配送车辆进行路径优化与导航，为实现准时制生产奠定了基础；Qian 等(2023 年)以 RFID 和 UWB 采集到的实时位置数据为输入，驱动车间数字孪生实现生产现场制造要素的实时定位跟踪与状态监控。

在当前先进离散制造业企业多品种变批量、高效率低成本、快速响应、柔性制造的制造

需求背景下，以物联网为代表的新一代信息技术的快速发展，以及其在制造领域的深度渗透，正引发全球制造业产业形态和制造模式的重大变革。国内需要以物联网的发展带动整个产业链的发展，借助信息产业的第三次浪潮实现经济发展的再一次腾飞，要着力突破物联网关键技术，把物联网作为推进信息产业迈向信息社会的"发动机"。物联网从 2009 年被再次提出以来，已经经历了十几年的发展历程，物联网开发应用变得更便宜、更容易，也被更广泛接受。从长远来看，物联网只可能是一种新的常态，例如，通过智能手机控制家电已经逐渐进入人们的日常生活。越来越多像人工智能和区块链这样的技术正在使物联网设备更加智能化。任何新兴事物的大规模应用都是循序渐进的，这也为我们争取了一些时间来解决物联网的安全和隐私问题。但时不我待，物联网领域需要有更多的科研院所、企业和科技人员积极投身其中，攻坚克难，抓住机遇发展物联网技术。

思考题

1-1　什么是物联网？物联网有哪些特点？

1-2　简述物联网的体系结构及各部分的作用。

1-3　简述物联网的关键技术及其作用。

1-4　什么是制造物联？制造物联有哪些特点？

第 2 章　离散制造业与制造物联技术

离散制造是多个零部件经加工及装配而形成最终产品的过程，涉及零件、部件、产品、设备、工装、人员等多种制造要素的相互作用与配合，与流程制造的大规模生产、依赖专用设备、生产线配置相对固定且自动化程度高等特点不同，离散制造过程更加复杂：制造要素种类多、生产线配置灵活、状态动态多变且不确定性强，明显增加了生产管控的难度，除了流程制造要特别关注的设备监视和检修外，还需要重点关注物料、在制品、工装等其他要素的实时状态变化以及系统的运行规律，对实时的数据采集、全面的生产监控以及智能的运行管控具有迫切的需求。这使得制造物联技术在离散车间得到了愈加广泛的关注与应用。本章主要介绍离散制造业的特点、生产模式，并围绕制造业与物联网技术融合的必要性，说明离散制造业对物联网的应用需求。

2.1　离散制造业的特点

作为工业的主体，制造业正面临着国内外的激烈竞争，供应链上下游的新趋势加速了商业环境的变化。制造商需要依赖于他们的供应信息网络，尽快了解不可预见的交货延迟。不同于流程制造，离散制造难点主要体现在：产品的品种数较多，客户化程度高，产品和零部件的结构及工艺复杂；设备布置采用相似功能设备成组的方式，柔性高，但自动化程度相对较低；对人的依赖性高，要求工人具有熟练的生产技能，以确保生产质量和设备利用率；生产计划的内容较复杂，且容易受到车间制造环境以及其他人为因素影响，制造过程具有多扰动、不确定及动态多变等复杂特性，需要车间管理员的精准调控。

离散制造与流程制造的区别见表 2.1。离散制造企业的特点表现为：通常每项生产任务仅要求整个企业组织的一部分能力和资源；离散制造企业的产品可以用物料清单 (bill of material，BOM) 树对构成产品的零部件进行明确清晰地描述；离散制造车间的每种产品都有不同的加工工艺流程，同时车间内机床的布局也没有固定的方式，工序之间的物料转移需要管理人员的宏观调度，在每一部门，工件从一个工作中心到另一个工作中心，进行不同类型的工序加工，这样的流程必须以主要工艺为中心，安排生产设备的位置，以使物料的传送距离最小；人员密集，自动化水平低，产品的质量和生产效率依赖于制造工人的技术水平；离散制造车间现场是物流与信息流错杂交汇的场所，生产状况繁杂，不易掌控。对于离散制造的组织方式，其设备的使用和工艺路线都是灵活的。

在离散制造车间生产过程中，各类数据不断产生，包括物料、设备、工装、工单、员工等多种信息，既有状态信息，又有实时信息。因此能否对制造车间进行有效的数据管理直接

影响生产计划的执行，并最终影响企业的效益。目前，离散制造车间的数据管理主要面临以下几个问题。

表 2.1 离散制造与流程制造的区别

项目	流程制造	离散制造
产品品种数	标准产品较多	客户化产品较多
产品差别	流水式生产	相似功能设备成组
设备布置的柔性	较低	较高
自动化程度	高	较低
对设备可靠性要求	停产检修	多数为局部修理
维修性质	较少	较多

1）离散制造车间现场数据种类繁多、数据量大

车间是各类生产资源和生产者的聚集地，是各种信息交汇的场所。如此多的信息混杂在一起，必然会由数据种类繁多及数据量大导致生产过程的停滞，这样会严重影响生产计划的有效执行。

2）制造数据状态复杂，采集困难

目前，离散制造车间生产过程的数据主要依靠人工采集和管理，在生产过程中记录下一些必要的生产信息，并按生产计划传递给下一环节，直至产品最终完工。然而，在生产过程中，有些制造数据状态极其复杂多变，按照传统的采集方法无法满足采集要求，因此一些重要的生产信息很难记录下来。实时状态数据的采集就成为离散制造车间生产的一个较大的难题。

3）车间现场制造数据缺乏完整的统计分析

传统的离散制造车间数据管理体系中，车间管理人员需要耗费较多的时间在数据的统计分析上，且这些数据存在准确性和实时性明显不足的缺点。这样管理层无法及时地了解现场的加工情况和资源情况，延误了生产计划的安排，导致整个生产效率低下。

离散制造车间数据管理方面问题存在的根本原因是车间制造数据没有得到实际有效的采集和管理。因此，在基于物联网的离散车间生产过程中，通过 RFID 技术进行数据采集，并结合已有的网络技术、数据库技术和中间件技术等，用无数的电子标签和大量联网的读写器构成物联网，实现物体的自动识别和信息的互联与共享。为提高制造业的信息化水平，以信息化带动工业化，在企业原材料供货、生产计划管理、生产过程管理、精益制造等方面，采用 RFID 等技术可以促进生产效率和管理效率的提高。通过物联网技术，将所采集到的数据在一个统一的数据管理平台中进行分析和统计，最终实现车间实时制造数据的管理，这是具有重要意义的。

2.2 离散制造业的生产模式

20 世纪 20 年代是制造业大批量生产模式的巅峰期，而随着经济全球化发展，多品种、小批量、定制化的生产模式越来越成为主流生产模式。相应地，企业为了满足这样的生产模式需求，就需要拥有新的生产管理思想和经营理念。在这种新的生产模式下，如何按照这种灵活的生产模式进行生产结构设置和规划是提高企业生产效率与收益的关键。为了适应这样一种生产模式的改变，新的生产方式和技术开始不断涌现，人们提出了准时生产(just in time，JIT)、精益生产(lean production，LP)、敏捷制造(agile manufacturing，AM)和虚拟制造(virtual manufacturing，VM)等生产管理模式。这些新的生产管理模式获益于信息技术的支持和其他技术的发展。

现如今，大多数的离散制造企业都通过使用制造信息管理系统来进行生产计划管理、任务调度等，通过结合先进的管理思想和方法，改变传统的粗放型生产管理模式，以获得企业制造管理水平和经济效益的提高。离散制造企业的生产管理随着信息技术的发展进入了新的阶段，开始呈现出有别于传统生产管理的特点：生产管理涵盖的内容更为宽广，集成管理的需求显现，与新的生产方式和技术结合，信息技术是离散制造控制与管理不可或缺的手段。

生产过程管控是离散制造过程的关键，它包括离散制造中生产监控、质量控制、生产调度、工艺反馈、生产计划等多个方面的信息。制造过程是制造企业生产产品和创造生产价值的主要生产活动，它包括从制造原材料的输入开始，到利用一定的生产工具和设备，快速、低成本、高质量地创造产品，最终输出成品的全过程。

1. 离散制造过程管理主要呈现出的特点

(1)产品结构和生产工艺相对复杂。离散制造由于产品种类繁多且结构复杂，不同的零件具有各自的生产工艺，在离散制造过程中有多条加工路线根据不同产品结构同时进行。

(2)生产订单具有不确定性。离散制造过程中常常会有紧急订单、订单计划改变等不确定状况发生，生产计划的实时应对性较差，常常造成较长的计划、等待时间，过程控制复杂。

(3)生产过程不均衡。生产订单的不确定性往往造成生产过程的不均衡，人工调度过程中缺少制造过程资源的实时状态，无法实现生产资源分配的最优。

(4)实时生产调度不完善。在离散制造过程中，缺少实时的生产控制信息，对生产的掌握比较滞后，使得制造过程的实时生产调度困难。

无法获得离散制造过程的任何延迟或干扰信息，使得制造业面临着种种问题：低效的生产规划、调度和控制，遗失物品，较低的生产力或者较高的不合格率。这些问题亟须新的控制管理技术来解决。

随着管理技术、管理手段、管理方式、信息技术的不断发展及应用，多数大型企业的生产管理都已经进入了信息化阶段。中小型离散制造企业的生产特点是：多品种、中小批量、单件生产混合模式；产品规格繁多、技术难度大；外购件、外协件多，标准件少，物流管理复杂。多品种、小批量生产模式对企业的组织结构以及各部门之间的横向和纵向联系都有特殊的要求，中国多数企业很难将多品种、小批量生产模式运用到实际管理中并发挥良好作用的主要原因是企业没有按照多品种、小批量的灵活生产模式来设置和规划公司的结构。

RFID技术在发展，工艺的提升、成本的降低使得它的应用越来越广泛，然而它在离散制造中的应用却还受到限制，这在很大程度上是因为离散制造的复杂性。大多数离散制造过程环境中的信息流来自原材料、零件、组件、在制品及最终产品。离散制造过程信息具有多源异构性、实时性、不确定性、复杂性和多元性等特点。传统的离散制造控制管理模式正在逐渐被新的模式替代,人们希望生产变得更为智能化。

2. 离散制造智能化面临的问题

德国"工业 4.0"项目提出了智能工厂的概念,通过结合物联网与服务网,将生产制造中的机器、生产设施和存储系统融入信息物理系统(CPS),实现智能化生产。如今,智能工厂主要关注以控制为中心的优化和智能。从现今的离散制造状态转换到更为智能的生产,需要进一步科学地解决几个问题,这些问题可以分为以下五大类。

(1)管理员和操作者的交互。目前,生产操作者控制机器,管理员规划调度,机器只是执行分配到的任务。尽管这些任务通常已经由专门的操作者和管理员优化过了,在这些决策中还是缺乏一个明显的因素:机器组件等的实时状态。

(2)机器组。相似或相同的机器(机器组)加工不同的生产任务,它们的加工条件互不相同。相比之下,大多数生产计划设计和预测的方法往往用于支持一个单一的或有限的机器和工作条件。目前,可用的生产预测和监控管理方法不考虑这些机器组基于有价值的生产知识的协作。

(3)产品和过程质量。作为生产过程的最终结果,产品质量可以通过逆向推理算法提供关于机器状态的洞察。过程质量可以为系统管理提供反馈,能用于提高生产调度。目前,这种反馈循环还需要进一步地研究。

(4)生产过程大数据和云计算。在离散制造过程中,基于大数据的数据管理和分布对实现生产资源自我意识和自主学习是至关重要的。云计算提供的额外的灵活性和能力的重要性是必然的,但数据管理技术需要进一步地研究和发展。

(5)传感与控制网络。通过自动识别与传感技术,感知离散制造过程的物理环境,这就需要成熟的传感与控制网络,为决策算法提供正确的数据。

当前,国内制造业正处于产品成本不断攀升、利润不断降低的阶段,企业迫切需要整合资源、降低成本、提高质量。借鉴智能化思想,针对离散制造过程的控制与管理,结合物联网技术,采用面向服务的体系结构,通过制造过程 RFID 实时数据自下而上地驱动生产控制与管理。利用 RFID 的自动化智能识别方法对制造过程生产要素加以识别,同时对其进行实时状态监控和定位,追溯它们在制造过程中的历史轨迹。对制造过程的控制还包括生产要素是否按计划到达指定位置、生产进度是否延迟等。通过对车间生产现场底层物理数据的分析,采用自下而上的模式驱动离散制造系统生产调度计划动态调整、产品质量信息提升管理等。

基于物联网的离散制造过程控制与管理系统是以 Web 服务为设计基础的系统,系统实施依据一个标准化的面向服务的体系结构(service-oriented architecture,SOA)。图 2.1 显示了面向服务的控制与管理系统模式,包括基于 SOA 的四类结构实施。第一类包含一组标准的 Web 服务,它们基于离散制造过程信息源,通过连接数据库获取相关实时制造数据。这些标准的 Web 服务包括与生产相关的过程控制、生产调度、数据支持等,它们被开发并部署到系统软件中作为服务。第二类是制造过程信息源服务——负责处理各种可扩展标记语言(XML)数据文件的一组标准的 Web 服务。该服务是用户浏览器界面和信息源之间进行数据传输的桥梁,主要包括基于 XML 的可重构服务和组件服务。第三类包括各种信息和应用程序接口服务,它们被部署在特定服务器上供终端用户使用。第四类则包含一组丰富的用户浏览器界面,可以与终端用户进行直接交互,方便他们的操作与决策。

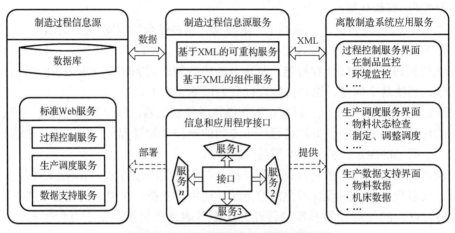

图 2.1　面向服务的控制与管理系统模式

2.3　制造业与物联网技术融合的必要性

面向多品种、变批量生产模式的离散制造车间通常需根据产品的自身特点来个性化地制定加工路线,离散制造过程本身具有的动态性和不确定性,加之多种类型、不同数量产品的混线生产,大幅度地增加了制造车间生产过程管理的复杂性,导致车间订单的生产进度难以把控,严重制约了离散制造车间现代化发展的步伐。面对残酷的市场竞争压力,离散制造业迫切需要采用先进的管理方式,提升自身的信息化水平。当前离散制造车间的生产过程管理主要存在如下几个问题。

1) 车间生产要素管理难度大

离散制造过程涉及多种不同加工路线的产品生产,其车间生产现场存在的生产要素繁多,包括生产人员、在制品、物料、工装、AGV 等。各生产要素按照不同的工艺路线流转在车间的各个工位之间,造成制造环境混乱复杂,管理人员难以掌握各生产要素的状态信息。

2) 实时可靠信息获取难度大

传统离散制造车间对于生产要素进入/离开工位时间、在制品加工时长、生产要素位置、设备运作状态等信息一般采用纸质记载或者扫码枪录入的方式,对于实时生产过程信息的获取存在很大的延迟性,加上人为操作存在的缺失和失误,信息的准确性和完整性也较难得到保证。当车间现场出现设备故障停机、物料工具短缺、紧急任务插入等生产异常时,由于缺乏及时、准确的实时生产过程信息,生产异常情况会逐渐蔓延,对生产进度造成重大影响,最终导致订单不能按时交付。

3) 生产过程信息利用率低

车间现场采集到的生产过程信息总量庞大,但大都以某具体生产要素对应的时间和位置数据单独呈现，通常车间人员只是对其进行简单记录，而对于车间管理人员更加有用的车间生产事件信息蕴藏在这些零散的数据中，需要通过对其进行进一步的分析处理才可获得。对生产过程信息进行充分挖掘，使其得到充分有效的利用，用于对车间生产进行调度决策，是提高离散制造车间信息化水平、推动车间智能化转型的基础。

离散制造生产过程管理中存在的上述问题都在不同程度地影响着企业的生产能力和经济效益。企业若要满足市场激烈竞争环境下的生产能力需求，须摆脱传统的"黑箱"制造模式，全面获取车间生产过程信息，通过多种信息挖掘方法对信息进行准确分析，以提取生产过程中的异常情况，实现对离散制造过程的精细化管控。可见，向实时化、信息化和智能化车间的转型已是离散制造车间未来一致的发展方向。

随着德国"工业4.0"的提出，传统意义上关于制造业产业模式的概念发生了改变，同时引起了全世界范围内的改革热潮。"工业4.0"是以工业互联网为技术基础，以智能制造为中心的工业革命战略，目的是形成一个"数据-信息-知识-智慧-决策"的生产制造智能闭环。为抢先抓住市场机遇，中国提出了深度融合工业化及信息化的《中国制造2025》，全面推动制造业转型智能化，其中制造物联技术正是实现《中国制造2025》目标的关键使能技术。制造物联技术的本质概念为一种能使制造车间现场所有物理资源相连互通的技术，其以射频识别（RFID）、超宽带（UWB）、嵌入式以及传感网络为技术支撑，通过约定的通信协议，以高可靠性、高安全性的传输方式进行实时信息交互，打破了制造车间中"人员-设备-物料"三者之间的信息交互壁垒，实现了车间生产过程中海量实时信息的感知与采集。

制造物联技术可实现对车间所有底层制造资源信息的实时信息化管理。由于离散车间生产现场环境的复杂性和物理资源的混杂性，在很短的时间内即可获得大量的制造物联数据，例如，在一个部署了30台RFID读写器、10组UWB定位设备的离散制造车间，在正常运行的情况下，每秒会采集上万条数据。这些数据大多为重复、不可靠数据，所表示的信息语义层级较低且相互之间缺乏联系，无法被车间管理人员直接使用。车间管理人员更关注的是生产过程中是否发生了物料配送错误、缓存区堆积、资源短缺等可能会影响车间生产进度、破坏生产过程动态平衡的生产异常。因此必须对原始制造物联数据进行信息提炼，精确、实时地提取生产过程中存在的异常信息，为上层管理决策提供有效的信息支撑。

从原始制造物联数据中提取到的生产异常信息可使车间管理人员直观地了解到离散制造过程中发生的异常，然而由于离散制造系统的复杂性和自身的调节性，一些生产异常，如个别产品加工时间过长、生产资源短时间内未按时到达某工位等，随着生产过程的进行，其产生的影响可能会自行消失，不会影响生产任务的正常执行，且若频繁处理生产异常很容易导致生产系统震荡而影响生产顺利进行。另外有一些生产异常，如机床设备故障、工位物料长期堆积、工人操作不熟练等，若不关注则可能会导致其影响程度蔓延，最终导致生产任务难以按时完成。只有对生产异常进行准确分析，评估生产异常会对整个生产过程产生的影响程度，才能使管理者根据生产异常及其影响程度进行及时精准的调控，提高对生产异常的实时响应能力。

由此可知，如何通过挖掘和分析庞大的制造物联数据，使管理者对车间实时生产过程中的生产异常进行有效监测，成为提升离散制造车间生产效率、推进车间智能化转型不可避免的研究问题之一。本书结合RFID、UWB和传感网络等制造物联技术，构建智能化离散制造过程生产瓶颈识别模式,采用各类物联设备实时感知离散制造过程中在制品、物料、人员和机床等生产要素的生产状态数据,通过复杂事件处理方法从大量零散的生产状态数据中提取出生产异常信息,实现生产异常的及时发现。针对异常干扰程度难以准确衡量的问题,建立离散制造过程生产异常衡量指标,预测当前生产异常将会对车间生产造成的影响程度,实现生产异常的定量分析,并将生产异常检测和分析结果共同作为车间决策依据,推动实现对生产过程的精准管控。

2.4　制造物联技术的需求分析

综合利用 RFID、UWB 和无线传感网等制造物联技术,对车间人员、物料、在制品和车辆等生产要素进行相应标识和信息感知,通过对实时感知信息进行分析和处理,提炼出其中蕴含的运行性能演化规划,并指导制造过程的精准优化决策,以提升车间的动态响应能力和生产效率。总的来说,可将离散制造车间对制造物联技术的主要应用需求概括为以下几方面。

1) 生产数据全面采集

传统的离散制造车间现场的数据往往由人工记录获取,一方面数据采集效率低、实时性差,另一方面采集的数据覆盖面窄、准确性不足,尤其面对当前多品种、变批量生产模式下的复杂制造系统,较难全面映射人员、物料、设备等制造要素的实时行为,不足以支撑对整个制造系统运行的有效分析与控制优化,所以迫切需要自动化数据采集手段来实现各类制造要素及整个制造过程的数据实时、精准获取,而制造物联技术为之提供了可靠的技术途径:RFID 可自动感知附着在识别对象上的标签信息,采集制造要素的静态属性、流转过程、持续时间等数据;UWB 可实时获取关重件、在制品、重要工具等的实时位置、运动轨迹数据;温湿度、压力、速度等传感器可实时采集制造环境信息、加工设备状态、工艺参数等数据。制造物联可以有效解决制造系统中的多源信息在获取时存在的采集费时而不增值、数据滞后严重、覆盖范围不足且易出错等问题,其提供的海量多源数据是离散车间制造行为分析与管控的必要基础。

2) 制造过程实时监测

在离散制造企业规模定制化的生产背景下,多品种、变批量、结构复杂已成为当前产品生产的主要特点,制造过程中的不确定性更加显著,线边物料短缺、在制品堵塞、设备故障等扰动均会对制造系统的行为异常产生一定程度的影响,如何通过可靠的技术手段实时监测各类制造要素的异常是制造行为分析与优化的重要内容,也是触发各类生产决策的先决条件。所以需要借助制造物联技术,解决当前车间现场存在的制造过程"黑箱"问题,通过对实时感知的海量多源制造数据进行分析,检测当前生产状态下各类制造要素的异常行为及制造过程中存在的异常事件,判断每一类要素是否在正确的时间、正确的位置从事正确的生产活动,并通过可视化的方式直接展示存在的时间、空间、状态等异常监测情况,实现制造系统全要素、全方位、全过程的透明化管理,提升制造车间的可监、可控能力。

3) 制造系统动态优化

在离散制造车间中，因任务加急、计划变更、物料短缺、设备故障等内外部扰动因素带来的生产效率低下、工序流转不畅、制造过程无法有效控制等现象严重，且由于缺乏对原始多源数据与生产活动间的关联分析，上层管理难以对制造执行过程做到有效控制和动态协调、优化。如何利用制造物联系统提供的海量多源数据，动态地分析各类制造要素的个体行为与制造系统运行性能的关联关系，从而把握制造系统的整体运行规律；如何判别检测到的异常行为及其持续过程对整个制造系统的影响，从而触发制造系统的在线决策与控制；如何全面运用制造物联提供的数据采集和实时监测功能，形成"感知-分析-决策-执行"闭环决策控制系统，是当前离散车间制造系统动态优化亟待解决的问题。所以迫切需要充分挖掘制造物联提供的生产过程中累积数据的隐藏价值，提供对制造系统进行整体分析与动态优化的策略和方法，能够使产品制造过程具有更完备的判断、适应和优化能力，从而实现高效、稳定、有序地组织与生产。

思　考　题

2-1　离散制造业有哪些特点？与流程制造有什么区别？

2-2　简述制造业与物联网技术融合的必要性。

2-3　离散制造车间对制造物联技术的主要应用需求有哪些方面？

第 3 章　制造物联技术的系统架构

当前的复杂离散制造系统大都具有制造装备多、产品种类多、生产环节多、技术状态多、生产控制复杂等特点，需要通过人、机、料、法、环各类制造要素的协作，将物料流、技术流和信息流输入转变为产品输出，其中大量的生产信息、状态信息、位置信息及由各类信息构成的制造信息流是映射、分析和控制制造系统运行的主要因素，这就要求对车间各类制造要素的实时数据做到精准地管理、分析和利用，而制造物联技术是目前制造车间数据实时采集的有效手段。本章主要介绍制造物联的体系结构与网络拓扑，分析基于制造物联的车间智能感知环境构建方法、数据管理和生产管控模式。

3.1　制造物联的体系结构

制造物联体系结构描述的是制造物联系统的结构形式及各组成部分之间的关联关系，是技术实施与系统实现的前提与基础。在离散制造车间中，制造过程描述的是通过对原材料进行加工及装配，使其转化为产品的一系列运行过程，涉及设备、工装、物料、人员、配送车辆等多种制造要素及生产、监测、管理、控制等多项活动，针对车间资源管理、生产调度、物流优化、质量控制等不同的应用目标，虽然现有的各种制造物联架构层次不一、覆盖内容不同，但都可以描述为以离散车间制造数据"感知-传输-处理-应用"为主线的体系结构，如图 3.1 所示。

(1) 物联感知层：离散制造车间中设备、人员、物料、工具、在制品等各类制造要素及组成的生产活动所产生的状态、运行、过程等实时多源数据是生产过程优化与控制的基础，针对不同制造要素的特点和数据采集需求，通过在车间现场配置 RFID、传感器、UWB 等各类感知设备，实现对各类制造要素的互联互感与数据采集，确保制造车间多源信息的实时可靠获取。

(2) 数据传输层：离散制造车间中生产状态、物料流转、环境参数、设备运转、质量检测等数据分布广、来源多，针对不同的传感设备所具有的各异的数据传输特点与需求，有选择性地通过互联网、工业以太网、工业现场总线、工业无线局域网、工业无线传感网等实现感知信息的有效传递和交换，确保车间现场生产数据的稳定传输与应用。

(3) 分析处理层：离散制造车间具有多品种变批量混线生产、生产工况多变、实物要素移动等复杂生产特性，由此引起制造数据的冗余性、乱序性和强不确定性，针对具有容量大、价值密度低等特征的制造数据进行数据校验、平滑、过滤、融合等处理操作，转化为可被生产与管理应用的有效数据，通过关联、聚类、预测等智能分析与挖掘方法实现海量数据的增值应用。

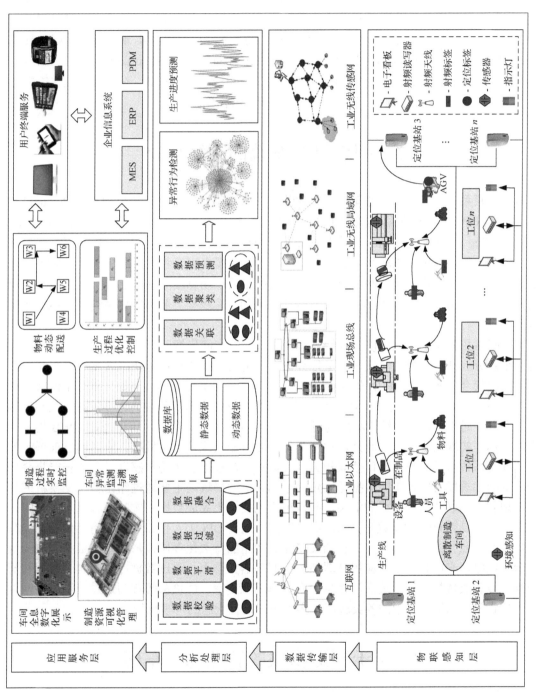

图 3.1　制造物联系统的体系结构

(4)应用服务层：将感知数据用于制造车间管理与生产过程控制优化，提供车间全息数字化展示、制造资源可视化管理、制造过程实时监控、物料动态配送、车间异常监测与溯源、生产过程优化控制等功能服务，并通过统一的数据集成接口实现与制造执行系统(manufacturing execution system，MES)、企业资源计划(enterprise resource planning，ERP)、产品数据管理(product data management，PDM)等信息系统的紧密集成，在多种可视化终端上实现制造现场的透明化、实时化和精准化管理、控制与优化。

3.2　制造物联系统的网络拓扑

制造物联系统运行的基础是车间现场信息的感知以及基于 OPC 统一架构(OPC unified architecture，OPC UA)的数据传输网络。OPC 是对象链接与嵌入的过程控制(Object Linking and Embedding for Process Control)物联网并非一个全新的网络体系，而是对现有网络资源的继承和延伸。同理，对制造车间中的人、机、料等生产要素进行物联组网应借助于现有的网络基础。在现有的企业级应用网络及制造车间内的工业现场总线的基础上，扩展无线传感网与 RFID 设备及其他终端设备是制造过程物联组网的基本框架。制造物联系统的网络拓扑如图 3.2 所示。

整个网络拓扑从下至上可以分为制造物联感知网、车间局域网、数据存储网以及应用服务网四个部分。其中，为了实现车间运行数据的全覆盖，制造物联感知网需要根据车间布局以及设备现状合理地部署 RFID 设备、UWB 定位基站、各类传感器。例如，每个工位都需要与 RFID 读写器以及天线做好映射关系，根据天线的感知范围实现物料、零件在工位间运转逻辑的提取。对于一些移动较为频繁的对象，如 AGV、加工人员等，可以通过 UWB 技术获取实时坐标，实现精确定位。此外，对于车间工业机器人或是数控机床，应当通过部署额外传感器或是系统自带的数据接口获取相关运行数据。通过上述传统传感器设备和智能物联传感器设备的部署即可实现车间数据无死角的监测。车间局域网主要通过路由器、交换机或是网桥实现制造物联感知网数据的汇聚，并在车间工控机上完成数据的实时融合以及协议的转换，最后向外暴露 OPC UA 数据接口。数据存储网通过 OPC UA 接口获取具有存储意义的车间数据，并按照预先设定的分布式存储策略完成数据的持久化存储，形成车间数据存储的统一平台。同时，车间各类上层应用部署在应用服务器集群上，通过数据库中的实时数据和历史数据完成各类数据应用。最后，信息中心、车间调度室、质检部等部门通过应用服务网以及防火墙访问应用服务器中的各类应用，实现车间运行状态的可视化管控。

3.3　基于制造物联的智能感知车间

3.3.1　车间智能感知环境构建

基于制造物联系统的体系结构和网络拓扑，在离散制造车间现场搭建硬件层智能感知环境，如图 3.3 所示，旨在实现车间设备、人员、物料、工具、在制品等各类制造要素的互联及相关信息的自动感知。

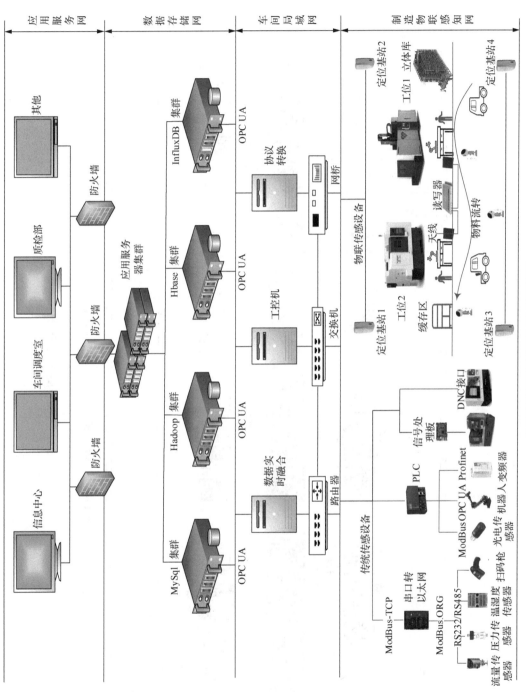

图 3.2　制造物联系统的网络拓扑

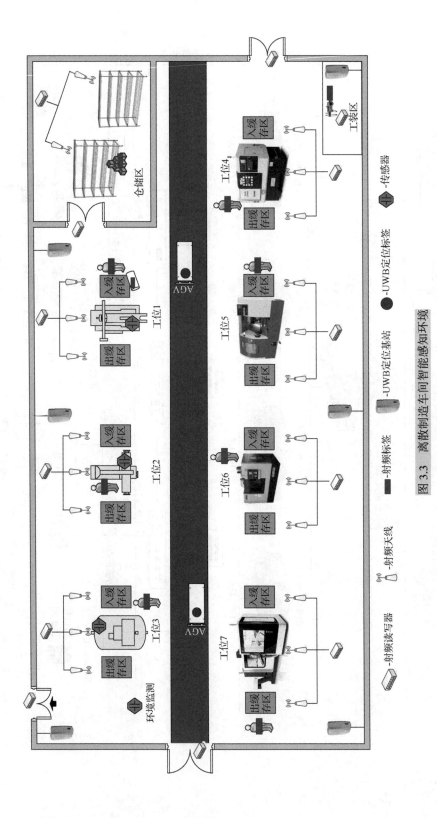

图 3.3　离散制造车间智能感知环境

制造车间按照功能区域划分为制造工位区域、车间临时库存区域、工装区域和车间通道及出入口等区域，每个制造工位包含一个入缓存区(等待加工区)、一个加工区、一个出缓存区(加工完成区)，部分工位额外包含一个工具柜和小型物料柜。在每个制造工位区域，需要将涉及的所有物料、人员、工装、设备、在制品等接入车间物联网络，实时感知入缓存区、机床、出缓存区各个区域内所有实体对象的实时状态；在车间临时库存区域，需要将该区域内所有物料、半成品以及成品接入车间物联网络，用于临时库存的统计、盘点和出入库管理；在工装区域，需要将所有工具、夹具、量具等接入车间物联网络，实时感知所有工装的状态信息、使用记录和重要工装的位置信息；在车间通道区域，需要将处于转运状态的配送车辆、物料、在制品等接入车间物联网络，实时感知其配送信息、转运状态和位置信息；在车间及临时库存区各出入口，需要实时感知、记录和统计进入和离开的对象信息。

根据制造车间不同的位置区域、感知对象和数据采集需求，针对性地采用 RFID、UWB、传感器等感知设备，实现制造车间现场的全资源覆盖和全网络互联。

(1)对车间现场的物料、人员、工装、在制品等制造要素采用无源 RFID 标签进行标识：人员采用卡片式 RFID 标签，可与现有员工卡集成，对于物料、在制品和工装，则根据不同的材料、形状、体积和应用场景等，针对性地选择贴纸式标签、陶瓷式标签、悬挂纽扣式标签、抗金属标签等附着或悬挂在物体或托盘容器表面。RFID 标签中携带相应物体的 ID 号和属性信息，当进入 RFID 读写器感知范围时，即可被识别并获取相应信息，所以在各个工位、临时库存区、工装区和车间出入口处均配置超高频(ultra high frequency，UHF)RFID 读写器。为了节约部署成本，在每个工位处采用一个读写器连接三个附属天线的配置方式，天线分别安装在入缓存区、加工区和出缓存区，用于实时感知进入和离开各个区域的对象 ID、时间、数量等数据。同样在区域面积较大的临时库存区和工装区，也可采用一个读写器配置多个附属天线的部署方式，每个 UHF RFID 天线在制造环境下可达到 5m 的感知距离，在强金属干扰下，可实现 3m 距离内的稳定读取。

(2)对车间现场的关重件、重要工具、配送车辆或 AGV 采用 UWB 标签进行标识，UWB 定位基站(Ubisense)采用蜂窝单元的形式成组部署在车间现场，每一组蜂窝单元至少由三个 Ubisense 组成，其中有一个主 Ubisense，其余的从 Ubisense 通过时间同步线与主传感器连接，并通过交换机连接至定位引擎，每一组 UWB 单元可以覆盖 35m×35m 的空间区域，当定位车间区域大于该覆盖面积时，可对 UWB 蜂窝网络进行扩充，每扩充两个 Ubisense 可多形成一个 UWB 蜂窝单元，Ubisense 通过接收待定位实物上附着的 UWB 标签发射的超短时脉冲信号可获取当前实物的精确位置坐标。通过 UWB 的部署安装，可实现车间重要移动要素的实时定位、跟踪与追溯。

(3)在车间现场部署大量传感器，用于感知各类测量信息，如采用温湿度传感器获取车间环境数据、采用位移传感器测量加工质量数据、采用加速度传感器感知设备振动数据等。此外，各类数控机床根据不同的数控系统，针对性地采用网卡、串口、可编程控制器(programmable logic controller，PLC)、传感器等感知方式，实现加工设备的联网和数据采集。

3.3.2　车间全息地图

在搭建的离散制造车间硬件层智能感知环境的基础上，提出车间全息地图的概念构建软件层智能感知环境，定义为：车间全息地图是一种提供车间数据可视化及智能服务的新型地图，用于制造物联环境下制造要素和动态事件以位置为核心进行的多维度、多时间、多特征的信息关联和表达。

(1)多维度：可从二维、三维和时间维多个维度对车间信息进行可视化表达。

(2)多时间：可反映制造要素和事件在不同时刻的状态及随时间产生的变化。

(3)多特征：可表达制造过程及要素在不同时间与空间维度下具有的复杂数据特征。

车间全息地图是制造物联实时感知数据和动态事件的可视化载体，主要由多源制造数据、位置语义和数字化车间场景三大内容组成，如图 3.4 所示。

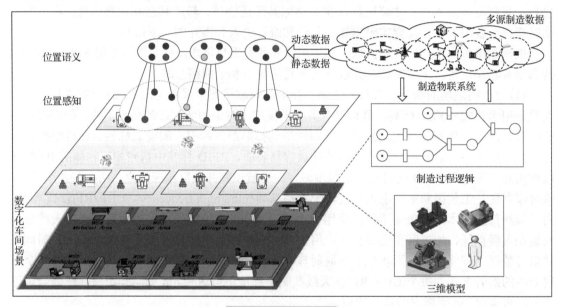

图 3.4　车间全息地图

1) 多源制造数据

制造车间硬件层部署的感知设备通过实时采集各类制造要素的运行数据，为车间全息地图的信息展示提供了丰富的数据源，包括属性信息、状态数据、检测参数、环境参数、位置数据等静、动态数据。各类数据通过与相应的制造要素进行关联绑定，赋予车间全息地图含义，驱动车间全息地图动态显示制造过程实时运行信息。

2) 位置语义

位置语义描述的是制造车间某一个特定位置或区域(可根据应用需求选择粒度的粗细，如一个工位)的含义和特征，涉及该位置包含的所有制造要素和制造活动信息，是车间全息地图的核心要素，表示如下：

$$SL = \{Position, \{Objects\}, \{Properties\}, \{Logic\}, \{State\}, \{Relations\}, Time\} \qquad (3\text{-}1)$$

式中，SL 表示位置 Position 的语义；Position 表示一个特定的位置坐标或者某个位置区域，对于特定实物的位置由 UWB 直接获取；Objects 是位于 Position 的所有实物的集合；Properties 表示 Objects 的所有属性信息集合；Logic 表示 Objects 在 Position 的运行逻辑及行为标准，如

在制品在特定工位的加工工艺、标准工时、质量要求等；State 表示 Objects 在 Position 的当前时刻状态；Relations 表示 Position 的关联关系，如处于某位置的物料的从属关系、关联工位、操作人员等；Time 是时间标记，表示位于 Position 的 Objects 具有上述 Properties、Logic、State 和 Relations 的时间。各时刻、各个位置的语义组合形成了整个车间全息地图的语义信息。

3）数字化车间场景

数字化车间场景是车间全息地图的呈现载体，用于可视化表达制造物联提供的多源数据、位置语义信息及制造系统运行过程，具有多维度和动态性的显著特点。制造车间的二维布局和三维物理模型是其可视化的基础，可在建模软件中实现，增加时间维度用于实时记录制造要素的实时状态信息和制造过程的实时运行信息。此外，车间全息地图需要表达制造过程的运行逻辑信息，该功能可依托仿真软件完成，通过与实时感知数据的集成，实现数据驱动的制造过程在线可视化和仿真，可辅助生产及管理人员进行实时监控、生产状态评估、生产瓶颈发现和制造过程优化。

3.3.3　制造物联环境下的智能感知逻辑

依托搭建的制造车间智能感知环境，总结制造物联驱动的智能感知逻辑如图 3.5 所示。

（1）针对车间部署的 RFID、UWB、传感器、网/串口设备等异构感知手段，采用基于 OPC UA 的通信方式，以 KepServer 作为 OPC 服务器软件，依靠其提供的丰富的协议支持，完成所有感知设备的接入和采集，解决异构设备间的互通性和标准化问题，此外，车间现有的数据采集与监视控制（supervisory control and data acquisition，SCADA）系统是制造数据的重要感知来源，可通过接口直接接入 OPC UA 服务器，由此 KepServer 作为智能感知系统的唯一数据源，通过封装具体的采集方式和原始数据处理，简单快捷地实现制造车间数据的统一访问和车间信息的高度连通。

（2）车间全息地图通过 OPC UA 协议可直接获取车间实时数据进行可视化展示，并采用 OPC UA 订阅方式订阅主要数据变化，用于数据记录、异常分析及检测，当各类生产数据发生改变时，一方面通过消息队列遥测传输（message queuing telemetry transport，MQTT）协议将变化信息推送至固定/移动终端进行显示，另一方面将与其关联的位置语义信息进行整合，通过开放式数据库互联（open database connectivity，ODBC）协议记录到数据库中。

（3）为了记录关键工位的检测信息，可通过增强现实（augmented reality，AR）眼镜或者其他拍照设备记录关键节点照片，服务端向不同节点的拍照设备提供不同的统一资源定位符（uniform resource locator，URL）用于上传图片，服务端接收图片后，先将图片进行保存并分配唯一文件名，然后系统查询 KepServer 中相关对象的属性或状态信息，根据上传图片的工位进行匹配，然后将图片信息与相应物料或在制品关联后保存至数据库中。

（4）车间全息地图中实时获取的生产数据可直接输入制造仿真场景中进行运行分析，仿真结果可反馈至车间全息地图用于过程分析及输出预测等，此外，基于获取的海量制造数据，可进行生产进度预测、质量检测、设备故障分析等大数据分析操作，分析结果可输出至车间全息地图进行可视化展示，辅助制造系统的动态决策优化。

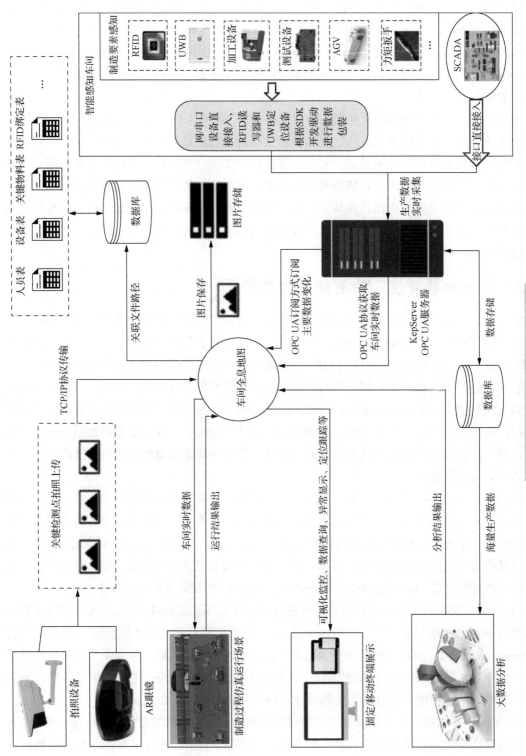

图 3.5 基于制造物联的智能感知逻辑

3.4 制造物联数据管理

3.4.1 制造物联的数据运行模式

制造物联数据管理系统的运行模式如图 3.6 所示。

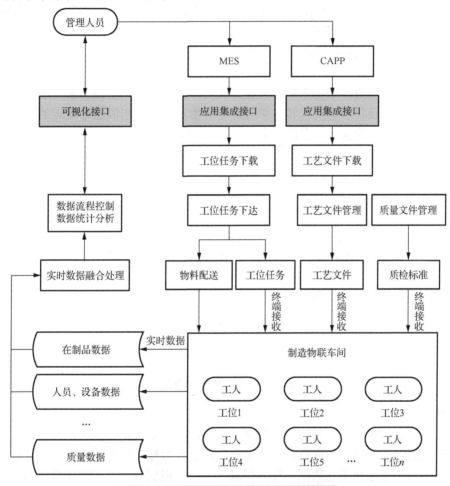

图 3.6 制造物联数据管理系统的运行模式

通过与 MES、计算机辅助工艺设计(computer aided process planning,CAPP)系统的应用集成接口,制造物联数据管理系统可以获取车间工位的生产任务和产品的工艺文件,经工位任务下达,将每个加工工位的物料配送计划和工位任务,连同相应的工艺文件和质量检验标准一起下发到物联网车间的各个工位,每个车间工位可以通过电子看板和手持式多功能数据采集终端对文件数据进行接收。同时在生产过程中,RFID 读写器和手持式多功能数据采集终端将生产过程中的在制品数据、人员数据、设备数据、质量数据等实时地进行采集,经过实时数据的融合处理后,有效的过程数据被相应的数据流程控制和数据统计分析功能模块提取

与处理，并通过可视化接口实时地反馈给车间管理人员，形成物联网车间生产管理的闭环控制。

3.4.2　制造物联生产网络技术状态数据建模

复杂产品的制造过程涉及的零件种类多、工艺复杂，且由于型号、批次等不同，技术状态也不尽相同。即使同一产品不同批次也可能采用不同的工艺方法，技术状态也就各具特点，制造过程中技术状态也随着时间的变化在动态变化中，这个动态过程中会产生海量的技术状态数据，正是这些动态数据支撑了整个产品制造过程的技术状态，如何来完成对海量数据的分类汇总和管理是技术状态管理的核心内容之一。

1. 数据特点分析

制造生产过程中的数据来源主要有设备、人员、物料的生产资源信息，生产作业技术信息，生产进度信息，设备状态及运转信息等。这些生产数据是车间正常运转的基础，是产品制造过程技术状态管理的核心，它们在车间中存在的特点如图 3.7 所示。

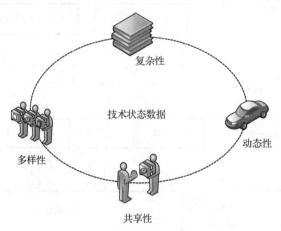

图 3.7　技术状态数据的特点

1) 多样性

制造过程中会产生多种类型的生产数据，例如，生产要素数据包括人员、设备、工装、质量等基础数据；生产过程数据包括人员数据中的状态数据、设备状态数据、质检状态数据等；针对产品的工艺包括工艺数据、任务信息、生产管理信息、文档信息等，都体现了制造过程中数据的多样性。

2) 动态性

制造过程是动态变化的过程，产品制造过程中的技术状态数据是随着时间动态变化的，包括制造过程的进度、物料位置、状态、工艺信息等。加工设备如机床的转速、进给量等参数也是随着时间变化的，人员信息也是随着时间动态变化的，因此产品的技术状态数据具有典型的动态性。

3) 复杂性

制造过程的复杂性决定了产品技术状态数据的复杂性。产品制造过程涉及人员、设备、工装、质量、环境等众多因素的制约和影响，过程复杂且容易出现异常扰动，在生产过程中，

各部门之间的交互频繁，生产部门的组织和协调工作也提高了产品制造过程技术状态的复杂性，产品的技术状态数据也同样具有了相应的不确定性和复杂性。

4) 共享性

产品制造过程技术状态数据同样属于车间资源，资源的特性就是可以有一定的共享性。在采集和管理技术状态数据的同时也可以将数据共享到企业内部的其他应用系统，如企业资源计划、制造执行系统、产品数据管理系统等。这些企业信息系统可以与技术状态管理系统共享统一格式后的技术状态数据信息，互相协调，更好地发挥各系统的职能。

产品制造过程伴随着复杂的数据产生和交互，必须先对产品制造过程技术状态数据类型及流转过程进行整理，才能保证后续研究的顺利进行。产品制造过程技术状态数据的流转与交互如图 3.8 所示。

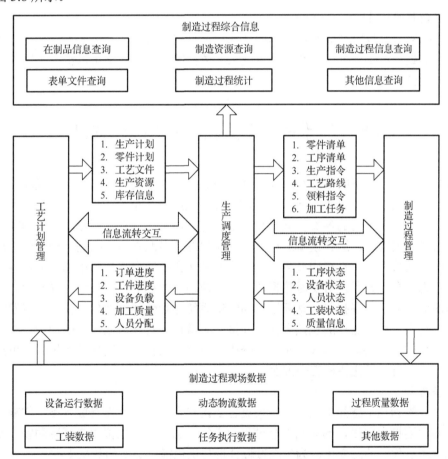

图 3.8　产品制造过程技术状态数据的流转与交互

2. 数据的分类

对于技术状态管理系统而言，数据分类是实现技术状态管理的根本保障，它对于描述生产制造过程有着不可或缺的作用，也是后续研究制造过程数据采集、分析和建模的理论基础。技术状态管理就是对工艺计划管理、生产调度管理和制造过程管理三者的统一。工艺计划管理部门下达生产任务计划，工艺技术部门提供工艺文件、设计图纸、工时定额等信息，生产调度管理部门进行生产任务排序、物料配置、任务分配等操作后将生产任务下发到制造车间。

产品制造过程的技术状态数据按照以下三种方法进行分类。

1) 按照数据类型分类

产品制造过程的技术状态数据按照数据类型可以分为产品物理数据、产品制造过程数据、参数数据。

2) 按照数据状态分类

根据状态可以将技术状态数据划分为静态数据和动态数据。静态数据是伴随着制造过程变化小、状态稳定、信息相对静止的数据，一般静态数据是对产品及资源的特定物理属性的描述；动态数据是指在制造过程中状态会动态变化的数据，它是技术状态数据中的核心数据。

3) 按照数据对象分类

根据数据对象可以将产品制造过程的技术状态数据分成以下几大要素：人员数据、工装数据、设备数据、质量数据、物料数据以及工艺数据等，每类要素可以根据不同的属性进一步进行数据划分。

3.5 基于制造物联的生产管控模式

依据制造物联环境下的智能感知逻辑分析和数据管理模式，描述制造物联环境下的离散车间生产管控模式，如图 3.9 所示，各类制造要素按照下达至车间现场的初始生产计划组织生产活动，由部署在车间的各类物联感知设备实时采集生产计划执行数据、监测制造过程运行状态，对获取的物料转运、设备运行、在制品状态等多源制造数据进行融合处理得到精准可靠的车间现场数据，可直接通过数据可视化的方式在车间全息地图中动态展示各类制造要素的个体行为信息，并通过对实时数据的关联与挖掘，实现对生产过程的异常检测，结合制造大数据的分析方法，寻找多扰动环境下的制造系统运行性能的演化规律，寻找发现当前生产过程中影响系统稳定运行的直接因素，并量化异常行为对制造系统性能的影响程度，从而触发生产过程的动态决策，形成"感知—分析—决策—执行"的闭环管控模式，可细化为数据感知、运行分析、优化决策三个方面。

1) 数据感知

以制造要素为基本感知单元，实时采集各要素状态信息，并聚合成各类生产事件，最终以工位之间的连接为主线，形成制造全过程的运行信息，在各工位中实时感知输入要素、输出要素和操作过程的动态变化，为生产过程分析与优化提供必要的数据支撑。

2) 运行分析

以实时感知的数据为基础，通过大数据分析方法实现异常行为的检测及性能演化规律分析，并映射到制造要素，以发现异常来源，同时判定单个或多个制造要素异常行为对制造系统的影响。例如，以实时生产状态下的生产进度作为制造系统性能指标，对当前行为状态下的未来生产进度进行预测，通过与生产计划进度的对比，分析当前异常及其持续性对制造系统性能演化的影响程度，为触发生产过程的动态决策提供判别条件。

3) 优化决策

检测到的异常可直接触发面向制造要素或某工位的局部调整，若按照历史调控策略进行的局部优化对未来生产进度不具有明显的影响，则不进行全局的重新调控，例如，某设备出现故障，若按照正常维修的策略进行调控，经预测发现并不影响最终的生产进度，则无须触发生产的全局决策，以避免增加生产计划执行的不确定性和敏感性。而制造过程中的不确定性因素较多，且制造过程具有一定的连续性，往往前一工位的异常会导致后续工位乃至整个系统出现一定的波动，因此如果通过预测发现当前行为影响了正常的生产进度，则触发生产过程的全局动态优化，生成调控策略。最后基于决策结果，反向调整和控制生产过程及相关制造要素。

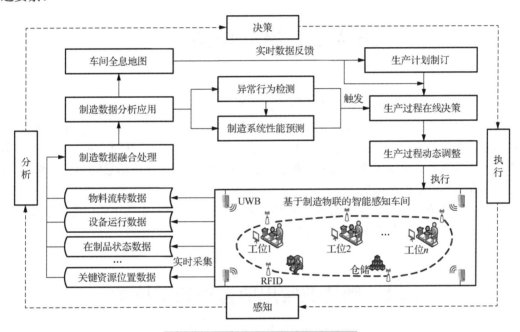

图 3.9　基于制造物联的生产管控模式

思 考 题

3-1　制造物联的体系结构由哪几部分组成？

3-2　简述离散制造车间智能感知环境的构建过程。

3-3　简述离散制造车间中基于制造物联的智能感知逻辑。

3-4　离散制造车间是如何基于制造物联技术实现闭环管控的？

第二篇 制造物联关键技术

第4章 自动识别技术

自动识别技术是物联网体系的重要组成，其融合了物理世界和信息世界，是物联网区别于其他网络最独特的部分。自动识别技术通过对每个物品进行标识和识别，可以将数据实时采集和更新，是构造全球物品信息实时共享的重要组成部分，是物联网的基石。自动识别技术改变了离散制造业中依赖手工的信息获取与录入模式，提高了生产信息的实时性和准确性，从而为精准地实时生产决策提供依据。

本章主要介绍自动识别技术的相关内容，主要包括：制造行业常用的自动识别技术、制造物联数据编码技术、基于 RFID 的电子标识技术。

4.1 制造业常用的自动识别技术

在 20 世纪 80 年代之前，产品标识以纸质载体为主，并在其上标明产品的相关信息。随着计算机技术的应用，以纸质为载体的产品标识目前已经逐渐被自动识别技术所取代，且只是作为辅助直接阅读的依据。自从自动识别与数据采集技术产生后，更加方便、快捷、准确的产品标识载体的应用逐渐取得主导地位，包括光学字符识别(optical character recognition, OCR)技术、条码技术、磁条(卡)技术、IC 卡识别技术、射频识别(RFID)技术等。

典型的条码如图 4.1 所示，条码在过去 20 余年里牢牢地统治着识别系统领域。条码技术的应用提高了零部件管理的有效性。

以波音公司为例，使用 RFID 技术对入库零部件进行管理，在装运铅板的车上加贴 RFID 标签，由于标签带有唯一的识别码，当它经过一个装有特别的 RFID 读写器和天线的大门时，员工即可在几秒的时间内检测到材料到货情况，读写器便可以通过计算机系统下达另一指令，系统可以自动与供应商进行结账。在这个花费 16000 美元的 RFID 系统付诸实施的前 6 个月，仅劳动力成本一项便为波音公司节省了 29000 美元。2008 年投入商业运营的第一批波音 787 型飞机上开始安装 RFID 标签，并要求它的数百家关键供应商使用高端的、被动的 RFID 智能

化标签，以更好地跟踪和维护零件的维修记录，将波音 787 型飞机打造成最高标准和最佳服务的超级飞机。

图 4.1 典型的条码形式

针对不同状态、属性的物料可以采用不同形态的 RFID 标签进行标识，典型的 RFID 标签如图 4.2 所示。针对机加车间内的金属环境，采用铁氧体过渡以增强标签的抗金属性；将 RFID 标签与二维码、条形码配合使用，提高标签的人工辨识度；采用磁性标签及托盘标签对材料去除加工步骤进行标识。通过现场测试，以上各类柔性封装技术很好地解决了各类物料标识的问题。图 4.3 展示了 RFID 标签的各类柔性封装技术。

图 4.2 几种典型的 RFID 标签

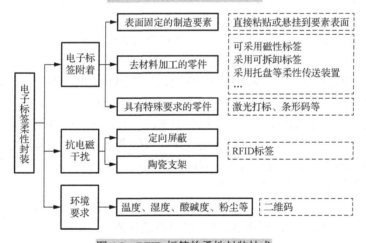

图 4.3 RFID 标签的柔性封装技术

4.2 制造物联数据编码技术

编码是将物品赋予一定规律性的易被人或机器识别和处理的数字、符号、文字等，用来表示物品本身、物品状态、物品地理与逻辑位置等的人类认知事物的一种方法。简单来说，编码就是使物品信息符号化，以方便信息的交换。制造业信息化的基础是信息数据，而物品编码则是制造物联数据自动化采集的基础。在条形码、二维码、RFID 等自动识别技术中，数据的编码已经成为自动识别技术的基础和重要组成部分。

在制造企业中，生产要素包括工装、物料、刀具、量具、人员、机床、环境七类。在制造物联网的编码体系中应当囊括这七类生产要素。

4.2.1 制造物联网编码概述

编码是实施制造物联网的基础性工作之一，从通用物联网的角度来讲，物料编码应归属于对象命名服务(object name service，ONS)的范畴。制造物联网编码为制造车间中的每一项生产要素都建立了唯一的索引方式，并将其映射到某个 IP 地址或 URL 服务网址上，给整个制造物联网内的节点访问使用，实现对生产要素全方位的高效管理。

国际上已经广泛采用的物联网编码技术以 EPCglobal 为代表，EPC 采用注册会员制的实施方法，具体流程如下。

(1)获得 EPC 厂商识别代码，为其托盘、包装箱、资产和单件物品分配全球唯一对象分类代码和系列号。

(2)获得一个用户代码和安全密码，通过"电子屋"(eroom)随时访问地区或全球的 EPC 网络和无版税的 EPC 系统。

(3)第一时间参与 EPCglobal 有关技术的研发、应用，参加各标准工作组的工作，获得 EPCglobal 的有关技术资料。

(4)使用 EPCglobal China 的相关技术资源，与 EPCglobal China 的专家进行技术交流。

(5)参加 EPCglobal China 举办的市场推广活动。

(6)参加 EPCglobal China 组织的宣传、教育和培训活动，了解 EPC 发展的最新进展，并与其他系统成员一起分享 EPC 的商业实施案例。

然而现有的 EPCglobal 编码规范并不能完全满足我国制造业的要求，因此本书提出了相关应用方案。当前，由于各类实物数字化标识的应用情况不同，已经形成了一定的编码规则。为了使编码规则具有一定的延续性，方便机器识别的同时，也能够方便人为辨识，在制定编码规则的过程中应该考虑继承性和统一规范。统一编码考虑以下三项基本原则：①编码规则要考虑到当前不同物理产品的现有特点；②编码规则要能够统一适应不同物品的编码要求；③编码规则要求明确各个字段之间的关系。

在统一框架下，对所有类型的实物进行标识，兼顾已有的编码习惯，采用扩展的编码方法，如图 4.4 所示，该编码方法采用 A、B、C 三段进行描述。

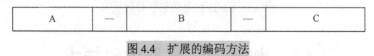

| A | — | B | — | C |

图 4.4　扩展的编码方法

A 表示实物的类型：如产品、半成品、工装、工具、物料、包装箱、文档等。

B 表示具体实物的编码：根据实物的不同制定不同的规则，该规则可以沿用以往的编码方式，具体将在后面章节进行介绍。

C 表示序列码：在多件同类物品的标识中，表示标识物品是本批物品中的第几件。

4.2.2 制造物联网编码规则

1. 产品标识码

产品标识码的示例如下：

080405E1_006	221-214	L	0406	001	20
生产计划号	任务号	批次类型	批次号	产品序号	本组数量

标识码说明见表 4.1。

表 4.1 产品标识码说明

序号	举例	名称	说明
1	080405E1_006	生产计划号	指依据生产任务由系统产生的大流水号
2	221-214	任务号	依据生产任务由型号调度确定
3	L	批次类型	J：计件批，本批次的每件产品单独编号； L：计量批，本批次的每组产品(含多件)单独编号
4	0406	批次号	以 4 位投产日期表示
5	001	产品序号	计件批：每件产品以 3 位阿拉伯数字顺序表示； 计量批：每组产品以 3 位阿拉伯数字顺序表示
6	20	本组数量	计件批：无； 计量批：本组产品数量

2. 物料标识码

当前，在物资配送的实施过程中，物料标识既应该考虑到物料自身的类别信息，也应该考虑到物资配送属于哪一张配送单。配送单后续将作为物料合格的重要标志，配送单也将作为后续物料质量追溯的依据。因此，物料标识采用四段的编码方式，如图 4.5 所示。

图 4.5 物料标识编码方法

A 表示配送单号：代表该物料属于哪一张配送单。
B 表示该物料在配送单上的序号：代表该物料是配送单上的哪一个物料。
C 表示物料编号：代表该类型物料在物资系统中的唯一编码。
D 表示物料名称：代表该类型物料在物资系统中与物料编号对应的中文名称。

3. 工装标识码

工装分为两种：一种为通用工装；另一种为专用工装。通用工装包括结构板埋件的工装钉、组合夹具等；专用工装则为专为某产品设计的工装，例如，在中国航天科技集团有限公司十二院 529 厂内有自身的图号、生产计划号，如神舟飞船的焊接工装等。通用工装可以用于一种产品的加工过程，也可以用于另外一种产品的加工过程；专用工装是为某一种产品专门定制的。

根据以上特点，通用工装采用工具标识码方式进行标识。专用工装则采用产品标识码方式进行标识。

4．工具标识码

工具标识编码方法如图 4.6 所示，工具编号由四部分组成：第一至第三部分为工具编号的主码，第四部分为辅码。主码采用刚性编码方式，即位数一定；辅码采用柔性编码方式。

第一部分 a：类别代码 D 为刀具，L 为量具，F 为非标准刀具(第一个汉字汉语拼音的简写)。

第二部分 b：大类代码 01　02　03 … 07 … 依次排下去。

第三部分 c：小类代码 10　11　12　13 … 16 … 依次排下去。

第四部分 d：辅码。

| a | — | b | — | c | — | d |

图 4.6　工具标识编码方法

根据刀具的实际情况，确定辅码的编码方式。辅码主要描述标识特征，如刀具生产厂家、行业标准、刀具参数等，反映数控刀具和加工中心刀具的自动识别问题。

5．包装箱标识码

包装箱与产品结构的接点不完全对应，因此包装箱的编码还需要有别于产品的编码。包装箱标识采用三段的编码方式，如图 4.7 所示。

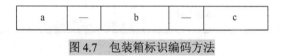

| a | — | b | — | c |

图 4.7　包装箱标识编码方法

a 表示包装箱所属型号：如 BD-2 等。

b 表示包装箱的名称：如缓冲器 7-0 等。

c 表示包装箱的规格尺寸：如 1800mm×795mm×170mm(长×宽×高)。

4.3　基于 RFID 的自动识别技术

4.3.1　RFID 的基本原理及数据结构

RFID 即射频识别。RFID 技术识别过程的自动化程度高，识别距离灵活，对工作环境的适应性强，支持双向的读写工作模式，它的系统主要由标签和读写器组成，原理如图 4.8 所示。

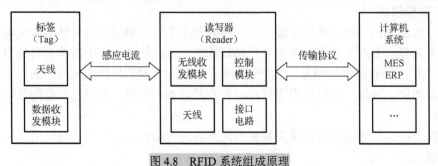

图 4.8　RFID 系统组成原理

　　电子标签与读写器之间通过感应线圈产生的感应电流进行交互，读写器发射一定频率的射频电波，当电子标签进入射频电波区后，电子标签内的感应线圈就被激活，电子标签内的编码内容将经天线发射出去，读写器天线对接收到的信号通过控制模块进行解码和编译，最后通过一定的传输方式抵达计算机系统，通过计算机系统完成数据的存储和处理。RFID 技术非常适用于产品制造过程技术状态的管理，它的优势主要表现在以下几方面。

　　(1) 数据读取快捷：读取数据过程对光源没有要求，可穿透一般障碍物进行读取，识别距离灵活，若使用有源标签，探测距离可达 30m 以上。

　　(2) 存储数据量大：一般常用的条形码最多可存储 2725 字节，而电子标签的容量最大可达兆字节。

　　(3) 寿命长，适应性强：标签和读写器通过无线方式通信，对环境要求低，密闭式的封装有效地延长了标签的寿命。

　　(4) 可重复利用：通过对标签扇区内的编码进行多次擦除和清空，针对新的内容进行编码添加，使得标签可以得到有效的重复利用，降低了生产成本。

　　RFID 数据内容标准规定了数据在标签、读写器到主机(即中间件或应用程序)各个环节的表示形式。因为标签能力(存储能力、通信能力)的限制，所以在各个环节必须充分考虑数字各自的特点，采取不同的表示形式。另外，主机对标签的访问可以独立于读写器和空中接口协议，也就是说读写器和空中接口协议对应用程序来说是透明的。RFID 数据协议的应用接口基于 ASN.1，它提供一套独立于应用程序、操作系统和编程语言的命令结构。

　　(1) ISO/IEC 15961 规定读写器与应用程序之间的接口，侧重于应用命令与数据协议加工器交换数据的标准方式，这样应用程序可以完成对电子标签数据的读取、写入、修改、删除等操作功能。该协议也定义错误响应消息。

　　(2) ISO/IEC 15962 规定数据的编码、压缩、逻辑内存映射格式，再加上如何将电子标签中的数据转化为应用程序的有意义方式。该协议提供一套数据压缩的机制，能够充分利用电子标签中有限数据的存储空间和空中通信能力。

　　(3) ISO/IEC 24753 扩展了 ISO/IEC 15962 的数据处理能力，适用于具有辅助电源和传感器功能的电子标签。增加传感器以后，电子标签中存储的数据量以及对传感器的管理任务大大增加，ISO/IEC 24753 规定了电池状态监视、传感器设置与复位、传感器处理等功能。它们的作用使得 ISO/IEC 15961 独立于电子标签和空中接口协议。

　　(4) ISO/IEC 15963 是规定电子标签唯一标识的编码标准，该标准兼容 ISO/IEC 7816-6、ISO/TS 14816、EAN.UCC 标准编码体系、INCITS 256 并保留了对未来的扩展。注意与物品编码的区别，物品编码是对标签所贴附物品的编码，而该标准标识的是标签自身。

4.3.2　RFID 应用过程中的常见问题

1. 保密与安全问题

　　RFID 标签的安全问题与标签类别直接相关。一般来说，存储型标签的安全级别最低，CPU 型标签最高，逻辑加密型标签居中，目前通常使用的 RFID 标签中以逻辑加密型标签居多。存储型 RFID 标签有一个厂商固化的不重复、不可更改的唯一序列号，并且标签内部存储区可存储一定容量的数据信息，因为标签并没有做特殊的安全设置，所以不需要进行安全识别认证就可进行读写。虽然目前所有的 RFID 标签在通信链路层中都没有设置加密机制,并且芯片(除 CPU 型 RFID 标签外)本身的安全设计也不是非常强大,但在实际应用过程中,由于采取了多种加密手段,可以确保其使用过程具有足够的安全性。CPU 型 RFID 标签在安全性方面做了大量的工作,因此在应用中具有很大的优势。但从严格意义上来说,CPU 型电子标签不应该归为 RFID 标签的范畴,而是应该属于非接触智能卡。但由于使用 ISO 14443 Type A/B 协议的 CPU 非接触智能卡与应用广泛的 RFID 高频电子标签的通信协议相同,所以通常也被归为 RFID 标签类。逻辑加密型 RFID 标签具有一定等级的安全级别,内部通常采用密钥算法及逻辑加密电路,可对安全设置进行启用或关闭配置。另外,还有一些逻辑加密型电子标签具备密码保护功能,这种加密方式是目前逻辑加密型电子标签所采取的主流安全模式,进行相关配置后,可通过验证密钥实现对标签内部数据的读写。采用这种方式加密的 RFID 标签密钥一般不会太长,通常采用 4 字节或者 6 字节的数字密码。有了安全设置功能,逻辑加密型 RFID 标签就可以具备一些身份认证或者小额消费的功能,如第二代居民身份证、公交卡等。

　　CPU 型 RFID 标签具备非常高的安全性,芯片内部的 COS 本身采用了安全的体系设计,并且在应用方面设计了密钥文件、认证机制等,比存储型和逻辑加密型 RFID 标签的安全等级有了极大的提高。首先,探讨存储型 RFID 标签在应用中的安全设计。存储型 RFID 标签是通过读取标签 ID 号实现标签识别的,主要应用于运动识别、跟踪追溯等方面。存储型 RFID 标签在应用过程中要求确保应用系统的完整性,但对于标签本身所存储的数据要求不高,多是利用标签唯一序列号的识别功能。对于部分容量稍大的存储型 RFID 标签,若想在芯片内存储数据,只需要对数据进行加密后写入标签即可,这样标签信息的安全性主要由应用系统密钥体系的安全性来保证,与存储型 RFID 标签本身特性没有太大关系。其次,逻辑加密型 RFID 标签的应用极其广泛,并且其中还有可能涉及小额消费功能,因此对于它的安全系统设计是非常重要的。逻辑加密型 RFID 标签内部的存储区域一般都按块划分,并有单独的密钥控制位来保证每个数据块的安全性。这里先来说明一下逻辑加密型 RFID 标签的密钥认证流程,以 Mifare one 菲利普技术为例,标签密钥认证流程如图 4.9 所示,可以分成以下几个步骤。

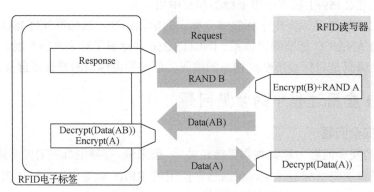

图 4.9　Mifare one 标签密钥认证流程图

（1）应用程序通过 RFID 读写器向 RFID 标签发送认证请求。

（2）RFID 标签收到请求后向读写器发送一个随机数 B。

（3）读写器接收到随机数 B 后向 RFID 标签发送使用要验证的密钥加密随机数 B 的数据包，其中包含了读写器生成的另一个随机数 A。

（4）RFID 标签接收到数据包后，使用芯片内部存储的密钥进行解密，解出随机数 B 并校验与之发出的随机数 B 是否一致。

（5）如果是一致的，则 RFID 使用芯片内部存储的密钥对随机数 A 进行加密并发送给读写器。

（6）读写器接收到此数据包后，进行解密，解出随机数 A 并与前述的随机数 A 比较是否一致。

如果上述的每一个认证环节都能成功，那么密钥验证成功，否则验证失败。这种验证方式从某种意义上说是非常安全的，而且破解的难度也非常大，例如，Mifare one 的密钥为 6 字节，也就是 48 位，Mifare one 一次典型验证需要 6ms，如果在外部使用暴力破解，所需破解时间将非常多。CPU 型 RFID 标签的安全设计与逻辑加密型 RFID 标签相类似，但安全等级与强度要比逻辑加密型 RFID 标签高得多，CPU 型 RFID 标签芯片内部采用了核心处理器，而不是像逻辑加密型 RFID 标签芯片那样在内部使用逻辑电路；并且芯片安装有专用操作系统，可以根据需求将存储区设计成不同大小的二进制文件、记录文件、密钥文件等。使用 FAC 设计每一个文件的访问权限，密钥认证的过程与上述相类似，也是采用随机数+密文传送+芯片内部验证的方式，但密钥长度为 16 字节。另外，还可以根据芯片与读写器之间采用的通信协议使用加密传送通信指令。

一般密钥加密算法流程如图 4.10 所示。

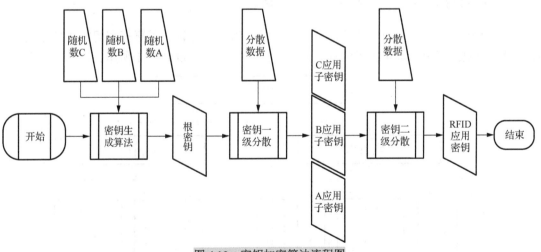

图 4.10 密钥加密算法流程图

2. 金属对 RFID 性能的影响

对于金属物体对标签天线的影响，首先要考虑天线靠近金属时金属表面电磁场的特性。根据电磁感应定律，这时金属表面附近的磁场分布会发生"畸变"，磁力线趋于平缓，在很近的区域内几乎平行于金属表面，使得金属表面附近的磁场只存在切向的分量而没有法向的分量，因此天线将无法通过切割磁力线来获得电磁场能量，无源电子标签则失去正常工作的能力。

另外，当天线靠近金属时，其内部产生涡流的同时还会吸收射频能量并将其转换成自身的电场能，使原有射频场强的总能量急剧减弱。而涡流也会产生自身的感应磁场，该场的磁力线垂直于金属表面且方向与射频场相反并对读写器产生的磁场起到反作用，致使金属表面的磁场大幅度衰减，使得标签与读写器之间的通信受阻。除此之外，金属还会引起额外的寄生电容即金属引起的电磁摩擦造成能源损耗，使得标签天线与读写器失谐，破坏RFID系统的性能。

抗金属功能的实现主要靠金属隔离介质提高标签的金属特性。抗金属电子标签用特殊防磁性吸波材料封装，解决了电子标签附着于金属表面使用的难题。抗金属电子标签贴附于金属上能获得良好的读取性能，甚至比在空气中的读取距离更远，并能有效防止金属射频信号干扰。

3．其他问题分析

RFID标签在制造业中成熟的应用是一项系统工程，其广泛深入的使用必须建立在完备的企业信息系统以及训练有素的企业管理之上。然而，我国传统制造企业中，企业管理的信息化水平较低，企业管理模式同样存在不足，因此，在RFID的应用过程中必须克服这两类问题。

此外，RFID的经济性问题同样是制造企业必须考虑的问题。在具体实施的过程中，RFID读写器及RFID标签的需求量巨大，初期投入较高，存在较高的成本风险。因此在各类RFID自动标识项目实施之前，应对整个工程项目进行项目完备的分析、计划及预案。

4.3.3　RFID在制造业中的应用实施

根据不同产品的特点及实际系统的应用需求，对产品标识采用直接和间接两种方式，并在小范围内根据应用需求实验新的标识方案。产品标识方案如图4.11所示。

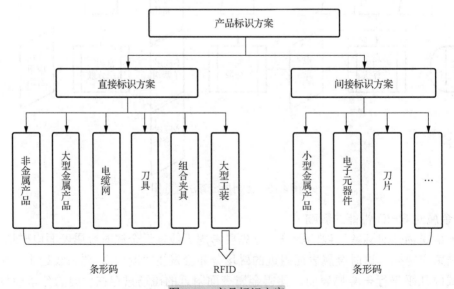

图4.11　产品标识方案

1．直接标识

直接标识方式是指将产品标识直接挂接或粘贴在实物表面。直接标识方式不仅需要考虑多余物的控制要求，还需要考虑表面是否容易进行挂接（物品过大或过小）。直接标识方式包括两种：直接粘贴方式或挂牌方式。

1）直接粘贴

当前结构板等零部件的表面有多余物控制要求，可以采用聚酰亚胺材料在表面粘贴标识，既可以保证不留痕迹，也能够满足条形码粘贴的要求。

2）挂牌

对于表面不规则的物品，可以采用挂牌的方式，即将条形码贴在硬纸片或金属片表面，然后通过细绳系到实物物品上，起到标识的作用。考虑到金属片容易在产品表面造成划痕，因此，尽量采用硬纸片作为标识的载体。

2．间接标识

间接标识方式主要考虑到实物体积较小、不方便粘贴的情况。在这种情况下，需要将产品标识贴在包装盒、包装袋上。

思　考　题

4-1　制造业常用的自动识别技术有哪些？

4-2　制造物联统一编码需要考虑的三项基本原则是什么？

4-3　RFID 系统由哪几部分构成？简述其工作原理。

4-4　RFID 在离散制造企业应用的优势有哪些？

4-5　RFID 应用过程中存在哪些问题？如何解决？

第5章　面向离散制造业的 RFID 中间件技术

中间件的应用使得不同应用程序之间可以相互协同地工作，甚至是实现跨操作系统或跨网络环境的互操作，解决了具有不同信息接口的应用程序之间交换信息的问题，允许各应用程序下所涉及的网络环境、操作系统、通信协议、数据库及其他应用服务各不相同。

中间件技术对 RFID 系统的广泛应用有重要的推动作用，RFID 中间件系统高效、经济地将 RFID 设备与现有的应用程序相连接。不同的应用程序均可使用 RFID 中间件提供的一组应用程序编程接口(application programing interface，API)连接到 RFID 读写器，读取 RFID 标签数据，实现 RFID 系统与现有应用程序的融合连接；此外，由于 RFID 中间件的应用，RFID 系统可实现软、硬件部分独立升级，降低升级成本，减少企业在应用系统开发和维护中的重大投资。

面向离散制造车间的 RFID 中间件不同于当前广泛使用的(分布式)RFID 中间件，这种中间件将专注于为离散制造车间服务，用以解决离散制造车间底层生产数据与 MES、CAPP、ERP 等企业级应用系统进行交互的问题。

本章主要介绍离散制造业中的 RFID 中间件技术，主要内容包括：面向离散制造业的 RFID 中间件的结构、RFID 中间件-硬件设备集成技术、RFID 中间件-信息系统集成技术。

5.1　RFID 中间件概述

5.1.1　中间件的概念与特点

为解决分布异构问题，人们提出了中间件(middleware)的概念。中间件是一种独立的系统软件或服务程序，分布式应用软件借助这种服务程序在不同的技术之间共享资源，这种服务程序具有标准的程序接口和协议。针对不同的操作系统和硬件，它们可以有符合接口和协议规范的多种实现。中间件位于客户机/服务器的操作系统之上，管理计算机资源和网络通信，是连接独立应用程序或独立系统的软件，其概念模型如图 5.1 所示。

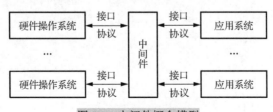

图 5.1　中间件概念模型

即使相连接的系统具有不同的接口，通过中间件相互之间仍能交换信息。执行中间件的一个关键途径是信息传递。通过中间件，应用程序可以工作于多平台或 OS 环境。中间件具备如下特征。

(1)满足大量应用的需要。

(2)运行于多种硬件和 OS 平台。

(3)支持分布计算，提供跨网络、硬件和 OS 平台的透明的应用或服务的交互。

(4)支持标准的协议。

(5)支持标准的接口。

由于标准接口对于可移植性的重要性和标准协议对于互操作性的重要性，中间件已成为许多标准化工作的主要部分。对于应用软件开发，中间件远比操作系统和网络服务更为重要，中间件提供的程序接口定义了一个相对稳定的高层应用环境，不管底层的计算机硬件和系统软件怎样更新换代，只要将中间件升级更新，并保持中间件对外的接口定义不变，应用软件几乎不需要进行任何修改。

5.1.2　RFID 中间件的定义与目标

RFID 中间件是处于 RFID 读写器与后端应用之间，用来加工和处理来自读写器的所有信息和事件流的程序，是连接读写器和企业应用的纽带。它提供了对不同数据采集设备的硬件管理，对来自这些设备的数据进行过滤、分组、计数、存储等处理，并为后端的企业应用程序提供符合要求的数据。大部分 RFID 中间件的目标如下。

(1)对读写器或数据采集设备的管理。在不同的应用中可能会使用不同品牌型号的读写器，各读写器的通信协议不一定相同，因此需要一个公用的设备管理层来驱动不同品牌型号的读写器共同工作。有的定义也把这一功能描述为数据源的驱动与管理，因为同样的数据可能来自条形码机或其他数据发生设备。对读写器或数据采集设备的管理还包括对逻辑读写器的管理。如果一些读写器所处的物理位置不同，但是在逻辑意义上它们属于同一位置，那么就可以将这样的读写器定义为同一逻辑读写器进行处理。在中间件中，所有读写器都以逻辑读写器作为单位来管理，每个逻辑读写器可以根据不同的应用灵活定义。

(2)数据处理。来自不同数据源的数据需要经过过滤、分组、计数等处理才能提供给后端应用。从 RFID 读写器接收的数据往往有大量的重复。这是因为 RFID 读写器在每个读周期都会把所有在读写范围内的标签读出并上传给中间件，而不管这一标签在上一读周期内是否已被读到，在读写范围内停留的标签会被重复读取。另一个造成数据重复的原因是读写范围重叠的不同读写器，将同一标签的数据同时上传到中间件。除了要处理重复的数据，中间件还需要对这些数据根据应用程序的要求进行分组、计数等处理，形成各应用程序所需要的事件数据。

(3)事件数据报告生成与发送。中间件需要根据后端应用程序的需要生成事件数据报告，并将事件数据发送给使用这些数据的应用程序。根据数据从中间件到 RFID 发送的方法不同可以分为两种数据发送方式：一种是应用程序通过指令向中间件同步获取数据；另一种是应用程序向中间件订阅某事件，当事件发生后由中间件向该应用程序异步推送数据。

(4)访问安全控制。对于来自不同 RFID 应用程序的数据请求进行身份验证，以确保应用程序有访问相关数据的权限。对标签的访问进行身份的双向验证，以确保隐私的保护与数据的安全。对需通过网络传输的消息进行加密与身份认证，以确保 RFID 应用系统的安全性。

(5)提供符合标准的接口。接口有两个部分：一个是对下层的硬件设备接口，需要能和多种读写器进行通信；另一个是对访问中间件的上层应用需要定义符合标准的统一接口，以便更多的应用程序能和中间件通信。

(6)提供集中统一的管理界面。提供一个图形用户接口(graphical user interface，GUI)，可以让中间件管理人员对中间件的各系统进行配置、管理。

(7)负载均衡。有些分布式的 RFID 中间件具有负载均衡的功能，可以根据每个服务器的负载自动进行流量分配以提高整个系统的处理能力。

5.1.3　RFID 中间件的发展现状

最先提出 RFID 中间件概念的是美国。美国企业在实施 RFID 项目改造期间，发现最耗时/耗力、复杂度和难度最大的问题是如何保证 RFID 数据正确导入企业的管理系统，为此企业做了大量的工作用于保证 RFID 数据的正确性。经企业和研究机构的多方研究、论证、实验，最终找到了一种比较好的解决方法，那就是 RFID 中间件。

在国际上，目前比较知名的 RFID 中间件厂商有 IBM、Oracle、Microsoft、SAP、Sun、Sybase、BEA 等国际企业。由于这些软件厂商自身都具有比较雄厚的技术储备，其开发的 RFID 中间件产品又经过多次实验室、企业实地测试，所以 RFID 中间件产品的稳定性、先进性、海量数据的处理能力都比较完善，已经得到了企业的认同。

1. IBM RFID 中间件

IBM RFID 中间件是一套基于 Java 语言并且遵循 J2EE 企业架构开发的开放式 RFID 中间件产品，可以有效地帮助企业简化 RFID 项目实施的步骤，能满足大量货物数据的应用要求；IBM RFID 中间件基于高度标准化的开发方式，可以实现与企业信息管理系统的无缝连接，有效缩短企业的项目实施周期，降低 RFID 项目实施过程中的出错率和实施成本。

目前 IBM 公司的 RFID 中间件产品已经成功应用于全球第三大零售商 Metro 公司的供应链之中，该中间件不但提高了 Metro 公司整个供应链的流转速度和服务水平，还降低了产品差错率和整个供应链的运营成本。

为了进一步提高 RFID 解决方案的竞争力，目前 IBM 与 Intermec 公司进行合作，将 IBM RFID 中间件成功地嵌入 Intermec 公司的 IF5 RFID 读写器中，共同向企业提供一整套 RFID 企业或供应链解决方案。

2. Oracle RFID 中间件

Oracle RFID 中间件是 Oracle 公司着眼于未来 RFID 的巨大市场而开发的一套中间件产品。Oracle RFID 中间件主要以 Oracle 数据库为基础，充分发挥 Oracle 数据库在数据处理方面的优势，满足企业对海量 RFID 数据存储和分析处理的需求。Oracle RFID 中间件除具有基本的数据处理功能外，还向用户提供了智能化的可配置手工界面。实施 RFID 项目的企业可根据业务的实际需求，对 RFID 读写器的数据扫描周期、过滤周期进行特定配置，并可以指定 RFID 中间件将采集的数据存储到指定的服务数据库中，企业还可以利用 Oracle 公司提供的各种数据库工具对 RFID 中间件导入的货物数据进行各种指标的数据分析，并做出准确的预测。

3．Microsoft RFID 中间件

Microsoft 公司在 RFID 巨大的市场面前自然不会袖手旁观，投入巨资组建了 RFID 实验室，着手进行 RFID 中间件和 RFID 平台的开发，并以 Microsoft 公司 SQL 数据库和 Windows 操作系统为依托，向大、中、小型企业提供 RFID 中间件解决方案。

与其他软件厂商运行的 Java 平台不同，Microsoft RFID 中间件产品主要运行于 Microsoft 公司的 Windows 系列操作平台。企业在选用中间件技术时，一定要考虑 RFID 中间件产品与自己现有的企业管理软件的运行平台是否兼容。

根据 Microsoft RFID 中间件计划，Microsoft 公司准备将 RFID 中间件产品集成为 Windows 平台的一部分，并专门为 RFID 中间件产品的数据传输进行系统级的网络优化。依据 Windows 平台占据的全球市场份额及 Windows 平台的优势，Microsoft RFID 中间件拥有了更大的竞争优势。

4．SAP RFID 中间件

SAP RFID 中间件也是基于 Java 语言并且遵循 J2EE 企业架构开发的产品。SAP RFID 中间件具有两个显著的特征：①SAP RFID 中间件是系列化产品；②SAP RFID 中间件是一个整合中间件，可以将其他厂商的 RFID 中间件产品整合在一起，作为 SAP 公司整个企业信息管理系统应用体系的一部分实施。

SAP RFID 中间件主要包括：SAP 自动身份识别基础设施软件、SAP 事件管理软件和 SAP 企业门户。为增强 SAP RFID 中间件的企业竞争力，SAP 公司又联合 Sun 公司和 Sybase 公司，将这两家公司的 RFID 中间件产品整合到 SAP 公司的中间件产品中。与 Sybase RFID 安全中间件整合，提高了 SAP RFID 中间件数据传输的安全性；与 Sun RFID 中间件结合，使得 SAP RFID 中间件的功能得到了极大的扩展。

SAP 公司的企业用户大多数是世界 500 强企业，大多采用 SAP 公司的管理系统。这些企业实施 RFID 项目的规模一般都比较大，对相关软件和硬件的性能要求比较高。这些企业实施 RFID 项目改造时，应用 SAP 公司提供的 RFID 中间件技术可以和 SAP 公司的管理系统实现无缝集成，能为企业节省大量的软件测试时间、软件集成时间，有效减少了 RFID 项目的实施步骤、时间。

5．Sun RFID 中间件

Sun 公司开发的 Java 语言，目前被广泛应用于开发各种企业级的管理软件。目前，Sun 公司根据市场需求，利用 Java 在企业中的应用优势开发的 RFID 中间件，也具有独特的技术优势。

Sun 公司开发的 RFID 中间件产品从 1.0 版本开始，经历了较长时间的测试，随着产品不断完善，已经完全达到了设计要求。随着 RFID 标准 Gen 2 的推出，目前 Sun RFID 中间件已推出了 2.0 版本，实现了 RFID 中间件对 Gen 2 标准的全面支持和中央系统管理。

Sun RFID 中间件分为事件管理器和信息服务器两个部分。事件管理器用来帮助处理通过 RFID 系统收集的信息或依照客户的需求筛选信息；信息服务器用来得到和储存使用 RFID 技术生成的信息，并将这些信息提供给供应链管理系统中的软件系统。

由于 Sun 公司在 RFID 中间件系统中集成了 Jini 网络工具,有新的 RFID 设备接入网络时,能立刻被系统自动发现并集成到网络中,实现新设备数据的自动收集。这一功能在储存库环境中是非常实用的。

为了进一步扩大 Sun RFID 中间件产品的影响力,Sun 公司已经与 SAP 等几家厂商组建了 RFID 中间件联盟,将各个厂家的 RFID 中间件产品整合到一起,利用各自的企业资源,进行 RFID 中间件产品的推广工作。

6. Sybase RFID 中间件

Sybase 公司原来是一家数据库公司,其开发的 Sybase 数据库在 20 世纪八九十年代曾辉煌一时。在收购 XcelleNet 公司后,Sybase 公司正式介入 RFID 中间件领域,并开始使用 XcelleNet 公司技术开发 RFID 中间件产品。

Sybase RFID 中间件包括 Edgeware 软件套件、RFID 业务流程、集成和监控工具。该工具采用基于网络的程序界面,将 RFID 数据所需要的业务流程映射到现有企业的系统中。客户可以建立独有的规则,并根据这些规则监控实时事件流和 RFID 中间件取得的信息数据。

Sybase RFID 中间件的安全套件被 SAP 公司看中,被整合进 SAP 企业应用系统中,双方还签订了 RFID 中间件联盟协议,利用双方资源共同推广 RFID 中间件的企业解决方案。

7. BEA RFID 中间件

BEA RFID 中间件是目前 RFID 中间件领域最具竞争力的产品之一,尤其是在 2005 年 BEA 公司收购了 RFID 中间件技术领域的领先厂商 ConnecTerra 公司之后,将 ConnecTerra 公司的中间件整合进 BEA 公司的中间件产品,使 BEA RFID 中间件功能得到极大的扩展。因此,BEA 公司可以向企业提供完整的"一揽子"产品解决方案,帮助企业方便地实施 RFID 项目,帮助客户处理从供应链上获取的日益庞大的 RFID 数据。

BEA 公司的 RFID 解决方案由 4 个部分构成。

(1)BEA WebLogic RFID Edition:先进的 EPC 中间件,支持多达 12 个阅读器提供商的主流阅读器,支持 EPC Class 0、0+、1,ISO/IEC 15693,ISO/IEC 18000-6B,Gen 2 等规格的电子标签。

(2)BEA WebLogic Enterprise Platform:专门为构建面向服务型企业解决方案而设计的统一的、可扩展的应用基础架构。

(3)BEA RFID 解决方案工具箱:是实施 RFID 解决方案的加速器,包含快速配置和部署 RFID 应用系统所必需的代码、文档和最佳实践路线;主要内容包括事件模型框架、消息总线架构、预置的 Portlet 等。

(4)为开发、配置和部署解决方案提供帮助的咨询服务:该解决方案可以为客户实施 RFID 应用提供完整的基础架构,用户可以围绕 RFID 进行业务流程创新,开发新的应用,从而提高 RFID 项目投资的回报率。

目前,BEA 公司已成为基于标准的端到端 RFID 基础设施——从获取原始的 RFID 事件直到把这些事件转换成重要的商业数据的厂家。

5.2　面向离散制造业的 RFID 中间件的结构

1. RFID 中间件的分类

RFID 中间件可以从架构上分为两种。

(1)以应用程序为中心(application centric)的设计概念是通过 RFID 读写器厂商提供的 API，以 Hot Code 的方式直接修改特定读写器的适配器，即可生效以读取数据，并传送至后端系统的应用程序或数据库，从而达到与后端系统或服务串接的目的。

(2)以架构为中心(infrastructure centric)的设计概念是随着企业应用系统复杂度的增高，企业无法负荷以 Hot Code 方式为每个应用程序编写适配器，同时面对对象标准化等问题，企业可以考虑采用厂商所提供的标准规格的 RFID 中间件。这样一来，即使存储 RFID 标签情报的数据库软件改由其他软件代替，或读写 RFID 标签的 RFID 读写器种类增加等情况发生时，应用端不做修改也能应付。

2. RFID 中间件的特征

一般来说，RFID 中间件具有下列特点。

(1)独立于架构(insulation infrastructure)。RFID 中间件独立并介于 RFID 读写器与后端应用程序之间，并且能够与多个 RFID 读写器以及多个后端应用程序连接，以减轻架构与维护的复杂性。

(2)数据流(data flow)。RFID 中间件的主要目的在于将实体对象转换为信息环境下的虚拟对象，因此数据处理是 RFID 最重要的功能。RFID 中间件具有数据的搜集、过滤、整合与传递等特性，以便将正确的对象信息传到企业后端的应用系统。

(3)处理流(process flow)。RFID 中间件采用程序逻辑及存储再转送(store-and-forward)的功能来提供顺序的消息流，具有数据流设计与管理的能力。

标准(standard)RFID 中间件为自动数据采样技术与辨识实体对象的应用。EPCglobal 为各种产品的全球唯一识别号码提供了通用标准，即 EPC。EPC 指在供应链系统中，以一串数字来识别一项特定的商品。由 RFID 读写器读入无线射频辨识标签后，传送到计算机或应用系统中的过程称为对象命名服务(ONS)。对象命名服务系统会锁定计算机网络中的固定点，抓取有关商品的消息。EPC 存放在 RFID 标签中，被 RFID 读写器读出后，即可提供追踪 EPC 所代表的物品名称及相关信息，并立即识别及分享供应链中的物品数据，有效地提高信息透明度。

5.2.1　面向离散制造业的 RFID 中间件的系统框架

针对离散制造车间的组织生产模式开发了面向离散制造车间的 RFID 中间件。该中间件在遵守现有的 RFID 系统的空中接口协议(ISO/IEC 14443、15693、18000)及 RFID 中间件设计规范(EPCglobal ALE)的基础上，将离散制造车间内的运行特点及流程规范集成为事件消息服务并驱动 RFID 硬件设备的运行，将电子标签所携带的信息组织封装成为可直接供 MES、CAPP、ERP 等企业级应用程序使用的数据源，使得 RFID 系统与各类企业级应用程序有更紧

密的集成，在离散制造车间内有更深入、广泛的应用。

1．RFID 中间件系统的组成模块

面向离散制造车间的 RFID 中间件装置的组成包括下列几部分。

(1)注册管理模块。该模块是其他模块的管理者与组织者。

(2)电子标签智能存储模块。该模块将 RFID 标签内的存储空间按生产要素内容进行分区，电子标签内记录了"隶属型号、设计图号、投产批次、领料时间"及"本道工序、下道工序、当前工位、完成状态"等字段内容，并将以上字段内容组合成为堆栈格式。

(3)密文互译模块。RFID 标签内的内容均为密文存储，本模块内集成了 DES、3DES、RC2、IDEA、AES 等多种加密算法，并提供动态更换加密算法及按字段采用不同加密算法的功能，用户按照需要选择加密算法及模式，将存储内容转换为密文，在针对同一标签的后续读取过程中按照相应算法及模式进行解密。

(4)RFID 读写器配置模块。RFID 读写器的支撑协议各不相同，相同协议但不同厂商的 RFID 读写器也有区别，最直接的影响在于与 RFID 读写器配套的 API 函数无法通用。该模块将 RFID 读写器的操作指令归类为连接 RFID 读写器、配置 RFID 读写器参数、寻卡请求、防碰撞操作、选卡、获得授权、配置 RFID 标签参数、读操作、写操作、终止数据传输、断开 RFID 读写器等若干大类，并构建了相应的通用程序段用于内嵌调用各读写器相应的 API 函数，程序段内含有测试接口，借此可实现 API 函数的快速部署，从而使本 RFID 中间件能够支持不同协议、不同厂商的 RFID 读写器。当 RFID 读写器硬件需要升级或更改时，只需在本模块内重新嵌入相应的 API 函数即可。

2．模块的动态工作过程

以上 4 个模块的动态工作过程如下。

上层应用程序向中间件发送操作指令 CommandA。

注册管理模块对操作指令 CommandA 进行认证授权。

在中间件内由注册管理模块实例化一个对应于 CommandA 的代理对象，用于完成该指令后续的操作。

(1)若 CommandA 为 RFID 读写器或 RFID 标签的参数配置命令，则通过 RFID 读写器配置模块调用相应程序段内的 API 函数完成配置，再通过注册管理模块给上层应用程序返回运行结果。

(2)若 CommandA 为 RFID 标签的写入命令，则通过密文互译模块对写入内容进行加密，然后通过电子标签智能存储模块按其字节长度分配存储地址，再通过 RFID 读写器配置模块调用相应程序段内的 API 函数完成写入操作，最后通过注册管理模块给上层应用程序返回运行结果。

(3)若 CommandA 为 RFID 标签的读取命令，则通过 RFID 读写器配置模块调用相应程序段内的 API 函数完成读取操作，然后通过密文互译模块对读取内容进行解密，再通过注册管理模块给上层应用程序提供数据文件。

3．RFID 中间件技术的优点

与现有技术相比，面向离散制造车间的 RFID 中间件技术的优点如下。

（1）充分考虑了离散制造车间运转的实际状况，可与 MES、CAPP、ERP 等企业级应用程序无缝对接。

（2）对 RFID 标签内的记录内容进行了加密，防止记录内容泄露。

（3）采用 API 函数内嵌调用方式及测试接口，本 RFID 中间件可以最小的程序变动快速支持 RFID 读写器硬件的升级或更改。

5.2.2　面向离散制造业的 RFID 中间件的功能模块

面向离散制造车间的 RFID 中间件的实施方式之一是采用基于组件对象模型（component object model，COM）的相关技术开发适用于 B/S 架构的 ActiveX 控件。

图 5.2 说明了 RFID 中间件在整个 RFID 应用系统中所处的层次，本 RFID 中间件被上层企业级应用程序所调用，通过向上层应用程序提供统一的数据交互接口实现对底层不同 RFID 读写器的操作。本 RFID 中间件能够直接处理离散制造车间的数据，数据内容反映生产流程及状态，与上层应用程序无缝对接。RFID 中间件能够识别调用命令类型，分类响应并调用不同的组件完成具体操作。RFID 中间件通过代理机制，以及对读写器驱动组件进行管理，实现了对多个不同型号的 RFID 读写器的支持。

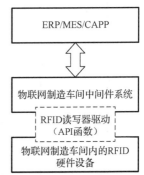

图 5.2　面向离散制造业 RFID 中间件所处的结构

图 5.3、图 5.4 说明了本 RFID 中间件模块的组成及各模块之间的相互作用关系。

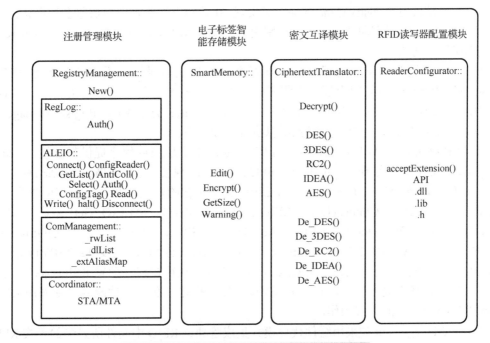

图 5.3　面向离散制造业 RFID 中间件的系统结构

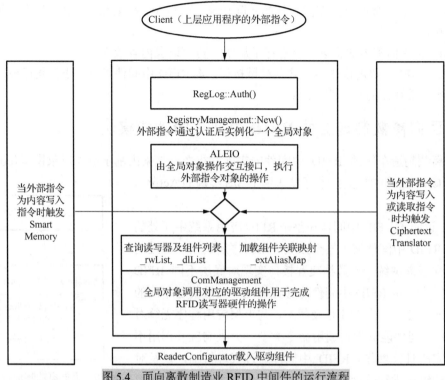

图 5.4　面向离散制造业 RFID 中间件的运行流程

1. 注册管理模块

注册管理模块是其他模块的组织者和管理者,是整个中间件的核心。

注册管理模块由 RegistryManagement 类实现,在该类中注册管理模块包含注册认证、ALE 规范、组件管理、线程协调四个子模块,分别由 RegLog、ALEIO、ComManagement、Coordinator 四个类实现相应功能。

(1) RegLog 类对上层应用程序的外部指令进行认证与授权,采用外部指令认证接口 RegLog::Auth(CommandA)对上层应用程序指令 CommandA 进行认证。当认证接口获得正确 的返回值后,经过线程协调(由线程协调子模块 Coordinator 类完成)由 RegistryManagement:: New(CommandA)实例化一个全局对象用以执行后续工作。

(2) ALEIO 类遵守 ALE 标准,向使用 RFID 系统的上层应用程序提供交互接口。该接口 遵守 ALE 标准的实现,可参考 EPCglobal 的规范文献 *The Application Level Events*(*ALE*)*Specification*,*Version 1.1*,ALEIO 类中包含的功能函数与上层应用程序交互数 据如下所述:ALEIO::Connect()、ALEIO::ConfigReader()、ALEIO::GetList()、ALEIO:: AntiColl()、ALEIO::Select()、ALEIO::Auth()、ALEIO::ConfigTag()、ALEIO::Read()、 ALEIO::Write()、ALEIO::halt()、ALEIO::Disconnect(),分别对应了连接 RFID 读写器、配 置 RFID 读写器参数、寻卡请求、防碰撞操作、选卡、获得授权、配置 RFID 标签参数、读 操作、写操作、终止数据传输、断开 RFID 读写器等操作,在上述功能函数中调用 RFID 读 写器配置模块中对应的底层操作。

(3) ComManagement 类采用组件代理模式集成管理该 RFID 中间件所封装的各类 RFID 读 写器驱动组件,ComManagement 类通过读写器列表_rwList 和动态库列表_dlList 维护、管理系统的组件,同时使用一个 Map 对象_extAliasMap 的数据结构来维护相关文件的关联映射表;ComManagement 类对每一个底层组件均建立一个作为代理的类的全局对象,在组件库载入的时候就会调用构造函数实例化该代理对象, 该构造函数向读写器列表 _rwList 中写入该组件的读写器对象指针,并在_extAliasMap 中建立映射关系,并准备在需要的时候进行调用。

(4) Coordinator 类协调中间件内部的处理线程,保证中间件内部程序处理的有序进行,上层应用程序的指令经过 RegLog::Auth () 认证后由 Coordinator 类建立单线程模型(single threaded model,STA)或多线程模型(multi threaded model,MTA),从而响应多条外部指令的并发事件。在 C++环境下的 STA/MTA 设计可参考 Andrews 所著的 *Foundations of Multithreaded,Parallel,and Distributed Programming*。

2．电子标签智能存储模块

电子标签智能存储模块将 RFID 标签内的写入内容按生产要素内容进行编辑、整理, 并调用密文互译模块对内容进行加密。

电子标签智能存储模块由 SmartMemory 类实现,在外部指令为向电子标签写入内容(即调用 ALEIO::Write () 函数)时, 由全局对象调用该类中的相关函数。

(1) SmartMemory::Edit (),该函数将外部指令中的输入内容进行编辑,将工序信息编辑成为字符数据。

(2) SmartMemory::Encrypt (), 该函数调用密文互译模块对字符数据进行加密, 所选加密方式以函数参数形式传递至密文互译模块,该函数的返回值为密文字符数据。

(3) SmartMemory::GetSize (), 该函数对密文字符数据进行存储空间测量。

(4) SmartMemory::Warning (), 该函数根据 SmartMemory::GetSize () 的测量值向用户发布警告信息。

3．密文互译模块

密文互译模块在 RFID 标签的密文数据与上层应用程序的明文数据间进行转换。

密文互译模块由 CiphertextTranslator 类实现,应用场景分为加密与解密两类:其中加密部分由电子标签智能存储模块调用; 而在外部指令为读取电子标签的内容(即调用 ALEIO::Read () 函数)时,由全局对象调用 CiphertextTranslator::Decrypt () 进行解密操作。加密/解密应用场景分别调用加密方法函数与解密方法函数。

(1) CiphertextTranslator 类中包含的加密方法函数为

CiphertextTranslator::DES ()

CiphertextTranslator::3DES ()

CiphertextTranslator::RC2 ()

CiphertextTranslator::IDEA ()

CiphertextTranslator::AES ()

(2) 解密方法函数为

CiphertextTranslator::De_DES ()

CiphertextTranslator:: De_3DES ()

CiphertextTranslator:: De_RC2 ()

CiphertextTranslator:: De_IDEA ()

CiphertextTranslator:: De_AES ()

C 或 C++环境下的各类加密方法函数与解密方法函数的实现可参考 Schneier 所著的 *Applied Cryptography: Protocols, Algorithms, and Source Code in C*。

4. RFID 读写器配置模块

RFID 读写器配置模块是实际数据读写操作及相关参数配置操作的执行者,接收中心管理模块的命令,调用具体的组件方法完成读写。

RFID 读写器配置模块封装了实现插件读写的接口,该接口是一个纯虚类,该类的所有方法都是虚函数。在该类中包含了 read() 和 write() 方法,同时包含了 acceptExtension() 方法,用来判断组件与文件类型的兼容性。具体的组件继承自该类,采用 read() 和 write() 方法完成具体的数据读写,采用 acceptExtension() 方法对其兼容性进行判断。

RFID 读写器配置模块实际上是在 RFID 中间件与 RFID 读写器硬件驱动组件之间形成了一个接口,RFID 中间件要加入 RFID 读写器硬件驱动组件就必须实现上面提到的方法。这样通过调用 RFID 读写器配置模块即可完成对不同厂商、不同制式的 RFID 读写器的操作。

5.3 RFID 中间件-硬件集成技术

5.3.1 RFID 硬件设备集成体系

1. 接口协议

协议的作用是让多个参与者按照他们共同的约定方法和规则完成某项共同的任务,从而保证及时准确地完成任务。空中接口协议是读写器与射频卡之间相互通信的关键,一般规定了硬件设备之间在空气中传播的通信协议及参数,因此它是射频识别技术中最重要的关键技术之一。国际上射频识别技术的标准体系大致分为三大类,即 ISO/IEC 18000、EPCglobal、UID。应用较为广泛的 EPC Class 1 Gen 2 已经与 ISO/IEC 18000-6 融合。超高频频段射频识别系统的空中接口协议一般会规定读写器与射频卡之间的通信方法及参数,包括物理层、链路层和应用层等方面的数据、算法等标准。标准协议 ISO/IEC 18000-6 中又分别定义了 Type A、Type B 和 Type C 三种不同的模式,虽然这三种模式在数据的编码、信息速率、调制和防冲突算法方面各有差异,但在系统性能方面有相近的地方。ISO/IEC 18000-6C 协议规定了空中接口协议主要适用于物流供应链管理,具有识别速度快、阅读距离远以及电子标签成本低的特点。总体来说,在国内外应用较多的标准中,作为超高频频段无源射频识别的空中接口协议标准主要有 ISO/IEC 18000-6 和 ISO/IEC 18000-4 等。

ISO/IEC 15693 协议是用于近距离接触识别的高频协议,它规定了电子标签的尺寸、编码规则,读写器与电子标签通信的空中接口和初始化方式,读写器和电子标签必须支持的命令、可支持的命令等。ISO/IEC 15693 协议规定了读写器与电子标签通信接口的内容,从电子标签到读写器的通信有负载调制、副载波、数据速率、位表示、编码、电子标签到读写器的帧,从读写器到电子标签的通信有调制、数据速率和数据编码、读写器到电子标签的帧。

读写器与 PC 之间通过厂商的应用程序接口函数通信,这些接口函数符合 ISO/IEC 15693 和 ISO/IEC 18000-6C 接口协议。基于 ISO/IEC 15693 协议的泰格瑞德读写器的接口文件为 ISO15693DLL.dll,该文件的主要内容有与读写器建立连接、查询电子标签、读写数据、系统设置、断开与读写器的连接。基于 ISO/IEC 18000-6C 协议的远望谷 XCRF-860 读写器的接口文件有 Invengo.ConfigFileClass.dll、Invengo.Order.dll、Invengo.XCRFAPI.dll、log4net.dll、Invengo.XCRFReader.dll、FreqType.xml、Sysit.xml 和 language\XCRFErrCode.xml，Sysit.xml 是远望谷 XCRF-860 读写器的系统配置文件，FreqType.xml 是记录频点的默认设置的文件，language 文件夹下的 XCRFErrCode.xml 记录的是读写器运行时的错误信息代码，其支持中文 (zh-CN)、英文 (en-US) 等语言。Invengo.XCRFReader.dll 文件中 Reader 类是射频识别系统中应用软件和 API 之间的桥梁，直接提供 PC 和读写器的接口。

2. 读写器接口设计

读写器接口处于 RFID 中间件平台的最底层，该层主要负责屏蔽读写器设备的硬件差异性，提供统一的操作接口，为上层应用提供透明的硬件设备访问服务。

由于国内 RFID 技术尚不成熟，没有统一的国家标准颁布，许多 RFID 读写器设备厂商生产的设备有很大的差别，另外，同一厂商生产的读写器也有不同型号、类型的区分，如采用不同的标签编码规则、不同的空中接口协议；PC 与读写器的通信标准存在差异性；读写器与 PC 之间采用网口、串口、USB 等不同的方式进行连接。这些差异和不同就造成了射频识别设备选型以及应用系统开发与集成上的困难，也会不利于射频识别技术的应用和推广。

到目前为止，这个问题的解决办法通常是针对一种应用购买同一厂商的射频识别读写器及其软硬件配套设备。不仅如此，还要针对不同的上层应用系统开发相应的下层读写器访问模块。不管企业的应用需求发生多少改变、怎么改变，都必须对下层读写器的访问模块进行重新开发，这在很大程度上增加了企业的项目成本且延缓了工程进度。通过 RFID 中间件连接读写器可以很好地解决上述问题，故将射频识别技术应用于采集制造车间数据，必须屏蔽掉读写器的差异性，这就需要对读写器接口进行功能设计。

一般厂商的读写器连接到 PC 的方式有串口、网口和 USB，软件接口主要是动态链接库形式的 API 函数，一般都包括建立与读写器的连接、寻找电子标签、读取电子标签用户区的数据、向用户区写入数据、断开与读写器的连接等。本书中读写器通过 RS232 串口与 PC 建立连接。

读写器接口连接的主要流程是：通过全局变量来标识不同类型的读写器，通过对全局变量的判断来调用不同的应用程序函数并建立 RFID 中间件与读写器的连接。该全局变量的值主要有两种方法可以改变：一种是通过对读写器的选择将其设置成相应的读写器标识；另一种是 RFID 中间件运行时对是否连接到读写器进行判断，若连接到读写器就设置成相应的标识，否则就保持初始时的值不变。RFID 中间件运行时对是否连接到读写器的判断过程是：调用某一种读写器的 API 函数建立连接，如果能成功建立连接则设置相对应的标识，并且结束整个判断过程；如果建立连接失败，则调用下一个读写器的 API 函数建立连接，同样对其进行判断，直到建立连接或调用完全部读写器的 API 函数。当调用完全部读写器的 API 函数都没有建立与读写器的连接时，就会让用户选择要建立连接的读写器，这样就可以调用相关函数进行操作。读写器接口连接的流程图见图 5.5。

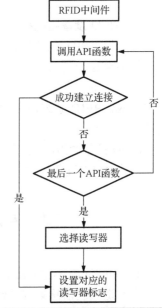

图 5.5　读写器接口连接的流程图

5.3.2 RFID 设备接入与监控技术

1. RFID 设备接入技术

RFID 作为制造车间内新的硬件系统，应充分考虑将其接入整个制造系统的方式与方法。

传统的机床等设备通常采用工业现场总线的形式接入整个制造系统，工业现场总线是指安装在制造或过程区域的现场装置与控制室内的自动装置之间的数字式、串行、多点通信的数据总线。它是一种工业数据总线，是自动化领域中的底层数据通信网络。

简单来说，工业现场总线就是以数字通信替代了传统 4～20mA 模拟信号及普通开关量信号的传输，是连接智能现场设备和自动化系统的全数字、双向、多站的通信系统。其主要解决工业现场的智能化仪器仪表、控制器、执行机构等现场设备间的数字通信以及这些现场设备和高级控制系统之间的信息传递问题。

工业现场总线的缺点很明显，网络通信中数据包的传输延迟、通信系统的瞬时错误和数据包丢失、发送与到达次序的不一致等都会破坏传统控制系统原本具有的确定性，使得控制系统的分析与综合变得更复杂，使控制系统的性能受到负面影响。

因此，工业以太网(Ethernet)应运而生。

统一、开放的 TCP/IP Ethernet 是 20 多年来发展最成功的网络技术，过去一直认为，Ethernet 是为 IT 领域应用而开发的，它与工业网络在实时性、环境适应性、总线馈电等许多方面的要求存在差距，在工业自动化领域只能得到有限应用。事实上，这些问题正在迅速得到解决，国内的 EPA(Ethernet for process automation)技术也取得了很大的进展。随着 FF HSE 的成功开发以及 Profinet 的推广应用，可以预见 Ethernet 技术将会十分迅速地进入工业控制系统的各级网络。

工业以太网是制造设备联网的新趋势，RFID 系统也理应采取工业以太网的形式接入制造系统。

2. RFID 设备监控技术

大规模 RFID 应用需要部署大量的 RFID 读写器，这些读写器并不是相互独立的，读写器之间会存在一定的关联关系，从而形成读写器网络。RFID 系统需要对读写器网络进行管理和监控，保证读写器网络的正常运作；同时收集 RFID 数据的任务由网络中的多个读写器共同完成，RFID 系统需要对多个读写器进行协调，使读写器网络收集的数据符合应用系统的要求。

RFID 设备的组网监控可采用工业现场总线的形式实现，但将 RFID 设备连接成为以太网节点，将 RFID 设备构建成为工业以太网是当前工业自动化的趋势。

5.4 RFID 中间件-信息系统集成技术

1. 中间件与企业系统的数据交换协议

在制造系统信息集成平台的开发过程中，SOA、Web Service 及 Socket 三项技术是必须采用的基础技术支持。但其实现过程可采用不同的商业软件系统。

其中 SOA 技术的应用主要体现为 ESB 模块的实现，并采用 ESB 管理制造系统中的所有 Web 服务。SOA 技术的实施与其他两项技术相互独立，用户可以自行开发，也可以使用成熟的商业化软件包，商业化软件包主要有 Oracle Service Bus、IBM WebSphere ESB 及 Microsoft ESB 等。

Web Service 及 Socket 两项技术的实施通常分为 Java 与 C#两大技术路线。其中 Java 技术路线的开发环境为：开发语言 Java；Web 服务器，Tomcat；IDE，Eclipse。C#技术路线的开发环境为：开发语言，C#；Web 服务器，IIS；IDE，Visual Studio。

2. 制造业 RFID 中间件与 ERP/MES/CAPP/PDM 系统的集成方案

在制造系统的信息集成过程中，应将各独立系统的所有对外功能抽象、封装成为 Web 服务。

1) 与 ERP 系统/MES 的对外 Web 服务

ERP 系统下发的生产任务信息为制造系统的信息源，驱动车间生产现场的制造要素网络有序地运行，因此下发的生产任务信息应封装为 ERP 系统的主要 Web 服务。

MES 应该对实物状态进行实时监控，并将制造过程中所生成的产品履历数据包上传至 ERP 系统，因此 ERP 系统仍需具备接收产品履历数据包的 Web 服务。同时，相关文档的更新信息也应上传至 PDM 系统，从而形成有效的闭环负反馈控制系统。

2) 与 CAPP 系统的对外 Web 服务

在制造系统中，对制造过程的准确驱动需要 CAPP 系统的支持。CAPP 系统将在制零部件的工序信息及每道工序的关键质量参数以 Web 服务形式，通过实时动态数据库传入 ESB。制造系统可根据 CAPP 系统所提供的 Web 服务生成详细的状态监控计划，如图 5.6 所示。制造系统根据零部件在制造过程中的状态监控计划，生成追踪过程中的动态数据包，详细追踪记录相关零部件在制造网络节点中的制造细节，并据此装配成为产品履历数据包。

选择任务	工序指令	工序名称	开工状态	物料资源数	起	止	完工数量	工位	工作者	完成状态	质量检测数据
10	yj63-0001	车端面	已完成	0	3-7,8:30	3-7,9:43	10	普车2号	007	已完工	
20	yj63-0002	粗车台阶1	已完成	0	3-7,9:45	3-7,10:50	10	普车2号	007	已完工	150.01 150.01
30	yj63-0003	粗车台阶2	已完成	0	3-7,10:52	3-7,11:55	10	普车2号	007	已完工	150.02 149.99 149.98
☒ 40	yj63-0004	精车台阶1	具备条件	10	3-7,14:00	—	4	数车6号	009	加工中	150.01 150.01
☐ 50	yj63-0005	精车台阶2	具备条件	0				数车6号		待加工	149.98 149.99
60	yj63-0006	铣键槽1	不具备条件	0			0	数铣3号		待加工	

图 5.6　零部件状态监控计划

3) 与 PDM 系统的对外 Web 服务

生产过程中的零部件进入相应的工位之后，由 PDM 服务器向工位的终端 PC 推送所有相关的设计、制造、工艺文档，因此，PDM 系统的主要 Web 服务应为相关文档的传输和显示，如图 5.7 所示。

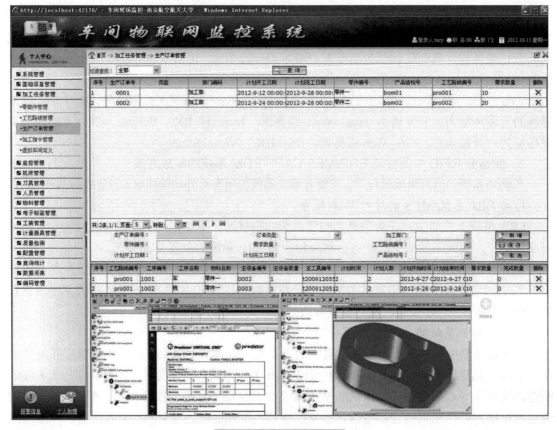

图 5.7　内嵌 PDM 客户端

PDM 系统应提供开放式 Web 服务,用户可根据需要同时浏览一个或多个当前工位零部件的文档。

思　考　题

5-1　什么是中间件? 中间件的特点有哪些?

5-2　简述 RFID 中间件的定义与目标。

5-3　RFID 中间件具有什么特征?

5-4　面向离散制造车间的 RFID 中间件主要功能模块有哪些? 各自的作用分别是什么?

第6章　面向制造业的无线传感网技术

物联网技术的研究必须依赖信息获取和感知技术的发展，无线感知技术是物联网中"物"与"网"连接的基本手段，也是制造物联建设的关键环节。制造物联的信息获取方式并不能依赖单一的、特定的信息感知技术。制造物联技术之所以涉及多种信息获取和感知技术，是因为它们各有优势，又都有一定的局限性。物联网技术实施需要通过 RFID、二维码、条形码等自动识别技术，也需要通过传感器等数据采集手段，同时还需要通过 Wi-Fi、ZigBee、蓝牙等各种通信支撑技术，进行信息加工、过滤、存储以及网络接口与传输技术的全面协调。

因此，无线传感网技术在物联网的实施和应用中担当着重要的角色，通过它构成的无线传感网(wireless sensor networks，WSN)连接了物理世界和数字世界，目前国际上已有研究工作将其应用于环境监测和保护(以及时发现和定位事故源)、航空和航天的落点控制、军事目标的定位与跟踪等方面。物联网的应用也给无线传感网技术提供了前所未有的发展机遇。

本章将主要介绍 WSN 在制造业中的应用。

6.1　无线传感网技术概述

1991 年，Weiser 在 *Scientific American* 的 "The computer for the 21st century" 一文中提出了普适计算(ubiquitous computing)概念。作为普适计算思想的一个典型应用，无线传感网集成了传感器、微机电系统(MEMS)、无线通信和分布式信息处理等技术，具有信息采集、通信和计算等能力，是一个能够自主实现数据采集、融合和传输应用的智能网络应用系统，它使逻辑上的信息世界与真实的物理世界紧密结合，从而真正实现了"无处不在的计算"模式。

无线传感网在新一代网络中扮演着关键性的角色，是继因特网之后对 21 世纪人类生活方式产生重大影响和作用的热点互联网技术，直接关系到国家政治、经济和社会安全，目前它也已成为国际竞争的焦点和制高点。早在 1999 年，美国的《商业周刊》就将无线传感网列为21 世纪最具影响力的 21 项技术之一。美国的《麻省理工技术评论》杂志在 2003 年的预测未来技术发展报告中将无线传感网列为未来改变世界的十大新兴技术之首，同时美国的《商业周刊》也将无线传感网列入未来四大高新技术产业之一。从而，发展我国具有自主知识产权的无线传感网技术、推动我国新型无线传感网产业的跨越式发展，对于我国在 21 世纪确立国际战略地位具有至关重要的意义。近几年，国家自然科学基金委员会也通过设立多个重点项目和一系列面上项目对无线传感网领域的研究给予了大力支持。

无线传感网的出现引起了全世界范围的广泛关注，最早开始研究无线传感网的是美国军方。目前，无线传感网的应用已由军事领域扩展到其他相关领域，它能够完成灾难预警与救助、空间探索和家庭健康监测等传统系统无法完成的任务，具有很好的实际应用价值，在未来也具有无限光明的应用前景。因此，无线传感网备受各国政府、军方、科研机构和跨国公司的关注与重视，是当今世界工业界与科研界的研究热点，已成为电子信息与计算机科学等领域一个非常活跃的研究分支，但它所带来的问题也向研究者提出了严峻的挑战。

6.1.1 WSN 的基本概念

无线传感网就是由部署在监测区域内的大量廉价微型传感器节点组成的，通过无线通信方式形成的一个多跳的自组织的网络系统，其目的是协作地感知、采集和处理网络覆盖区域中感知对象的信息，并发送给观察者。传感器、感知对象和观察者构成了无线传感网的三个要素。无线传感网所具有的众多类型的传感器可探测地震、电磁、温度、湿度、噪声、光强度、压力、土壤成分，以及移动物体的大小、速度和方向等周边环境中多种多样的现象。无线传感网潜在的应用领域可以归纳为军事、航空、防爆、救灾、环境、医疗、保健、家居、工业、商业等。

无线传感的发展可以分为三个阶段：智能传感器、无线智能传感器和无线传感网。智能传感器是利用微机控制芯片将计算和处理信息能力嵌入传感器中，从而使传感器节点不但具有数据采集能力，还具有数据滤波和信息处理能力；无线智能传感器就是在传感器的基础上加入了无线通信功能，这样在很大程度上扩大了传感器的感知范围，降低了传感器布置过程中的实施成本；无线传感网则将网络通信技术引入无线传感器中，使传感器节点不再是孤立的感知单元，而成为能够进行信息交换、协调控制的有机整体，实现了物与物之间的互联通信，把感知技术触角深入每个角落。

6.1.2 WSN 的研究现状

1. 国外研究现状

无线传感网最早的研究开始于美国国防部、美国国家自然科学基金设立的研究项目。早在 20 世纪 80 年代，美国国防高级研究计划局(Defense Advanced Research Projects Agency, DARPA)在卡内基梅隆大学设立的分布式传感器网络工作组就根据军事侦察系统的需求，研究了无线传感网中通信、计算、传感等方面的相关问题。90 年代中期以后，美国军方在众多大学实验室中开展了研究计划，如针对战场应用的 SensIT (Sensor Information Technology)研究计划，研究微小无线太阳能节点的加利福尼亚大学伯克利分校的"智能微尘"(Smart Dust)，设计节能、自组织、可重构无线传感网的 MIT 的 μAMPs 项目，以及由 DARPA 资助的加利福尼亚大学洛杉矶分校的 WINS 项目。2000 年前后，MIT 计算机科学与人工智能实验室开展了 Oxygen 项目。该项目主要是在普适计算思想的指引下构建传感网络，使用户能够利用手持设备和环境中的装置进行交互。

2000 年以后，WSN 受到越来越多的关注，各大研究机构与大学先后研制出了低功耗的实验平台，如 Mica、Mica-2、Mica-dot、iMote、btNode 节点。如何能够让传感器节点长期、有效地工作成为研究的重点，因此从这时起，低功耗就成为无线传感网研究的核心。

为了便于无线传感网的开发，更好地管理传感器网络的硬件资源，加利福尼亚大学伯克利分校的 Culler 领导的研究小组为无线传感网节点设计、制作了操作系统 TinyOS，TinyOS 开放源代码，是目前无线传感网中应用最为广泛的操作系统，目前已成为一个 SourceForge 项目。此外，科罗拉多大学博尔德分校的 Mantis、加利福尼亚大学洛杉矶分校的 SOS，也是这一时期较有影响力的无线传感网操作系统。

随着 21 世纪初无线射频识别(RFID)技术受到广泛关注，研究人员开始寻求其识别能力与 WSN 传感能力的融合方法。其本质在于研究人、物的相互感知，实际上是对 WSN 传感能力的一种扩充。有关研究结合 RFID 标签的识别特性和 WSN 的组网优势，针对不同的应用提出了多种 RFID 与 WSN 的融合方案，并认为主动式 RFID 标签和普通 WSN 节点具有最佳的融合性。

2. 国内研究现状

中国首次正式提出无线传感网是在 1999 年中国科学院《知识创新工程试点领域方向研究》的信息与自动化领域研究报告中。2001 年中国科学院上海微系统与信息技术研究所成立，标志着中国在无线传感网方向若干重大研究项目的开展。中国在无线传感网领域的研究工作起步较国外晚，特别是在硬件平台研发等方面，要以跟踪国外最新进展为主。目前在无线传感网领域研究较好的高等院校和研究机构有上海交通大学、国防科技大学、清华大学、哈尔滨工业大学、浙江大学、南京大学、湖南大学、中国科学院计算技术研究所、中国科学院软件研究所等。2006 年 10 月，中国计算机学会传感器网络专业委员会正式成立，中国无线传感网迈入了一个新的阶段。2009 年 9 月，为了提高中国传感器网络技术水平，全国信息技术标准化技术委员会传感器网络标准工作组成立。近年来，国内论文数量增长迅速，国际高水平学术论文数量也在增多，但在应用推广、理论创新上与国外还有一定差距。目前国内对无线传感网的研究重点主要是无线传感网的通信协议、网络管理、网络数据管理以及应用支撑服务。

6.1.3 WSN 的结构

1. 无线传感网的系统架构

无线传感网由传感器节点、汇聚节点和管理节点组成，如图 6.1 所示。大量传感器节点通过抛洒后随机分布于监测区域内部或附近，各节点间通过自组织方式构成网络。传感器节点对感知对象进行实时监测，在对监测到的数据进行初步处理后通过多条中继线路按照特定路由协议进行数据传输。在数据传输过程中，多个路由节点对所监测的数据进行有效处理后传输到汇聚节点，然后经过互联网、移动网络或者卫星传输到达最终管理终端。终端用户通过对传感器网络进行配置实现节点管理、发布数据监测任务以及收集感知数据。

无线传感网由大量的传感器节点构成，这些节点无须经过工程处理或预先定位而被密集地抛洒到监测区域来进行工作，所以传感器节点应该具有自组织特性；同时由于传感器节点都是嵌入式系统，处理能力、存储能力及通信能力相对较弱，需要使用多条路由路径来传输有效数据；另外，节点除进行本地信息收集和数据处理外，也需要存储、管理和融合其他节点转发过来的数据，包括与其他节点相互协同工作，将大量的原始数据处理后发给汇聚节点。

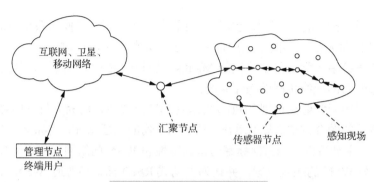

图 6.1 　无线传感网的系统架构

汇聚节点为传感器网络和外部网络的接口，通过网络协议转换实现管理节点与无线传感网间的通信。其将传感器节点采集到的数据信息转发到外部网络上，同时向传感器网络发布来自管理节点的指令。

2．传感器节点组成

传感器节点典型的组成部分包括传感模块、数据处理模块、通信模块和电源模块，如图 6.2 所示。

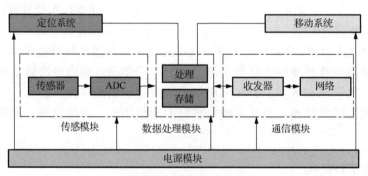

图 6.2 　传感器节点结构

传感模块用于感知监测对象信息，并通过模拟数字转换器（analog to digital converter，ADC）将采集到的物理信号转换为数字信号；数据处理模块主要负责控制和协调节点各部分的功能，并将节点采集到的数据及路由转发的数据进行处理和存储；通信模块负责与传感网络中的其他节点进行通信，进行数据收发和控制信息交换；电源模块主要采用微型电池为传感器节点提供工作所需的电源。某些功能更加强大的传感器节点可能还包括其他辅助单元，如电源再生装置、移动系统和定位系统等。

由于传感器节点需要进行较为复杂的任务调度和管理，因此传感器节点的处理单元中还需要涉及一个较为完善的软件控制系统。当前大多数传感器节点在设计原理上是类似的，区别在于采用了不同的微处理器或者不同的通信协议，如 IEEE 802.11 协议、ZigBee 协议、蓝牙协议、UWB 通信协议或者自定义协议等。典型的传感器节点包括 Berkeley Motes、Sensoria WINS、Berkeley Pioc nodes、MIT μAMPs、SmartMesh Dust mote、Intel iMote 以及 IntelXscale nodes 等。

3．无线传感网体系结构

无线传感网体系结构由网络通信协议、网络管理技术和应用支撑技术组成，如图 6.3 所示。

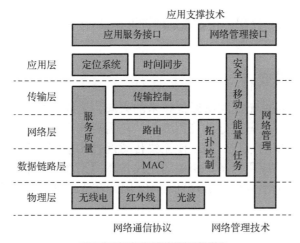

图 6.3　无线传感网体系结构

网络通信协议与传统的 TCP/IP 体系结构类似，主要由物理层、数据链路层、网络层、传输层和应用层组成，各层的功能如下。

1) 物理层

物理层主要负责信号的调制和数据的发送与接收。无线传感网中物理层的设计要根据感知对象的实际情况而定，目前大部分传感器网络主要基于无线电通信，但在某些特殊的情况下也可使用红外线和光波通信。无线电通信要解决的问题主要是无线频段的选择、跳频技术以及扩频技术。无线传感网物理层是决定传感网络的节点数量、能耗及成本的关键环节，是目前无线传感网的主要研究方向之一。其中能耗和成本是无线传感网两个最主要的性能指标，也是物理层协议设计过程中需要重点考虑的问题。

2) 数据链路层

数据链路层主要负责数据成帧、帧检查、介质访问控制和差错控制等。介质访问控制（medium access control，MAC）协议主要用于为数据的传输建立连接以及在各节点间合理有效地分配网络通信资源；差错控制是为了保证源节点所发出的信息能够准确无误地到达目标节点。介质访问控制方法是否合理与高效直接决定了传感器节点间协调的有效性和对网络拓扑结构的适应性，合理与高效的介质访问控制方法能够有效地减小传感器节点收发控制性数据的比例，进而减少能量损耗。

3) 网络层

网络层路由协议主要负责为网络中任意两个需要通信的节点建立路由路径，传感器网络中多数节点往往需要经过多次路由才能将数据发送到汇聚节点。路由算法执行效率的高低直接决定了传感器节点收发控制性数据与有效采集数据的比例，设计路由算法时需要重点考虑能耗的问题。

4) 传输层

传输层主要负责数据流的控制和传输，并且以网络层为基础，为应用层提供高质量、高可靠性的数据传输服务。通过路由汇聚节点获取传感器网络的数据，并经互联网、移动网络和卫星等将采集到的数据传送给应用平台。

5) 应用层

应用层主要负责提供面向终端用户使用的各种应用服务，其中包括一系列基于监测任务

的应用软件。应用层的任务分配、传感器管理协议和数据广播管理协议是应用层需要解决的三个核心问题。

6.1.4　WSN 的关键技术

近年来，由于一些新兴无线网络通信技术的兴起，无线传感网等也获得了进一步的发展，但要想在实际应用中获得更好的应用效果，还需要深入研究。目前，无线传感网已经在某些领域中获得了初步的应用。为了使无线传感网技术能深入生产生活的各个领域，为社会生活提供更加精彩的应用服务，相关的无线传感网系统技术、应用技术以及安全技术必须要逐步完善才能满足不同应用领域的需求，因此在无线传感网的每个层次都有很多关键技术需要研究。

1. 节点功耗

在无线传感网的应用过程中，节点功耗是一个非常关键而且影响整体应用的关键技术。由于目前传感器节点普遍采用普通电池作为电源，传感器节点能源的使用寿命将决定传感器网络的维护周期。因此，节点功耗问题作为传感器网络的首要和关键问题，对其的研究显得非常重要，这也是本书所优先考虑的问题。

在传感器网络的功耗模型中，主要关注以下内容。

(1)传感器节点中微处理器的运行模式。目前，节点的运行模式主要有休眠模式、工作模式及处于工作和休眠之间的中间模式，其中，休眠模式节点几乎不消耗能量，工作模式节点则一直处于能量消耗状态，而中间模式节点的能量消耗则介于工作模式和休眠模式之间，不同状态的能量消耗区别很大。

(2)在发射功率受限的情况下，探讨发射功率与系统功耗的映射关系。

(3)在不同的模式中，每个功能块的功耗量与哪些参数有关。

(4)传感器节点中的无线调制解调器的最大输出功率和接收灵敏度。

(5)传感器节点从一种运行模式切换到另一种运行模式的功耗及转换时间。

在传感器节点的能量功耗方面，通过结合不同的处理技术可以优化传感器节点的功耗。在节点能源的再生研究方面，为了克服远程无线传感网由于电池工作时间短而影响传感器网络生命周期的问题，美国 Millennial Net 公司将 i-Bean 无线通信技术与新兴公司 Ferro Solutions 的能量获取(energy harvesting)技术相结合，研发了一个以感应振荡能量转换器为工作原理的 i-Bean 无线能量发射机。除此之外，该公司还与其他公司合作开发了给传感器节点供应电能的太阳能电池板，但是由于地理位置限制而影响了太阳能电池板的使用范围。

在已有能量的节约和优化方面，目前的研究成果基本处于对协议进行改进以对节点的能量消耗进行优化。黄进宏等提出了一种基于网络和节点能量优化的无线传感网自适应组织结构的网络节能协议——ALEP。与一般意义的传统的无线传感网节能协议相比，他所提出的节能协议更加充分地考虑到了实际网络环境的应用。该协议将一种高效的能量控制算法引入无线传感网的结构和组网协议中，提高了传感器节点的能量利用率，显著延长了无线传感网的生命周期，增强了网络的健壮性和动态适应性。通过对 ALEP 进行 OPNET 仿真，结果显示 ALEP 与传统的无线传感网节能协议相比,在传送相同容量比特流的条件下传感器节点的能量消耗更少，网络传感数据传输更快捷。

2. 网络协议

与传统网络的协议栈相类似，无线传感网络协议层——对应普通有线网络协议层。目前，相关的研究也主要是结合无线传感网的特点，针对网络层进行协议研究。考虑到无线传感网所受到的安全威胁与普通有线网络所受到的安全威胁的类型和原因具有很大的差异，现有的传统的网络安全机制完全不适合资源受限的无线传感网，需要结合无线传感网的特点开发专门的协议。

考虑到无线传感网资源缺乏和"免疫力"差的问题，针对无线传感网协议的研究必须同时关注安全问题。目前的安全协议研究中，一种思想是从维持和协调无线传感网路由安全的角度出发进行网络路由协议技术的设计，寻找尽可能安全的路由协议以保证无线传感网的路由安全。

马祖长在文献中描述了一种称为"有网络安全意识的路由"（SAR）方法，该方法的基本原则是找出网络安全真实情况以及传感器节点之间的关联关系，然后利用这些真实情况数值生成相对安全的路由路径。该方法主要解决了两个问题，即如何保证数据在安全路由路径中传送和路由协议中的信息安全性。李晓维等在文献中指出，可以利用多路径路由算法来改进无线传感网的鲁棒性（robustness）和数据传输的可靠性，传感数据包通过路由选择算法在多条路径中传输，并且在接收端利用前向纠错技术实现传递数据的重构。但考虑到无线传感网中包含成千上万个传感器节点，并且功能和能量都非常有限，ad-hoc 网络中的路由解决方案一般都不能直接用于无线传感网中，他们提出一种适用于无线传感网的网状多路径路由协议方案。该协议方案应用了选择性向前传送数据包和端到端的前向纠错解码技术，同时，配合适合无线传感网的网状多路径搜索机制，能很大程度上减少网络和节点的信令开销（signaling overhead），简化传感器节点的数据存储，增大网络系统的吞吐量，该协议方案相对于普通数据包备份方法或者有限网络信息泛洪（flooding）法来说，能消耗更少的网络系统能量资源和网络带宽资源，非常适合无线传感网。

无线传感网协议设计的另一种重要思想是把着重点放在网络的安全协议方面，在此领域也出现了大量的相关研究成果。在相关文献中，研究人员假定无线传感网的任务是为高级政要人员提供相关安全保护工作。在具体的技术和方案实现方面，该方法假定网络基站总是能够正常工作，并且总是处于安全状态。同时，网络基站满足必要的计算和处理速度、储存器空间容量要求，基站功率满足网络信息加密和路由传输的要求；网络的通信模式是点到点的机制，并通过端到端的加密保证了网络数据传输的安全性，且传感器节点的射频层总能正常工作。上述这些假定由于在很大程度上处于理想状态，因此，该方法在实际应用中具有很大的局限性。

3. 拓扑结构

传感网络的组网模式决定了网络的拓扑结构，但为了尽量降低无线传感网的功耗，还需要对节点之间连接关系的时变规律进行更细粒度的控制。目前主要的拓扑控制技术分为空间控制、逻辑控制和时间控制三种。

(1)空间控制是通过控制各个节点的发送功率实现节点连通区域的改变，从而使网络呈现不同的连通动态，达到提高网络容量、控制能耗的目的。

(2)逻辑控制则是通过邻居表将"不理想的"节点排除在外，从而形成更稳固、可靠和强健的拓扑。WSN 技术中，拓扑控制的目的在于实现网络的连通(实现连通或者机会连通)，同时保证信息的高效、可靠传输。

(3)时间控制是通过控制每个节点睡眠、工作的占空比以及节点间睡眠起始时间的跳读，让节点交替工作，使网络拓扑在有限的拓扑结构间切换。

4．节点定位

无线传感网通过自组织的方式构成网络，没有统一和集中的节点管理模式。因此，无线传感网节点管理的本质就是在没有无线基础设施的无线传感网中进行节点查询与定位。在无线传感网中，最简单和最直接的节点查询方式是全局泛洪法，但这不适用于传感器节点能量、计算能力有限的无线传感网，因此在节点查询协议设计过程中应避免使用资源消耗过大的网络信息全局泛洪法。

李建中等提出一种网络网格图 GLS 技术，该技术在应用过程中，节点利用位置服务器保存各自的位置，并将位置信息标记为坐标的方式，同时利用一种基于节点 ID 的算法更新各自的位置，当无线传感网或者某一个节点需要获取指定 ID 的节点位置时，就利用算法从位置服务器查找目标节点位置。这种方法对于已知网络网格图和节点位置的无线传感网简单有效，但缺点就是在利用位置服务器查找节点位置时比较浪费时间。

5．组网模式

无线传感网的组网模式主要由基础设施支持、移动终端参与、汇报频度与延迟等因素决定，按照网络结构的不同特点，组网模式可以分为以下几类。

1)扁平式组网模式

传感网络中所有移动节点的角色类别相同，它们之间的通信和数据交换通过相互协作完成，其中，定向扩散路由就是最经典的这种网络结构。

2)分簇的层次型组网模式

无线传感网的节点大致可以分为普通传感器节点及用于数据交换和汇聚的簇头节点，通信过程中，普通传感器节点先将数据发送到簇头节点，然后经簇头节点进行信息汇聚后发送到后台。由于簇头节点要进行大量的数据汇聚，因此会消耗更多的能量。如果使用与普通传感器节点相同的节点作为簇头节点，则要定时更换簇头，避免簇头节点过度消耗能源。

3)网状网组网模式

网状网组网模式就是在由传感器节点形成的网络基础上增加一层固定无线网络，一方面用来采集传感节点数据，另一方面用来实现节点之间的数据通信，以及网内信息的融合处理。

4)移动汇聚模式

移动汇聚模式是指将移动终端目标区域的传感数据转发到后端服务器。移动汇聚可以提高网络容量，但数据的传递延迟与移动汇聚节点的轨迹相关。如何控制移动终端轨迹和速率是该模式研究的重要目标。

6．路由技术

WSN 中的数据流向与 Internet 相反，在以太网中，各个终端用户设备主要通过以太网获取数据，而在 WSN 中，各个终端节点设备向网络提供数据信息。因此，在 WSN 网络层协议设计过程中具有独特的要求。由于在 WSN 中对节点功耗有着特殊要求，因此通常的做法是利用 MAC 层的跨层服务进行节点转发、数据流向选择。

另外，WSN 在信息发布过程中一般先要将信息广播给所有的节点，然后由节点进行选择，因此设计高效的数据路由协议也是网络层研究的一个重点。

7．时间同步技术

无线传感网的绝大部分应用场合都需要时间同步机制。在分布式系统中，不同的节点都有自己的本地时钟。由于不同节点的晶振频率存在一定的偏差，而且温度变化和电磁波干扰等情况都会使时钟产生偏差，即便在某个时刻所有传感器节点都实现了时间同步，也将会在随后的时间逐渐出现偏差。传统网络时间同步机制关注最小化同步误差，不关心计算和通信复杂度等，而无线传感器由于受到成本及能量等方面的诸多约束，在时间同步上必须考虑对硬件的依赖和通信协议的能耗问题。所以目前网络时间协议（network time protocol，NTP）、GPS 等现有时间同步机制不适用于或者不完全适用于无线传感网，需要修改或重新设计时间同步机制来满足无线传感网的要求。

8．网络安全技术

无线传感网往往是部署在复杂环境中的大规模网络，节点数目众多，为实时数据采集与处理提供了便利。但同时无线传感网部署完成后，通常会隔很长的时间周期才进行维护，因此会存在许多不可控制的甚至危险的因素。无线传感网除具有一般无线网络所面临的信息泄露、信息篡改、信息攻击等多种网络威胁外，还面临传感器节点容易被俘获或者被物理操纵等威胁，攻击者通过获取存储在传感器节点中的机密、系统配置信息和传输协议，从而操控整个无线传感网。因此，在进行无线传感网相关协议和算法设计时，网络设计者必须充分考虑无线传感网所有可能面临的安全问题，并把有效的网络与应用安全机制集成到系统设计中。只有这样，才能有效促进无线传感网的广泛应用。

目前对传感器网络安全问题的研究主要分为以下几方面。

（1）密钥管理：由于无线传感网的资源消耗巨大，公用密钥密码系统已经无法应用于整个网络。传统的有线网络可以依赖功能强大的中心服务器以及有线架构便捷地为网络中的每个通信实体进行密钥生成、分发、更新与管理。但如何对于通过无线链路进行信息传输且由资源有限的传感器节点构成的传感器网络进行有效的密钥管理是一个有待解决的难题，因此，寻找一种适合传感器网络特点的密钥管理方案是目前传感器网络安全研究领域的一个基本问题。

（2）认证技术：在无线传感网工作过程中，经常会有新的节点加入，此时对新加入节点的合法性即身份进行认证显得非常重要。另外，传感器网络中的节点之间传输消息时也会涉及认证技术。传统网络的认证技术由于需要耗费较多的资源而无法在传感器网络中得到应用，因此，寻找一种适合无线传感网的认证技术是目前传感器网络安全研究的又一重要问题。

（3）加密技术：由于无线传感网在电源、计算能力、内存容量和易受攻击等方面的局限性，传统的研究认为非对称的公用密钥密码系统由于消耗资源过大而无法在传感器网络中得到应用。另外，也出现了一些将对称加密方法应用在无线传感网中的研究成果，它们应用的前提是基于通信双方的节点拥有预分配的共同密钥，但这有时很难做到，因为节点之间往往是概率性地拥有共同密钥。目前，椭圆曲线加密法（elliptic curve cryptography，ECC）因为具有某些优点而得到了研究界的重视。总之，传感器网络的加密技术是传感器网络安全研究的一个重要分支。

（4）对抗攻击：传感器网络节点部署之后无人值守、资源有限的特性，使其遭受的攻击范围和形式更加多样化。与常规的网络遭受攻击有所不同，节点经常遭受能源攻击，即针对节点能源的有限性，不以消耗节点的计算资源和存储资源为目的，而是着重消耗节点的能量。攻击者利用侵入节点，向网络注入大量的虚假数据，致使节点，尤其是路由节点，在大量的数据通信中耗尽能量而失效，从而导致整个网络瘫痪。另外，传感器网络还经常遭受到混淆节点合法身份的 Sybil 攻击和拥塞网络的 DOS 泛洪攻击等。因此，为了使传感器网络得到广泛的应用，研究合适的应对攻击的安全技术是传感器网络安全研究的又一重要问题。

(5)安全路由:在设计无线传感网路由协议时,首先,应充分考虑网络中每个节点的能量耗费问题,尽量使网络中的节点能量都处于相同的消耗速率,这样可以延长整个网络的生命周期;其次,应充分考虑节点之间的负载均衡,通过节点之间的有效配合进行数据的传输和处理,尽量减少网络通信开销;再次,应充分考虑网络的可扩展性和节点的移动性需要,以适应网络的动态性变化;最后,对网络中处于基站传输范围之内的节点应有区别地对待并尽可能使所有节点处于连通状态。拥有上述一些或全部特征的传感器网络路由协议设计是当前传感器网络安全研究的又一重要方向。

9. 数据融合技术

数据融合是将多份数据或信息进行综合,以获得更满足需要的结果的过程。数据融合技术应用在传感器网络中,可以在汇聚数据的过程中减少数据传输量,提高信息的精度和可信度,以及网络收集数据的整体效率。在应用层可以利用分布式数据库技术对采集到的数据进行逐步筛选;网络层的很多路由协议均结合了数据融合机制,以期减少数据传输量;此外,还有研究者提出了独立于其他协议层的数据融合协议层,通过减少 MAC 层的发送冲突和头部开销达到节省能量的目的,同时又不以损失时间性能和信息的完整性为代价。在传感器网络的设计中,只有面向应用需求设计针对性强的数据融合方法,才能最大限度地获益。

6.2　WSN 在制造业中的应用分析

6.2.1　制造企业对 WSN 的需求分析

当前在制造企业中,为了降低人力成本,提高生产效率,企业逐渐提高生产过程的信息化和智能化水平,这也成为工业生产的发展趋势。同时,近年来随着普适计算和物联网技术的兴起与发展,以无线传感网为支撑的对物、环境等的感知技术和信息传输技术正逐渐改变人们的生活方式。在工业生产中,工程技术人员较少使用无线方式在车间现场对车间局部区域、设备等实体对象进行识别和传感信息的读取。从人员监控的角度,工程技术人员也无法被车间现场的环境和设备识别、监控。

1. 现有的车间现场监测能够改善的方面

(1)车间内传感信息利用不足。

车间现场中,传统的利用有线的方式无法监测具体的车间环境、机器设备信息及工程技术人员的信息和状态等多种内在信息。主要表现在:监测节点的数目有限,无法实现全面监控;获取环境内对象的信息有限,无法全面地反映设备和环境的状态;监测节点的覆盖范围具有局限性,无法遍布某些监测死角和特殊监测点。

(2)无法实时感知环境以及设备实时信息和状态的变化。

以往利用传感器对车间数据进行采集时,只是将其用作简单的数据采集工具,采集到的数据最后都交由中心服务器统一处理。但对于现场的操作人员来说,这种方式无法让他们在现场及时感知正在操作或维护设备的运行状态,并且难以满足操作人员与设备之间的交互需求。利用无线传感网技术可以让现场操作人员及时获取车间的设备状态相关数据,从而对其维护工作将有很大的益处。

（3）缺乏对现场人员、产品的监控和保护。

在传统的生产车间中，对车间人员的监测往往只是记录其进出信息，而对工作人员在车间里面的活动及工作状态无法实现实时监控。但是在实际大型生产车间中，特别是涉及不同级别机密的车间中，不同安全等级的区域只能允许对应安全等级的工作人员进出。另外，对于拥有多种操作等级的生产设备，利用传统监测手段无法判断操作和维护人员是否具有足够的权限。利用无线传感网技术监控车间现场人员的生理状态、操作权限、维护过程，能对现有的生产安全管理提供新的方向和补充。

从以上分析可以看出，我们能够利用无线传感网技术，使车间现场的人员、设备、环境等多种生产要素间具备相互感知、相互查询、相互监控的能力，从而增强生产过程中对车间各种人员、设备、环境等状况的监控。

2．面向车间现场的无线传感网的特点

由于具备成本低、灵活性高和监测范围广等优势，无线传感网在车间设备、环境监测方面的应用得到了较为广泛的关注。然而，面对现代车间现场应用数字化、网络化、智能化的信息化发展趋势，在增强车间现场传感、实体对象相互感知和监控等多项功能的过程中，须注意到面向制造车间现场的无线传感网与传统无线传感网设备、环境监测应用的不同之处，其中最主要的 4 点如下。

1）多样性

面向制造车间现场的无线传感网将面临传感器多样性、节点多样性和实体对象多样性的问题。车间应用中的传感节点不同于早期的传感网络节点（早期的传感网络观点认为，典型的传感网络应由大量同类设备组成，这些设备不管从软件还是硬件角度看都应相同）。第一，由于车间内丰富的场景信息，车间环境内的传感节点大多会携带不同类型的传感器，如温度传感器、湿度传感器、振动传感器、烟雾传感器甚至生理传感器。第二，某些节点可能会承担网络内数据处理、路由或解析抽象应用服务等额外计算任务，需要更强的计算能力。不同种类节点之间建立的联系及其分层或分簇的结构关系，会影响到协议软件设计的复杂程度，给传感网络的管理带来困难。除多样的传感器和节点外，车间现场中还具有人员、设备、环境和产品等多种实体对象。

2）实体对象间的交互性

车间环境中存在的人员、产品、设备甚至现场环境，都被看作一个独立的对象。例如，对于应用程序而言，访问一个安装有多个不同类型传感节点的现场设备，访问的并非某个具体的传感数据，而是设备对象的某一个属性或状态。应结合制造车间现场中设备操作和维护的流程，提炼出实体对象信息查询、性能和状态检测、传感器控制管理等一系列典型的实用需求，并通过一种合理的软件方法实现这些对象间的交互功能。以上工作将会涉及中间件和网络协议的相关设计，是 WSN 在车间应用中要解决的一个重点问题。

3）实体对象的移动性

在面向制造车间现场的无线传感网中，既有静态的实体对象（如车间内的设备），也有可能会移动的实体对象（如现场人员等），对这些对象进行监控必然要考虑其移动性。在首次网络部署之后，安置在现场人员身上的诸多传感节点会随着人员的移动而改变原先的位置。这种随机的移动会导致相关区域的无线网络拓扑结构的变化。因此，兼顾静态的传感网络基础结构和持续移动的动态网络对象，会带来网络拓扑和数据路由设计的困难。无线传感网研究中，在常用的多跳路由结构中支持设备的移动一直是个难点。

4)保密性

为了保证车间制造数据的保密性要求,车间现场对数据传输的保密性提出了很高的要求,所以结合企业的保密标准,研究 WSN 在车间现场数据传输过程中的保密性是一个关键。

6.2.2 WSN 应用于车间生产现场的优势

如今的工业生产主要依赖铺设有线电缆的方式将传感器布置到生产设备上以获取生产过程、设备运行的监测数据,并通过有线线路将数据传送到监测信息中心进行统一处理。与这种传统的传感器部署方式相比,利用无线传感网所具有的微型化、低功耗、易装卸、覆盖范围广等特点进行工业传感器部署具有如下优势。

1)更低的线缆相关成本

无线通信应用于工业生产的一个巨大优势是大大降低了有线线缆铺设和维护的成本。由于工业生产中种类繁多的信号量和不同生产车间复杂的生产环境,在其中铺设通信电缆的花费是相当高的。和有线方式相比,无线方式的部署无论从信号传输介质的物理成本还是从部署过程中的人力成本和时间成本来说,代价都低廉得多。

2)更大的监测覆盖范围

使用有线方式将无法满足实际应用中的特定需求,例如,对于旋转部件的监测、大型油罐或者需要成百上千个监测点的地方,如果能够使用无线网络,将为数据采集带来极大的便利。

3)更高的灵活性

实际应用中,工程人员可能会频繁地改变电源和信号走线,或者添加新的传感器来适应新的需求。这时候传统的有线方式就显得不够灵活。无线传感网所具有的自组织和自修复的特点就能够很好地满足这种要求。除此之外,在设备安装和维护过程中,无线传感节点可以充当临时的检测装置,方便安装和拆卸。

6.2.3 WSN 在制造业中的应用框架

1. 无线通信行为层次

面向制造车间现场的无线传感网是以车间中部署的无线传感网节点为基本单位,以实体对象间的交互行为作为基本应用需求构建的。如何以节点之间的网络行为(交互行为)为基本元素,合理地实现实体对象间的交互协作行为,是设计该无线传感网时考虑的首要问题。从这个角度,车间现场中的无线通信行为可以分为如下两个层次。

(1)节点间的通信:包括链路、组网、路由、分簇和传感数据传输等相关任务。

(2)实体对象间的通信:包括对象间的协调管理、定位、追踪、查询、传感数据收集、错误报告等。

从中可以看到,节点间的通信主要涉及网络协议中的数据链路层、网络层等相关功能以及单个节点间传感数据的传输;而实体对象间的通信则在节点间通信的基础上实现了针对实体对象的多种应用需求。据此,本书结合车间实体对象间应具有的交互功能,对实体对象间的通信进行归类、删减和补充,最终得到车间实体对象间的查询这一最主要的交互功能,并归纳得到实体对象间的设置、监控、传感数据收集等几个重要的基础功能以配合查询的实现。这几个功能在实体对象的多个节点上分布式执行,在车间实体对象层面上隐藏具体的节点间通信细节。

2．无线传感网功能层次

如图 6.4 所示，根据车间现场中不同层次的网络通信行为，本书将面向制造车间现场的无线传感网大略分为三个层次，分别为传感与网络层、查询层和应用层。传感与网络层具有数据采集和网络通信功能，用于查询层和应用层具体逻辑功能的实现。对应用层和查询层的用户来说，实现对象间交互等功能的底层无线传感网节点间的通信行为是透明的。

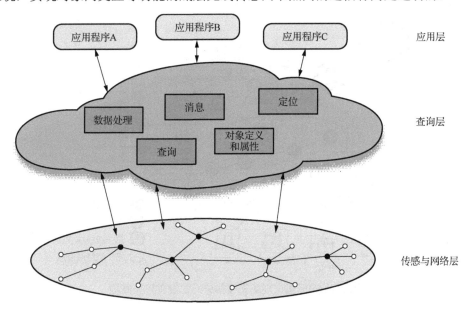

图 6.4　面向制造车间现场的无线传感网功能层次结构

1) 传感与网络层

传感与网络层由传感器和无线网络组成，实现车间现场中传感数据的采集以及组网、节点间数据通信等功能。其网络结构将针对车间现场中实体对象间的查询等功能进行设计。同时，组成无线网络的无线通信协议栈中采用的路由协议需要考虑到节点的移动性和拓扑结构的动态改变，也要支持多跳网络(multi-hop networks)。通信协议应尽可能进行资源有效的设计以应对有限的计算资源。

2) 查询层

查询层通过传感与网络层中各节点间的通信，分布、协作地实现了车间实体对象之间的查询等功能。在具体实现中，查询层实际上处于嵌入式操作系统中，与底层硬件驱动和网络协议栈一同给上层的应用程序提供接口。整个查询层包括对象定义和属性、查询、数据处理、消息、定位等服务。通过对象定义和属性服务界定了查询层所支持的实体对象类型及其基本信息、传感能力、网络信息等属性信息，并通过查询服务实现不同实体对象间对象属性、传感等各类对象信息的访问。在此基础上，数据处理服务提供了实体对象内的数据存储、收集和融合等功能。此外，查询层还提供了多种消息，用于车间内对象间的相互设置、异常事件提醒和警告。

3) 应用层

应用层利用传感与网络层、查询层提供的功能接口实现并执行相应任务。

车间生产现场无线传感网二级树拓扑结构如图 6.5 所示，网络中设备 1 充当主协调器，它负责对全网进行控制,控制着网络的规模。设备2~6为主协调器的子设备,具有路由功能,设备7~9为设备3的终端子设备,设备10和设备11为设备4的终端子设备。值得注意的是,设备10和设备11的地址来自主协调器1分配给设备4的地址块,而设备7~9的地址直接由设备3进行分配。这就是说,从设备7~9的角度看,此时设备3具有协调器的功能,但从设备1的角度看,设备3只是一个路由器。

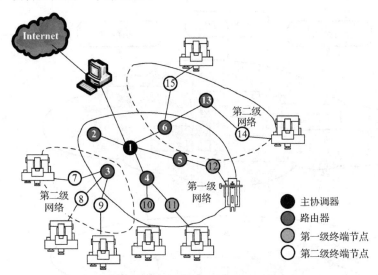

图6.5　车间生产现场无线传感网二级树拓扑结构

3. 无线节点的分类

对于组成无线网络的无线节点,按功能可分类如下。

1)传感节点

传感节点指仅具有传感数据采集和路由功能的节点,通常安装在设备、产品及车间环境中,或者被现场人员携带。如图6.6所示,不同的对象被装配了不同种类的传感节点,提供包括温度、湿度、烟雾、压力等在内的多种传感能力。

在网络拓扑中,传感节点一般作为某个实体对象的"局域网络"中的成员存在。这里的"局域网络"在本书的网络结构中表现为簇的形式存在。和传统的以数据为中心的网络不同的是,这里的传感节点在应用中会处理双向的数据。同一个簇中的传感节点可以协作完成某项任务,返回数据,或接收外界发来的命令,做出响应。

2)簇头节点

簇头节点主要负责簇的管理:包括协调某个设备上或车间某个区域环境中的传感节点的协同任务,并对外汇报任务结果;对外提供对象的基本信息(如设备型号、类型、使用年限等),或获取环境中其他对象的基本信息。此外,由于簇头节点间可形成网状拓扑,簇头节点还可能承担其他簇头数据的路由。

3)无线网关

无线网关作为整个车间无线传感网的中心,用于连接车间内的主干网络(可能是有线网络或无线局域网(WLAN))和无线传感网。通过有线网络,所有车间无线传感网网内处理(in-networking process)后的结果及与环境、设备、人员和产品等相关的传感信息都将传送至后台监控服务器以显示、处理或保存。另外，无线网关还要承担车间无线传感网和主干网络的协调管理。

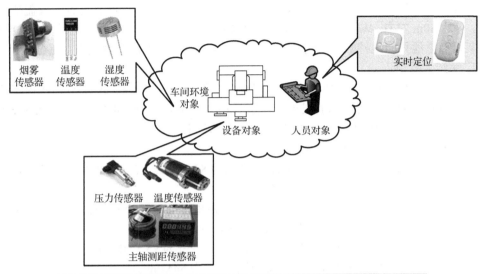

图 6.6　面向制造车间现场的无线传感网中的主要对象及其典型传感功能

6.2.4　WSN 应用技术载体的选择

通常，无线传感网是在无线通信技术的基础之上实现的。作为载体的技术决定了定位系统的基本特性。随着无线通信技术的飞速发展，无线通信不断渗透到日常生活中。目前比较流行的几种无线通信技术有蓝牙、Wi-Fi 和 ZigBee。

1. 蓝牙技术

蓝牙是一种支持设备短距离通信的无线电技术，它的出现要归功于 BlueTooth SIG（蓝牙技术联盟）。BlueTooth SIG 是一家贸易协会，由电信、计算机、汽车制造、工业自动化和网络行业的领先厂商组成。其致力于推动蓝牙无线技术的发展，为短距离连接移动设备制定低成本的无线规范，并将其推向市场。

蓝牙设备工作在全球通用的 2.4GHz 的 ISM（工业、科学、医学）频段上。蓝牙采用分散式网络结构以及快跳频和短包技术，支持点对点及点对多点通信。蓝牙技术主要用于短距离的语音业务和高数据量业务。

1）蓝牙技术的优势

(1) 安全性高。蓝牙设备在通信时，工作的频率是不停地同步变化的，也就是常说的跳频通信。通信双方的信息很难被捕获，更谈不上被破解和恶意插入欺骗信息。

(2) 易于使用。蓝牙技术是一项即时技术，它不要求固定的基础设施，且易于安装和设置。

2）蓝牙技术的不足

(1) 通信速率不高。蓝牙设备的信息传输速率较慢，目前最高只能达到 2Mbit/s，有很多的应用需求不能得到满足。

(2) 传输距离短。蓝牙规范最初就是为了短距离通信而设计的，所以它的传输距离比较短，一般不超过 10m。

2．Wi-Fi 技术

Wi-Fi(wireless fidelity)与蓝牙一样，都是短距离的无线通信技术，它也工作在 2.4GHz 的 ISM 频段上。Wi-Fi 技术的传输速率比较高，最高能达到 11Mbit/s，而且电波的覆盖范围比蓝牙要大，可达 50m 左右。Wi-Fi 技术适合移动办公用户使用，具有广阔的市场前景。但是 Wi-Fi 装置很耗能，电池只能维持数个小时，这就要求 Wi-Fi 装置要进行常规充电，使得 Wi-Fi 的应用和推广受到了限制。

早期，Wi-Fi 是 IEEE 820.11b 的别称，即能够在数百英尺(1ft = 0.3048m)范围内支持互联网接入的无线电信号。随着技术的发展，以及 IEEE 802.11b、IEEE 802.11g、IEEE 802.11n 等标准的出现，现在整个 IEEE 802.11 标准已被称作 Wi-Fi。

1) 目前在应用的协议标准

(1) IEEE 802.11b：工作频段为 2.4GHz，带宽为 83.5MHz，有 13 个信道，使用 DSSS(直接序列扩频)技术，最大理论通信速率为 11Mbit/s。

(2) IEEE 802.11g：工作频段为 2.4GHz，带宽为 83.5MHz，有 13 个信道，使用 OFDM(正交频分复用)技术，最大理论通信速率为 300Mbit/s。

(3) IEEE 802.11n：工作频段为 2.4GHz/5.0GHz，带宽为 83.5MHz/125MHz，有 13/5 个信道，使用 MIMO(多入多出)技术，最大理论通信速率为 54Mbit/s。

无线宽带通信距离一般在 200m 以内，针对一些特殊的应用场合，加大通信双方设备的输出功率，通信距离可以超过 2km。目前，它主要应用于无线宽带互联网的接入，是在家里、办公室或者旅途中上网的快速、便捷的途径。

2) Wi-Fi 技术的优势

(1) 覆盖范围广。其无线电波的覆盖范围广，穿透能力强，可以非常方便地为整栋大楼提供无线宽带互联网的接入。

(2) 速度高。Wi-Fi 技术的通信速率非常快，支持 IEEE 802.11n 协议设备的通信速率可以高达 300Mbit/s，能满足人们接入互联网、浏览和下载各类信息的需求。

(3) 门槛低。厂商只要在机场、车站、咖啡店、图书馆等人员较密集的地方设置"热点"，支持 Wi-Fi 的各种设备(如手机、笔记本电脑、PDA)都可以通过 Wi-Fi 网络非常方便地高速接入互联网。

3) Wi-Fi 技术的不足

Wi-Fi 技术的不足是安全性不好。由于 Wi-Fi 设备在通信中没有使用跳频等技术，虽然使用了加密协议，但是还是存在被破解的隐患。

3．ZigBee 技术

ZigBee 是基于 IEEE 802.15.4 标准的低功耗个域网协议。根据这个协议规定的技术是一种短距离、低功耗的无线通信技术。这一名称来源于蜜蜂的八字舞，蜜蜂(bee)靠飞翔和"嗡嗡"(zig)地抖动翅膀的"舞蹈"来与同伴传递花粉所在的方位信息，也就是说蜜蜂依靠这样的方式构成了群体中的通信网络，其特点是近距离、低成本、自组织、低功耗、低复杂度和低数据传输速率。ZigBee 主要应用于自动控制和远程控制领域，可以嵌入各种设备。简而言之，ZigBee 是一种低价格、低功耗的近距离无线组网通信技术。

1) ZigBee 技术的工作频段标准

(1) 868MHz：传输速率为 20kbit/s，适用于欧洲。

(2) 915MHz：传输速率为 40kbit/s，适用于美国。

(3) 2.4GHz：传输速率为 250kbit/s，全球通用。

目前国内都在使用 2.4GHz 的工作频段，其带宽为 5MHz，有 16 个信道，采用 DSSS 方式的 OQPSK 调制技术。而基于 IEEE 802.15.4 的 ZigBee 在室内通常能够达到 30～50m 的作用距离，在室外如果障碍物少，甚至可以达到 100m 的作用距离。

2) ZigBee 技术的优势

与蓝牙和 Wi-Fi 相比，ZigBee 通常具有以下几点优势。

(1) 自组网。ZigBee 设备能自动组建通信网络，其他 ZigBee 设备能方便地加入网络并使用网络通信资源。这使得布置基于 ZigBee 的定位系统时无须专门的通信线路铺设，降低了系统应用成本，减小了系统复杂性，为无线定位系统的布置和定位覆盖区域拓展带来了极大便利。

(2) 单芯片系统。ZigBee 芯片是一个集成了无线通信芯片和单片机的系统，只需外接少量元器件就能运行。单芯片系统使定位设备硬件的开发难度降低，设备可靠性增加，易于实现设备的小型化，降低了嵌入其他系统的难度。

(3) 低功耗。ZigBee 芯片对运行和休眠功耗的控制相当出色。低功耗的特性使得无后备电源的定位设备能够长时间工作，可减少定位系统运行维护的工作量，提高系统可靠性。

(4) 网络容量大。每个 ZigBee 网络最多可支持 65535 台设备，也就是说每个 ZigBee 设备可以与另外 254 台设备相连接。

3) ZigBee 技术的不足

当然，ZigBee 技术也存在一些问题，ZigBee 技术本身是一种为低速通信而设计的规范，它的最高传输速率只有 250kbit/s，对一些大数据量通信的场合它并不合适，但是这一特点会逐渐改变，一些厂商生产的 ZigBee 芯片目前也突破了这个限制。

ZigBee 并不是用来与 Wi-Fi 或者蓝牙等其他已经存在的标准竞争，它的目标定位于特定的低功耗市场，它有着广阔的应用前景。ZigBee 联盟预言未来的四到五年，平均每个家庭将拥有 50 个 ZigBee 器件，最后将实现每个家庭 150 个。

思 考 题

6-1 什么是无线传感网？其作用是什么？

6-2 传感器节点典型的组成部分包括什么？各模块的作用分别是什么？

6-3 简述无线传感网的体系结构。

6-4 无线传感网有哪些关键技术？

6-5 无线传感网组网模式有哪几类？

6-6 无线传感网应用于车间生产现场具有哪些优势？

6-7 简述无线传感网在制造业中的应用框架。

6-8 现有的无线传感网应用技术载体有哪些？各自有什么优缺点？

第7章　实时定位技术

实时定位技术是一种基于无线通信信号的定位手段，目前最广泛使用的定位手段有 GPS、北斗卫星导航系统(BeiDou navigation satellite system，BDS)、Wi-Fi、UWB、ZigBee 等。这些定位手段可以对室外空间对象实现较高精度的定位，然而由于信号的遮蔽等影响，这些定位手段通常在室内无法达到可靠的定位精度，因此适用于室内环境的定位技术与系统成为研究的热点。

本章主要介绍室内实时定位技术，内容包括：实时定位技术的发展现状，包括不同的定位技术与系统的发展及其应用情况；实时定位技术常用的定位方法；针对制造业现场对实时定位技术进行需求分析和难点讨论。

7.1　实时定位技术概述

本节从定义、特点、研究现状和应用现状对实时定位技术进行介绍，通过本节的阅读，读者可以掌握实时定位技术的基本概念和内容。

7.1.1　实时定位系统的定义

随着信息时代的到来，基于位置的服务(location based service，LBS)作为战略性新兴产业已广泛进入人们的生活，已经成为国防安全、经济建设、社会生活中不可或缺的部分。要实现基于位置的服务，首先要做的就是实现定位。

定位是指采用一定的测量手段获得某一对象的位置信息，这个位置信息可以是以地球为参照系的坐标，也可以是以房间为参照系的坐标，取决于对位置数据的需求。定位不可避免地涉及三个步骤：①物理测量，采用一定的技术手段进行测量，"众里寻他千百度，蓦然回首，那人却在，灯火阑珊处"，采用了可见光作为观测手段进行定位；"姑苏城外寒山寺，夜半钟声到客船"，采用了声波进行定位测量。②位置计算，选定测量技术，通过测量的参数计算出待定位对象的位置。③数据处理，在定位中，数据处理伴随着定位的整个过程，测量信息与位置信息的转化、定位误差的计算、定位数据的应用等都与数据处理相关。通常所说的定位技术都采用无线信号，因此都称为无线定位技术。

与人们生活最密切相关的无线定位技术当属 GPS 技术。GPS 是全球定位系统(global positioning system)的简称。欧洲的伽利略卫星导航系统、俄罗斯的 GLONASS 和中国的北斗卫星导航系统可统称为 GNSS 定位技术，即全球卫星导航系统定位技术，其定位原理是通过在空间中自由选定的 3 颗卫星作为定位发射端，发射相关信息，由 GNSS 接收端接收信息，计算其到每个卫星的距离，并根据三边定位原理获得 GNSS 接收端的坐标。室外定位主要是通过测量卫星信号进行定位的，但是由于建筑物对信号的遮挡作用，GNSS 定位技术在室内显得力不从心，在这种情况下，室内定位技术成为研究热点。

实时定位技术在这种情况下应运而生。实时定位系统(real time location system，RTLS)是指通过无线通信技术，利用目标的物理特征，在一个特定的空间(室内/室外、局部区域/全球范围)内，在较小的时延内确定目标位置的应用系统。目标的位置信息是通过测量无线电波的物理特性，经过数据过滤、数据融合，利用特定的定位算法计算得到的。目前实时定位系统正变得日益流行，以下是使用实时定位系统的例子。

(1)能够自动有效地追踪识别贵重物品，以保证它们仍在工厂里面，这种对贵重设备、设施的实时定位追踪，可应用于许多场景，如贵重刀具的管理等，可统一称为固定资产管理。

(2)在医院中可以追踪患者和医生。如果没有实时定位系统，在紧急情况下要立刻找到特定的医生或患者都将面临巨大的困难。

(3)可以帮助工人快速找到需要的物料、在制品、刀具等，因为它能告诉工人这些对象的位置信息。

由这几个简单的例子可以看出，实时定位技术可以用在对位置信息有需求的各行各业，如资产管理、人员管理、生产过程管理、仓储物流管理等，以实时定位技术为基础的基于位置的服务极大地丰富了人们的生活，有效地改善了生产管理方式。

7.1.2　实时定位系统的特点

本节从两方面讨论实时定位系统的特点：室内信号的传播特点以及实时定位的特点，下面将具体进行介绍。

1. 室内信号的传播特点

电磁波在各种特性介质中的传播机制可能涉及吸收、反射、折射、散射、绕射、导引、多径干涉和多普勒频移等一系列物理过程。这些过程取决于传播的介质和电磁波的频率。同一介质对不同频段的电磁波，可表现出极不相同的特性。同一频段的电磁波对于不同的介质，也表现出极不相同的传播效应。电磁波在无限大的均匀、线性介质内是沿直线传播的；在不同介质的分界面会造成电磁波的反射、折射；介质中的不均匀物体则会造成电磁波的散射；球形地面和障碍物会造成电磁波的绕射。室内的电磁波的传播过程显然比室外更加复杂。

室内信号最重要的问题是直达波与非直达波的鉴定。在无线通信中，电磁波的传播可以分为直达波(line-of-sight，LOS)、非直达波(non-line-of-sight，NLOS)两种方式。直达波传播是指发射端和接收端在互相可以"看见"的距离内，电磁波直接从发射端到达接收端，呈直线传播，可称为视距传播，可见直达波传播的要求是发射端与接收端之间无障碍物；非直达波传播是当发射端与接收端之间的直达路径被遮挡时，无线信号只能通过反射、折射、绕射等方式到达接收端。直达波传播时，可以根据时间、速度、角度等计算收发双方的距离，得到很高的定位精度，很多定位算法都是假设信号为直达波进行计算的，但是实际上，室内信号更多的是非直达波，由其带来的误差通常表现为信号延迟的增大、信号强度的衰落以及信号到达角度、信号相位差的变化等，NLOS 的误差具有随机性、正值性和独立性，对定位精度的影响不容小视。

在室内无线环境下，无线信号功率小、覆盖面较小、环境变化较大，电磁波的传播环境

远比室外空间复杂。一般情况下，房间的四壁、天花板、地板、放置的家具和随机走动的人员会使无线信号通过多条路径到达接收端，形成多径现象。由于到达接收端的各条路径的时间延迟随机变化，接收端合成的信号的幅度和相位都发生随机起伏，造成信号的快速衰落。

2. 实时定位的特点

实时定位技术在定位精度、稳健性、安全性及复杂度方面有着自身的特点，具体如下所述。

(1)定位精度：定位精度是实时定位系统最重要的指标，也是研究的重点，几年前的室内定位系统的研究精度还表现为"房间"级别定位，近些年的研究开始追求更高精度的定位，定位技术和定位算法都致力于提高定位精度，目前不同的实时定位技术达到的定位精度不同，有些定位精度为厘米级。更高精度的实时定位系统会带来更大的便利，一旦这些技术得到普及，生产方式会产生巨大的改变。

(2)稳健性：实时定位的困难之一是定位方法的稳健性，这是由室内环境的复杂性和多变性造成的，对于室内环境，定位对象的改变程度往往很大，这就要求实时定位系统具有良好的自适应能力，并且拥有很高的容错性，这样在室内环境不理想的情况下，实时定位系统仍能提供可靠的定位信息。

(3)安全性：所有的定位系统要考虑安全性问题，对于实时定位技术而言，针对的是室内环境，包括企业对象、个人对象，企业对象不愿意企业信息被泄露，个人往往也不愿意隐私被公开，这些要求使得实时定位系统必须考虑安全性问题。

(4)复杂度：实时定位系统的应用对象具有小规模的特点，如某个企业、某个车间，因此，实时定位系统的复杂度应该较低。在硬件方面，不能使用大规模的硬件设备，最好能利用现有的硬件设备或者稍加改动，这样才能降低使用成本，提高应用率；在软件方面，实时定位系统要保持实时性，对定位对象的实时运动过程进行完全捕捉，因此，定位算法不能太复杂。

7.1.3　实时定位技术的研究现状

经过长时间的发展，采用不同的定位方法结合不同特点的定位技术手段，研究者开发了多种定位系统。这些系统根据数据采集方式及感知环境参数方式的不同可以分为红外线定位系统(典型的为 Active Badge 系统)、超声波定位系统(如 Bat 系统)、蓝牙定位系统(如 TOPAZ 系统)、Wi-Fi 定位系统(如 RADAR 系统、Nibble 系统)、ZigBee 定位系统、RFID 定位系统、UWB 定位系统(如 Ubisense 系统)、LMS 定位系统等。这些定位系统可分为主动式定位系统和被动式定位系统，采用的定位方法有基于信号到达时间(time of arrival，TOA)的定位方法、基于信号到达时间差(time difference of arrival，TDOA)的定位方法、基于信号到达角度(angle of arrival，AOA)的定位方法和基于接收信号强度指示(received signal strength indication，RSSI)的定位方法等，每种定位方法和系统都具有不同的优缺点和适用范围。

1. 基于红外线的定位系统

最早出现的是基于红外线的室内定位技术，红外线是波长介于微波与可见光之间的电磁波。红外线室内定位系统通常由两部分组成：红外线发射器和红外线接收器。一般来说，红外线发射器是网络的固定节点，而红外线接收器安装于待定位对象上，待定位对象移动时，红外线接收器一起移动，通过对红外线进行解析和计算，获得定位目标的实时位置信息。

围绕该技术的主要研究成果有 AT&T 剑桥大学实验室开发的 Active Badge 系统，其定位原理是在待定位对象上安装红外线发射器，并以 15s 为周期发送持续时间为 0.1s 的含有自身 ID 的红外调制信号，系统根据是否能接收到标识的红外调制信号来判断该目标是否在某个接收器的接收区域内，若能被红外线接收器接收到红外调制信号，则认为该定位对象位于此红外线接收区域，可见此系统的定位精度为"区域"级别，并不能满足室内定位的精度要求。除此之外，中国台湾成功大学开发了一套高精度的红外线室内定位系统，其定位精度可达毫米级。部分离散制造企业进行装配定位的室内 GPS 也属于红外线定位技术。

采用红外线进行定位的优点有：定位精度高，反应灵敏，成本低廉。然而基于红外线的定位技术的主要缺点有：光线只能直线传播，对被遮挡的物体（即视距外对象）无法实现跟踪定位；红外光在空气中衰减很快，最大感应距离只有 5.3m，稳定工作距离小于 3.2m，只适合短距离传输；容易受到阳光或其他室内光源的干扰，影响红外信号的正常传播。

2. 基于超声波技术的定位系统

超声波是指超出人耳听力阈值上限 20kHz 的声波，用于定位系统的超声波的频率一般为 40kHz。超声波定位采用的主要方法为反射式测距法：通常将多个超声波接收器布置成阵列形式，如果 3 个以上的超声波接收器接收到目标对象上超声波发生器发出的超声波信号，通过三角或三边算法就可以计算出目标的位置，即根据回波与发射波的时间差计算出待测距离。有的则采用单向测距法。但是，超声波极易受到环境的影响，因此通常很少有仅仅采用超声波作为测量手段的定位系统，往往需要将其与其他方式结合实现混合定位。

典型的基于超声波技术的定位系统有 1999 年 AT&T 剑桥大学实验室开发的 Bat 室内定位系统，作为 Active Badge 系统的后续发展，Bat 系统采用超声波技术与射频技术，利用信号的到达时间信息实现三维空间定位，采用多边形定位方法提高精度，定位精度最高可达 3cm。2000 年，麻省理工学院提出了一种融合信号到达时间差和信号到达角度的被动型系统解决方案——Cricket Compass，该系统可在±40°内以±5°的误差确定接收信号方向，由于采用被动模式，系统不能独立工作，即其携带部分必须连接到由用户同时携带的计算单元（如 PDA、笔记本电脑）上，由计算单元来计算位置，其平均平面误差为 40～50cm。相比于 Active Badge 系统，Bat 系统与 Cricket Compass 系统的定位精度有较大的提高，且结构简单，但超声波受多径效应和非视距传播影响很大，同时需要大量的底层硬件设施投资，成本过高。2003 年，加利福尼亚大学洛杉矶分校的 AHLos 定位系统可看作 Cricket Compass 系统的改进。

采用超声波技术的优点是：定位精度高、单个器件结构简单。其缺点为：超声波反射、散射现象在室内尤其严重，出现很强的多径效应；同样，超声波在空气中的衰减也很明显。

3. 基于蓝牙技术的定位系统

蓝牙是一种目前应用非常广泛的短距离、低功耗的无线传输技术。国内外也有利用蓝牙传输特性进行室内定位的研究。通常基于蓝牙技术的定位系统采用两种测量方法，即基于传播时间的测量方法和基于信号衰减的测量方法。比较典型的蓝牙定位系统是 TOPAZ，其定位精度为 2m，系统的鲁棒性较差，Kotanen 等使用扩展卡尔曼滤波器搭建了三维蓝牙定位平台，其定位精度为 3.76m。采用蓝牙技术进行室内短距离定位的优点是设备体积小，易于集成在 PDA、笔记本电脑以及手机中，且信号传输不受视距影响；缺点是蓝牙定位要求安装蓝牙通信基站，且在待定位对象上配置蓝牙模块，在大空间和大规模室内定位中的成本较高，同时，受到技术制约，蓝牙定位的最高精度要大于 1m。

4．基于 Wi-Fi 技术的定位系统

Wi-Fi 是基于 IEEE 802.11 标准的一种无线局域网，具有高带宽、高速率、高覆盖率的特点，信号穿透性强，并且受非直达波的影响极小。在一定的区域内安装适量的无线基站，根据这些基站获得待定位物体发送的信息(时间和强度)，并结合基站所组成的拓扑结构，综合分析，从而确定物体的具体位置。这类系统可以利用现有的无线局域网设备，仅需要增加相应的信息分析服务器就可以完成定位信息的分析，因此，对于 Wi-Fi 定位系统来说，硬件平台已经非常成熟。

基于 Wi-Fi 定位的早期代表为 1998 年 Microsoft 公司提出的 RADAR 系统，此系统是基于接收信号强度指示(RSSI)的定位方案，其工作主要分为两个阶段：离线建库阶段，实时定位前，在目标区域内广泛采集样本，构建信号空间的基本信息，生成射电地图；在线定位阶段，实时定位过程中，移动终端接收到接入点的信号，存储 RSSI 值，然后通过与已有的射电地图相比较，找出匹配度最大的结果，完成定位，定位精度为 2～3m。此后，很多研究机构陆续研发了多种基于无线局域网的定位系统，如美国马里兰大学的 Horus 系统，该系统在信号空间的建立中引入了概率模型，系统不对全部采样值进行求算术平均或中位数处理，而是形成每个接入点的 RSSI 值在该点的直方图，保存在无线信号强度分布图中，系统定位精度以大于 90% 的概率低于 2.1m。加利福尼亚大学洛杉矶分校的 Nibble 系统采用了信噪比作为信号空间的样本，并且采用贝叶斯网络建立信号空间的连续概率分布图。Kontkanen 等引入跟踪辅助定位技术，在此基础上发展了 Ekahau 系统，它融合了贝叶斯网络、随机复杂度和在线竞争学习，通过中心定位服务器提供定位信息。

采用 Wi-Fi 进行定位的优点是 IEEE 802.11 标准目前得到广泛的应用，因此，基于 Wi-Fi 的定位系统的硬件平台十分方便成熟，缺点是 Wi-Fi 定位系统的能耗较大，定位精度仅能达到米级，无法满足更精准的室内定位要求。

5．基于 ZigBee 技术的定位系统

ZigBee 是一种低速率无线通信规范，是无线传感网的基础。基于 ZigBee 技术的定位系统通过在移动物体上安装 ZigBee 发射模块，利用 ZigBee 自组网的特性，再通过网关位置和 RSSI 值就能算出移动节点的具体位置。美国 TI 公司推出的 CC2431 芯片能够实现 3～5m 的定位精度。ZigBee 具有低功耗、低成本、抗干扰等优点，但定位精度与位置传感器的拓扑结构有直接关系，且需要主动电源。

6．基于 RFID 技术的定位系统

RFID 定位系统最早的雏形是由 Pinpoint 公司提出的 3D-ID 室内定位系统，该系统采用了 GPS 的定位策略，系统使用射频环形时间来进行测距，并在已知位置部署阵列天线以实现多边测距，其定位精度达到 1～3m，定位精度较高，其缺点是实施成本高，不利于系统的广泛推广和使用。2000 年出现的 SpotON 系统是 RFID 定位系统的典型，该系统采用网络分布的硬件基础结构，通过 RSSI 值的比较计算获得标签之间的距离，SpotON 系统采用场景分析方法实现了三维定位，但是基于种种原因，SpotON 系统至今也没有建成。直至 2003 年 LANDMARC 系统的出现才有了可应用的完整的 RFID 定位模型，LANDMARC 系统是由香港科技大学和密歇根大学共同研制的，其系统由 RFID 读写器、参考标签和待定位标签组成，通过比较读写器获取的参考标签的场强向量与待定位标签的场强向量，计算参考标签与待定位标签之间的欧氏距离，并由此选取 k 个距离待定位标签最近的参考标签，采用残差加权算

法获得待定位标签的坐标值，由于参考标签和待定位标签处于相同的环境中，可以有效地减少环境影响，其定位均方根误差为 1m，定位效果较好。

7. 基于 UWB 的定位系统

UWB 是一种新的无线载波通信技术，它不采用传统的正弦载波，而是利用纳秒级的非正弦波脉冲传输数据，其所占的频谱范围很宽，可以从数赫兹至数吉赫兹。这样 UWB 系统可以在信噪比很低的情况下工作，并且 UWB 系统发射的功率谱密度也非常低，几乎被湮没在各种电磁干扰和噪声中，故具有功耗低、系统复杂度低、隐秘性好、截获率低、保密性好等优点，能很好地满足现代通信系统对安全性的要求。同时，信号的传输速率高，可达几十 Mbit/s 到几 Gbit/s，并且抗多径衰减能力强，具有很强的穿透能力，理论上能够达到厘米级的定位精度要求。

采用 UWB 技术进行定位的系统有 Ubisense 系统，该系统采用有源 UWB 标签安装于待定位目标上，采用 4 个接收器进行信号的接收，利用 TDOA 算法和 AOA 算法计算待定位标签的位置信息，其定位精度可达 15cm，但是昂贵的价格限制了其广泛应用。

8. 基于 LMS 技术的定位系统

激光测量系统(laser measurement system，LMS)是用发射激光束探测目标位置、速度等特征量的雷达系统。其以快速扫描的形式绘制一定角度内的二维或三维点阵，而后通过数据处理与特征匹配推算出位置信息，一般配合同时定位与地图构建(simultaneous localization and mapping，SLAM)技术实现自主定位，常用于 AGV、叉车等设备。

采用以上几种技术的实时定位系统的区别见表 7.1。

表 7.1 实时定位系统对比表

定位技术	基础设施	典型系统	精确度	优缺点	应用情况
红外线	红外线发射器和红外线接收器	AT&T 剑桥大学实验室开发的 Active Badge 系统	0.4~1m	定位精度高，穿透能力差，视距定位，易受光源影响	空气中衰减严重，仅用于短距离定位
超声波	超声波发射器、超声波接收器	麻省理工学院开发的 Cricket Compass 系统	0.5~1m	定位精度高，信号散射、反射、衰减现象严重	用于工业、医疗等领域
蓝牙	IEEE 802.15 标准的短距离无线通信技术	Kotanen 等搭建的三维蓝牙定位平台	1~4m	易于实现，低功耗，自组网，定位精度不高	适用于人员或物体室内粗定位
Wi-Fi	IEEE 802.11 标准的无线局域网	Microsoft 公司的 RADAR 系统、芬兰的 Ekahau 系统	1~20m	功耗大，抗干扰能力差	仅适用于小范围的室内定位
ZigBee	参考节点、网关节点、跟踪节点	TI 公司的系统	3~5m	自组网，低功耗，低成本，定位精度不高	用于室内人员跟踪、仓库管理等
RFID	RFID 读写器、RFID 标签	LANDMARC 系统、SpotON 系统	1~3m	定位精度较高，抗干扰能力强，安全性好	煤矿人员定位、仓库管理、交通管理、制造业等
UWB	UWB 主动式标签、UWB 接收器	西门子公司的 Ubisense 系统	30~60cm	低功耗，穿透能力强，抗干扰能力较强，成本高	用于大型工厂、仓库、地下停车场、矿井等场所的人员和设备定位，以及 AGV、机器人的定位与导航
LMS	激光扫描雷达	SICK(西克)公司的 LMS500 室内型激光扫描雷达	5~50mm	定位精度非常高，主动定位，体积相对较大，成本高	在军用和民用领域日益得到广泛应用

7.1.4　实时定位技术的应用现状

实时定位系统近年来取得了很多研究成果和实际应用，如在运输过程中跟踪货物。RTLS是对小型电子设备进行实时追踪定位的电子系统。Mitsubishi、Cisco、IBM、Microsoft 等大型公司都在积极参与 RTLS 的相关业务。实时定位系统经过这些年的研究和发展，已经在很多领域开始应用，从医疗部门到制造业，在实时数据极其重要的地方及资产在运输中需要定位的地方，都会出现实时定位系统的应用。

Ekahau 公司的 Wi-Fi 实时定位系统在全球的医疗机构中已经成功实施超过 1000 家，如中国北京地坛医院、中国中医科学院北京广安门医院、美国加利福尼亚州的国有医院部门、美国佐治亚州的艾森豪威尔陆军医疗中心、美国南卡罗来纳州的棕榈健康中心、美国北卡罗来纳州的医疗保健中心、美国佛罗里达州的杰克逊维尔海军医院等。该系统采用 IEEE 802.11 通信技术，加强对医疗设备、人员及患者的透明管理，可实现对医疗设备及资产的跟踪管理，医护人员遇危时可主动呼叫后台系统，后台系统主动呼叫标签，进一步提高了医疗机构的运作效率和管理水平，并向精细化方向发展。美国陆军使用 RFID 对两套送往维修通信系统的所有部件进行跟踪，他们将实时定位系统应用于托比汉纳军事补给站雷达产品的再制造车间，雷达进入车间之后需要进行拆卸—修补—组装等过程，整个雷达被拆分成不同的组件、部件，随后进入不同的车间进行不同的修补加工过程，这一过程中存在着零件的丢失、替换、挑选等工作。为了实现零件与最初雷达的匹配，将有源 2.4GHz 的 RFID 标签贴于部件上或装运部件的集装箱上，RFID 读写器安置于基地周围，对这些拆分零件进行定位追踪，这样每个零件的具体加工步骤和加工状态都可以得到实时监控，极大地简化了生产任务，提高了生产效率。自动化程度很高的汽车制造业也在积极使用实时定位系统，汽车制造商大众汽车斯洛伐克分厂采用实时定位系统(RTLS)对即将出厂的车辆进行最终的检测。完成组装后的车辆进入整理区，进行出厂前的最后质量检查，若发现问题，进行现场维修。检查的类别、顺序因不同车型而异。定位某辆车，引导车辆按次序进行检测，都需要 RTLS 来辅助解决。基于 RTLS 技术的解决方案，不仅助力工人掌握车辆的实时位置数据，而且增大了整理区的虚拟容量。此外，零件数量多、工序复杂的半导体行业也在应用 RTLS 技术进行生产零件的实时定位搜索。从以上案例可以看出，RTLS 通过对制造行业内生产对象的追踪和定位，可以有效地实现生产对象的精细化管理、生产任务的实时监控与动态调整、生产过程的可视化和可控性，可以实现基于时间的生产调度，大大提高了生产效率和管理能力。

当前国内对于实时定位技术的研究主要集中在两个方面：定位算法与定位方案。国内很多学者致力于定位算法精度的提高，定位算法的改进和适合不同场合的定位方案的研究已经取得了一些成果。此外，近几年我国开始涌现出一批从事定位开发的企业，并自主研发出了定位产品。例如，深圳市讯流科技有限公司和深圳市碧沙科技有限公司联合推出了一款有源实时定位系统，并将其成功应用于加拿大安大略省某医院的医护患者和贵重仪器的定位项目中。又如，济南华科电气设备有限公司于 2018 年推出的 KJ725 矿用人员定位管理系统是专门为煤矿井下人员而研发的，系统无线频率采用 2.4GHz，可以对煤矿井下人员进行实时考勤、管理；能自动、动态、准确地统计井下人员的区域分布，为正常的生产调度及事故救援提供依据，还可以统计人员出勤情况、人员井下行踪路线等，能实时了解井下人员的流动情况；了解当前井下人员数量及分布情况；查询任一指定井下人员在当前或指定时刻所处的区域；

查询任一指定人员在任一时间段内的活动轨迹；为井下人员或车辆的生产管理、考勤统计、安全保障提供可靠的依据。

7.2　实时定位技术常用的定位方法

在室内实时定位理论中，传统的方法是把所有在 GPS、蜂窝移动定位、雷达等领域中已经得到成功应用的测量信号的到达时间(TOA)、信号到达时间差(TDOA)、信号到达角度(AOA)以及接收信号强度指示(RSSI)等方法直接应用到室内实时定位系统中，并根据室内定位的实际环境和定位需求进行数据的预处理和定位结果的后处理，这些需要通过参数估计结果进行定位，定位性能和参数的估计精度密切相关，这些方法称为参数化定位方法。然而在复杂的室内环境中，多径效应、散射、反射等引起的信号的非直达传播是室内信道的主要特征。大量研究表明，参数化定位方法的定位性能往往不太理想，这是因为在严重多径散射情况下，上述参数的估计往往存在较大误差。非参数化定位方法无须进行参数估计，可有效地对抗室内多径传播，在很大程度上提高了定位精度。本节将根据图 7.1 的分类对各种定位方法的定位原理进行介绍。

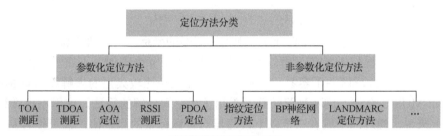

图 7.1　定位方法分类

7.2.1　参数化定位方法

基于测距的定位方法是通过测量目标对象与检测装置之间的距离来确定目标对象位置的一种定位方法。通常情况下，目标对象被植入电子标签作为定位标记，检测装置是几台坐标已知的固定式 RFID 读写器，测距依据的信号物理特征包括信号到达时间、信号到达时间差、信号到达角度、接收信号强度指示和信号到达相位差等。

1. 信号到达时间

基于信号到达时间(TOA)的测距方法利用目标对象与检测装置之间无线信号的传输时间进行测距。电磁波在空气中的传播速度接近光速，由式(7.1)很容易获得特定时间段内电磁波的传输距离，也就是 RFID 检测装置与目标标签的距离，然后利用三角算法即可确定目标对象位置。

$$d_i = c(t_i - t_0)$$
(7.1)

其中，t_0 是基站向移动目标发射信号的时间；t_i 是移动目标接收到信号的时间，两者之差为信号的传输时间；c 为电波传播速度。

在 TOA 定位方法中，标签位于以读写器为圆心、以读写器与标签之间的距离为半径的圆上。当读写器总数为 u 时，根据 u 个圆的交点即可确定标签的位置，原理图如图 7.2 所示。

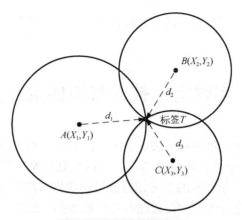

图 7.2 TOA 定位原理图

根据式(7.1)获得标签与读写器之间的距离 $d_i(i=1,2,\cdots,u)$，建立相应的特征方程：

$$
\begin{cases}
\sqrt{(X_1-x)^2+(Y_1-y)^2}=d_1 \\
\sqrt{(X_2-x)^2+(Y_2-y)^2}=d_2 \\
\qquad\qquad\vdots \\
\sqrt{(X_u-x)^2+(Y_u-y)^2}=d_u
\end{cases}
\tag{7.2}
$$

其中，(X_1,Y_1)，(X_2,Y_2)，$\cdots$，(X_u,Y_u) 分别为读写器的坐标。对于理想情况，图 7.2 中的 u 个圆周的交点即为方程(7.2)的唯一解。而在实际情况中，u 个圆周并不交于一点，方程(7.2)并不是线性方程，因此求解并不容易。目前针对 TOA 测距比较典型的求解算法有 MLS-Prony 算法和 Root-MUSIC 算法，这两种算法都是采用了子空间分解的算法，这里不再详细介绍。

理论上来说，通过三个或者三个以上读写器对目标标签的测距值，便可很容易地计算出目标对象的位置。通常，TOA 定位方法不但要求发射信号装置与接收信号装置保证高精度同步，而且用于测距的无线信号必须加上时间戳，以便协助检测装置计算距离，与此同时，TOA 定位方法受到噪声和多径信号的影响。

2. 信号到达时间差

基于信号到达时间差(TDOA)的测距方法通过测量无线信号到达若干个检测装置的时间差进行测距。它是对 TOA 测距的一种改良，与 TOA 测距相比，TDOA 测距不需要保证各个检测装置的时间同步，大大降低了系统的复杂性。TDOA 测距方法以双曲线模型实现目标对象的位置计算，TDOA 的基本原理(图 7.3)分为如下 3 步：

(1)测出两个接收天线接收到的信号到达时间差；

(2)将该时间差转为距离，并代入双曲线方程，形成联立双曲线方程组；

(3)利用有效算法求解该联立方程组的解，即可完成定位。

以图 7.3 中的天线 1、2，即 BS_1 和 BS_2 为焦点的双曲线为例，对式(7.2)进行简单处理可得

$$
d_i^2=(X_i-x)^2+(Y_i-y)^2=K_i-2X_ix-2Y_iy+x^2+y^2
\tag{7.3}
$$

其中

$$
K_i=X_i^2+Y_i^2
\tag{7.4}
$$

R_i 表示读写器，则可用 $d_{i,1}$ 表示待定位标签到第 i 个读写器 R_i 的距离与待定位标签到第 1

个读写器的距离之差：

$$d_{i,1} = ct_{i,1} = d_i - d_1 = \sqrt{(X_i - x)^2 + (Y_i - y)^2} - \sqrt{(X_1 - x)^2 + (Y_1 - y)^2} \tag{7.5}$$

其中，c 为电波传播速度；$t_{i,1}$ 为 TDOA 测得的时间差。可见，TDOA 测距的方法至少需要 3 个读写器，获得 2 个 TDOA 测量值，才能构成双曲线非线性方程组。

$$d_{2,1} = ct_{2,1} = d_2 - d_1 = \sqrt{(X_2 - x)^2 + (Y_2 - y)^2} - \sqrt{(X_1 - x)^2 + (Y_1 - y)^2} \tag{7.6}$$

$$d_{3,1} = ct_{3,1} = d_3 - d_1 = \sqrt{(X_3 - x)^2 + (Y_3 - y)^2} - \sqrt{(X_1 - x)^2 + (Y_1 - y)^2} \tag{7.7}$$

　　理论上来说，可以通过求解以上非线性方程组得到待定位标签的坐标。根据以上解法可以得到定位信息，然而实际中，可能会用到最小二乘法等进行求解，此外还有其他算法用于求解 TDOA 双曲线非线性方程组，如 Fang 算法、Chan 算法、Friedlander、球面相交算法等，此处不再详述。

3．信号到达角度

　　基于信号到达角度（AOA）的测距也称三角测量，该方法利用阵列天线测量目标对象发射的无线射频信号，通过获得已知移动设备与多个接入点之间的角度进行定位，然后通过三角测量法计算出节点的位置。

　　AOA 测距是利用方向性天线测量信号的方向信息的，如图 7.4 所示。

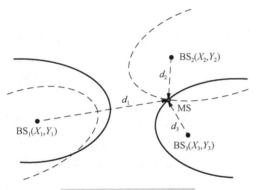
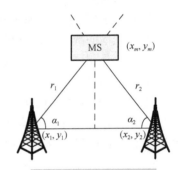

图 7.3　TDOA 定位原理图　　　　　　　图 7.4　AOA 定位原理图

利用两个信号塔进行 AOA 定位时，移动节点的位置与信号塔的位置关系如下：

$$\begin{bmatrix} x_m \\ y_m \end{bmatrix} = \begin{bmatrix} x_1 \\ y_1 \end{bmatrix} - \begin{bmatrix} r_1 \cos \alpha_1 \\ r_1 \sin \alpha_1 \end{bmatrix} \tag{7.8}$$

$$\begin{bmatrix} x_m \\ y_m \end{bmatrix} = \begin{bmatrix} x_2 \\ y_2 \end{bmatrix} - \begin{bmatrix} r_2 \cos \alpha_2 \\ r_2 \sin \alpha_2 \end{bmatrix} \tag{7.9}$$

其中，(x_1, y_1)，(x_2, y_2)，α_1，α_2 均为已知量，联立式（7.8）和式（7.9）即可求得主动式标签坐标 (x_m, y_m)。只需给出两个参考节点，AOA 定位方法便可实现目标对象的二维定位，基于给出的三个参考节点，即可实现目标对象的三维定位。AOA 定位方法的优点是不需要每一个信号塔都做时间同步，缺点在于需要复杂的硬件设备，对硬件要求较高，定位精度受多径效应影响较大。

4．RSSI 测距

　　RSSI 即接收信号强度指示，是指接收机接收到信道带宽上的宽带接收功率，用来判断连接质量以及是否增大广播发送强度。现阶段，无线设备可以容易地获取 RSSI 值，无须额外硬件。但是，信号强度受到多径效应的影响，使用相同频段的设备获得的信号之间会有相互干扰，使得信号强度波动明显，受环境因素影响较大。

RSSI 测距定位一般是已知发射节点的发射信号强度，由接收节点根据接收到的信号强度计算出信号的传播损耗，再利用理论模型和经验模型将传输损耗转化为距离，然后计算出节点的位置。常用的模型为对数距离路径损耗模型，无论是室内还是室外无线信道，平均接收信号功率均随距离的对数衰减，该模型已被广泛使用。室内对数距离路径损耗模型满足式(7.10)：

$$\text{PL (dB)} = \text{PL}(d_0) + 10\gamma \lg\left(\frac{d}{d_0}\right) + X_\sigma \text{ (dB)} \tag{7.10}$$

其中，d_0 为参考距离，一般取 1m；d 为发射端与接收端的距离；γ 为路径损耗指数，表示路径损耗随距离增长的速率，不同的定位环境有不同的 γ 值；X_σ 为标准差为 σ 的正态随机变量；$\text{PL}(d_0)$ 为参考距离为 d_0 的功率；dB 表示分贝，为功率的单位。

RSSI 测距方法一般是通过计算得到待定位标签到读写器的距离值，然后根据三边算法计算得到待定位标签的位置信息，这种方法的误差来源主要包括环境影响所造成的信号的反射、多径传播、非视距等，一般基于测距的定位方法的定位精度不高，目前也有很多修正算法来提高 RSSI 测距方法的精度，如遮蔽因子的引入，以及自适应迭代方法的应用等，此处不再详述。

5. 信号到达相位差

基于信号到达相位差(phase difference of arrival，PDOA)的定位方法主要利用由读写器发出的两种不同频率的载波在接收端产生的相位差进行位置计算。这两种载波在读写器和标签之间的传播速度是相同的，接收端根据频率不同，接收的相位也不相同，读写器就根据这个相位差估算目标标签位置。

基于无源 RFID 标签的反向散射原理，标签会将读写器发射的频率为 f 的一部分载波信号反射回去，因此，如果在读写器端将发射载波与标签反射回来的信号载波进行相干解调，即可得到反射信号的幅度和反映两者距离信息的相位 θ，θ 与 L 的关系可由式(7.11)得到：

$$\theta = 2\beta L = \frac{4\pi L}{\lambda} = \frac{4\pi L f}{c} \tag{7.11}$$

其中，β 为系数；λ 为信号波长；c 为电波传播速度；L 为读写器与标签的距离；f 为发射载波信号的频率。

7.2.2　非参数化定位方法

在复杂的室内定位环境下，信号的吸收效应和多径效应严重，信号在传播过程中易发生反射、散射及衍射等现象，从而导致信号的非视距传播，这都将影响参数化定位方法的准确性。非参数化定位方法无须估计信号传播过程中涉及的参数，可有效对抗室内多径传播，在很大程度上提高了室内定位的精度。目前，非参数化定位方法由于在复杂障碍环境中的定位性能优势而越来越受到研究者的关注和重视。

1. 指纹定位方法

指纹定位就是通常所说的基于场景的定位方法，也称为数据库匹配定位，是近几年发展起来的定位技术。指纹定位方法所采用的指纹可能是信号强度、空间谱，甚至是图像指纹等，其原理类似。下面对信号强度指纹定位技术进行介绍。

信号强度指纹定位技术中采用的是 RSSI 方法，最初是采用"距离–损耗"模型，利用得到的 RSSI 进行定位，但是在多径传播严重的室内环境中，这种方法误差较大。现在一般采用信号强度匹配定位方法来有效对抗室内多径现象，可以在一定程度上提高定位精度。信号强度匹配定位方法主要分为以下两个阶段。

(1)场强数据库建立阶段：也称为离线采集阶段，其主要任务就是采集定位区域内各个参考节点的信号特征参数，以最常用到的接收信号强度指示(RSSI)为例，将指纹信息与特定的位置一一对应，建立信号强度指纹数据库。

(2)在线定位阶段：根据接收到的定位目标的实时场强信号，与建库阶段建立的场强数据库进行匹配，得到目标点所在的位置信息，完成定位过程。其主要流程如图 7.5 所示。

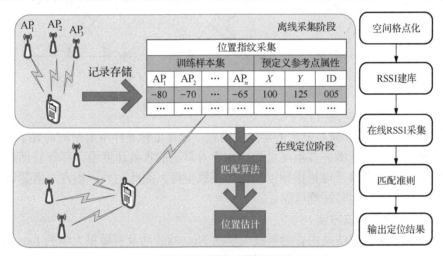

图 7.5 指纹定位技术流程

指纹定位方法中，定位结果在很大程度上受限于样本位置信号库的质量，为了达到较好的定位效果，通常需要建立庞大的数据库，尤其在大面积室内定位时，为了解决这种问题，数据内插是一种有效的解决途径，数据内插方法很多，如 Kriging 数据内插方法就是一种典型的方法，研究表明，该方法能在较小工作量的前提下较为准确地获得位置数据库信息。

然而，有了位置信息数据库不代表可以得到理想的定位结果，因为在实际定位过程中，采集到的信号强度的随机性特别明显，很容易受到时间、空间、温度、场景等变化的影响。而这种影响是无法通过大量测量值的统计平均从根本上消除的。因此，指纹定位方法在实际场景中的稳定性差、可拓展性弱，目前尚未在大范围工业领域内应用。

2. BP 神经网络

BP 神经网络采用的是并行的网络拓扑结构，包括输入层、隐含层和输出层，数据首先以某种形式进入网络当中，在经过映射函数的作用后，再把隐藏节点的输出信号传递到输出节点，最终给出数据输出结果。

BP 神经网络的算法过程由信息的前向传播和误差的逆向传播两部分组成，如图 7.6 所示。在前向传播的过程中，样本数据从输入层进入网络，隐含层负责对输入的样本数据进行逐层处理，并将处理结果逐步导向输出层，这里需要说明一下，前一层的神经元的状态只会影响相邻的神经元的状态，不会跨层影响，接着进入隐含层与输出层的阈值判断阶段，当输出层数据与所期望的输出结果差别较大时，不会输出数据，需要转入逆向传播；在逆向传播过程中，主要任务是将期望值与实际网络结果的误差进行分解，并分摊给隐含层的各层神经元，重新计算权重，使得信号的均方根误差最小，接着重新转入前向传播，BP 神经网络就是不断重复以上过程，直到误差满足额定要求，网络训练才能结束，并最终获得一个权系数矩阵。

BP 神经网络拓扑结构图如图 7.6 所示。

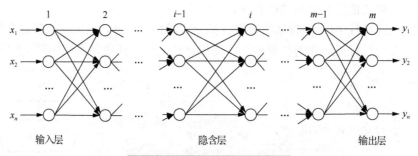

图 7.6 BP 神经网络拓扑结构图

BP 神经网络可以拟合关系复杂的非线性函数，在有足够多样本数据的前提下，预测精度基本符合要求，但也存在着许多不足之处，如学习算法的收敛速度慢、存在局部极小点、隐含层层数及节点数选取缺乏理论指导以及记忆不稳定等。除此之外，该方法需要训练大量样本，以建立映射关系，实时性难以保证。

3. LANDMARC 定位方法

LANDMARC 定位方法是由香港科技大学的 Ni、刘云浩及密歇根大学的 Lau、Patil 等组成的课题组提出的，是当今基于 RSSI 进行 RFID 定位的典型应用。LANDMARC 定位方法的核心思想是引入额外的固定参考标签来帮助位置校准，由于待定位标签受到环境因素的影响，与其邻近的参考标签也会受到相似的影响，因此参考标签作为系统中的参考点比较容易适应环境的动态性，系统通过比较参考标签的信号强度值与待定位标签的信号强度值之间的差异，优选出近邻参考标签，并采用"最近邻距离"权重思想估计出待定位标签的坐标。

LANDMARC 定位原理图如图 7.7 所示，读写器、参考标签和待定位标签按照一定规则部署，计算过程为：假设定位环境中有 n 个读写器、m 个参考标签、u 个待定位标签。待定位标签 i 的信号强度向量定义为 $\overline{s_i}$，有

$$\overline{s_i} = (s_1, s_2, \cdots, s_n)，\quad i = 1, 2, \cdots, u \tag{7.12}$$

其中，s_n 为待定位标签在第 n 个读写器的信号强度。将参考标签信号强度向量定义为 $\overline{\theta_i}$，有

$$\overline{\theta_i} = (\theta_1, \theta_2, \cdots, \theta_m)，\quad i = 1, 2, \cdots, m \tag{7.13}$$

其中，θ_m 为参考标签在第 m 个读写器的信号强度。对于每一个待定位标签 P，定义其与参考标签之间的场强欧氏距离为

$$E_i = \sqrt{\sum_{i=1}^{n} (\theta_i - s_i)^2}，\quad i \in [1, n] \tag{7.14}$$

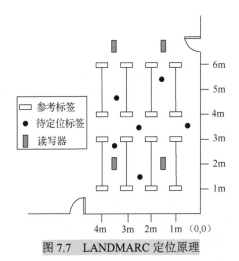

图 7.7　LANDMARC 定位原理

场强欧氏距离越小，表示该参考标签离待定位标签越近。通过计算待定位标签与 m 个参考标签的欧氏距离，组成向量 $\boldsymbol{E}$，表示为

$$E = (E_1, E_2, \cdots, E_m) \tag{7.15}$$

根据选择的 k 个参考标签计算出相应的权重，计算方法为

$$w_i = \frac{\dfrac{1}{E_i^2}}{\displaystyle\sum_{i=1}^{k} \dfrac{1}{E_i^2}} \tag{7.16}$$

由此，可以计算出待定位标签的坐标位置：

$$(x, y) = \sum_{i=1}^{k} w_i(x_i, y_i) \tag{7.17}$$

LANDMARC 的原型定位系统搭建在长×宽为 9m×4m 的室内环境中，参考标签以横向间隔 1m、纵向间隔 2m 的网格状排布，LANDMARC 的最大误差限制在 2m 以内，均方根误差为 1m。

1）LANDMARC 系统有三个方面明显的优势

（1）因为参考标签的成本大大低于读写器的成本，所以降低了整个定位系统的成本。

（2）参考标签和待定位标签处于同样的环境中，因此很多环境因素可以大大抵消。

（3）定位信息比较准确。

2）LANDMARC 系统存在一定的不足之处

（1）该系统由邻近的参考标签位置来确定待定位标签的位置，所以，待定位标签的定位精度完全是由邻近参考标签决定的，在该系统中，定位的误差范围理论上被控制在邻近的几个参考标签所组成的多边形范围内，但实际上只有在参考标签均匀分布和周围环境一致的情况下，才能这样理解。

（2）要想获得较高的定位精度，就必须布设高密度的参考标签，这样又会加剧信号之间的碰撞，影响信号的强度。

（3）该系统在确定邻近参考标签的时候，需要计算每一个邻近参考标签与每一个待定位标签之间的欧氏距离，根据欧氏距离的大小来确定邻近参考标签，这样势必会导致大量不必要的计算，增加系统的计算负担。

7.2.3 实时定位准确度评估标准

为准确评价各种定位方法在实际测试环境中的定位性能,需要首先确定评价定位准确度的指标。目前最常用的指标是定位解的估计误差、均方误差、均方根误差、克拉美罗下界、几何精度因子、圆/球概率误差、累积分布函数等。下面对常用的评估指标做简要介绍。

1. 估计误差

估计误差(estimation error,EE)是衡量定位算法对于单个标签的一次定位结果的最常用指标,可以表示为

$$EE = \sqrt{(x-x_0)^2 + (y-y_0)^2} \tag{7.18}$$

其中,(x_0, y_0)为待定位标签的真实位置坐标;(x, y)为定位结果。

2. 均方误差和均方根误差

另一种常用于评价定位准确度的度量是定位解的均方误差(mean squared error,MSE)。在二维定位估计中,均方误差可表示为

$$MSE = E[(x-x_0)^2 + (y-y_0)^2] \tag{7.19}$$

其中,E表示样本的期望值。均方根误差(root mean squared error,RMSE)为

$$RMSE = \sqrt{E[(x-x_0)^2 + (y-y_0)^2]} \tag{7.20}$$

3. 圆/球概率误差

估计定位准确度的一种严格且简单的度量是圆概率误差(circular error probable,CEP)。CEP 是定位估计器相对于其定位均值的不确定性度量。对于二维定位系统,CEP 定义为偏离圆心概率为50%的二维点位离散分布随机向量。如果定位估计器是无偏差的,则 CEP 即为目标相对真实位置的不确定性度量。如果定位估计器有偏差且以偏差 B 为界,则对于50%概率,定位目标的估计位置在距离 B+CEP 内,CEP 为复杂函数,通常用其近似值表示。对于 TDOA 双曲线定位,CEP 近似表示为

$$CEP = 0.75\sqrt{\sigma_x^2 + \sigma_y^2} \tag{7.21}$$

其中,σ_x, σ_y 为二维定位中定位估计位置的方差。

4. 累积分布函数

累积分布函数(cumulative distribution function,CDF)表示为

$$y = P\ (s < x) \tag{7.22}$$

其中,s 表示定位误差;x 表示定位误差门限值;y 是定位误差小于 x 的累积概率分布。它指误差在某个门限值以下的定位次数占总定位次数的百分比,如 CDF$(0.71m)$=78%,表示误差小于 0.71m 的概率为78%。在室内算法中,通常以50%的概率或以80%的概率将估计误差控制在某个范围以内来评估算法的稳定性。

7.3 制造业与实时定位技术

本节阐述制造业与实时定位技术的关系,在分析离散制造车间对实时定位系统的需求的基础上,介绍实时定位系统在离散制造车间中应用的意义。

7.3.1　离散制造车间实时定位系统需求分析

　　离散制造车间定位的特殊性表现在以下几个方面：离散制造车间是设计数据和加工状态信息交汇的中心，人员密集，机床设备多种多样，定位环境复杂；加工过程中人员、物料及AGV 的随机流动性大，定位干扰源复杂多变；离散制造车间的定位对象种类多样，主要包括人员、刀/量具、工装、物料、AGV、机床等；离散制造车间的产品品种多样，每种产品也都有不同的加工工艺流程，根据不同的加工工艺，车间机床布局也要重新设计；产品制造过程不透明，无法实时监控生产状态；零件加工工序之间的信息传递仍依赖于工艺员的人工调度，管理自动化程度低，生产状态信息拥堵，车间生产效率提高空间有限。对于厂房空间比较小、生产类型单一、产品结构简单的离散制造车间来说，忽略实时位置数据对整个生产过程的影响不大。但对于大空间甚至超大空间的离散制造车间来说，精准的实时位置和状态信息是提升生产能力的重要因素。航空航天产品结构复杂，零部件众多，生产环节长，大多数生产车间不仅要兼顾研制型号和批产型号，而且多型号混流生产，这就要求对车间各类物料和配套零部件的实时位置、运输时间、运动路线等数据做到精准管理，否则，就会给生产管理带来许多问题。该类问题是影响我国某航空企业的某型号飞机不断延迟交付的关键问题之一，因此，需要以精准、可靠(抗干扰)、低成本为原则，重点研究大空间离散制造车间在制品、组件、部件、小车等对象的实时定位与跟踪技术。

　　随着技术的发展，GPS、北斗卫星导航系统、移动基站、Wi-Fi 等室外定位系统的定位精度在不断提高；但在精准室内定位方面，尤其是更为特殊的大空间离散制造车间实时定位方面的研究工作还很少，室内 GPS 等技术还只适用于工位级的定位，很难与物料的电子标识、跟踪等技术相集成，且随着空间的扩大，成本显著增加。此外，传统的定位系统一般遵循请求-应答模式，在请求-应答模式中，用户必须先向服务器提出定位请求，待系统响应后返回定位结果，事实上，这种被动模式的服务系统远远无法满足用户动态的需求。实时定位系统是一种新型的主动模式服务，除可以动态获取用户的位置信息外，它还能够根据自身获得的信息主动实现信息推送，用户按照自己的定位服务需求获取所需信息。本书设计的离散制造车间实时定位系统就是基于位置的自动感知而深入展开的。

　　针对离散制造车间现存的问题，并结合离散制造车间的特殊定位环境，本书设计了离散制造车间实时定位系统，在保证产品质量的基础上，解决以上描述的车间现存问题，提高车间的生产效率，并从车间定位的角度提出提高车间信息化水平的新思路。实时定位系统将实现人员定位、物料流转过程定位、机床设备的布局调整、刀具定位、工装定位以及 AGV 自动导航，实时监控每个零件加工的全生命周期和生产过程中相关要素的位置信息，从而改变传统的车间加工模式。该系统的目标是打造反映离散制造车间各类要素实时位置信息的多维"定位地图"，开发基于位置的相关应用，提高数据分析的效率，提升车间的批量生产能力。

　　离散制造车间实时定位系统的具体功能需求分析如下。

1) 完备的离散制造车间 RFID 数据采集方法

　　本书提出的 RFID 实时定位系统是以读写器采集到的标签 RSSI 值为主要定位依据的，因此，保证离散制造车间 RFID 数据的精确采集是实现感知定位系统的前提条件。宏观上，读写器的读写范围应覆盖整个制造车间的各个工位区域，为了便于管理，可根据车间的实际情况，通过合理部署读写器与参考标签，降低实施成本；细节上，应根据待定位对象的加工工艺特点, 合理选择具有特定性能的标签, 匹配特定的读写器, 并以特定的附着技术实现对象的跟踪标识。

2) 实时定位系统的实时性与准确性

不同的定位场合所需的定位效果不同, 离散制造车间实时定位系统应该根据定位的实际场景选择合适的定位算法, 以满足定位的需要。在定位过程中, 可考虑采用 RFID 读写器定位、RFID 标签定位或者读写器和标签混合定位、集成 UWB 定位等方式, 例如, 在工作期间对车间内部人员的定位就可利用读写器定位, 将定位区域放宽至其负责的整个作业区域; 产品组装时, 各个零件的相对位置精度要求较高, 应采用基于标签的定位手段进行定位, 实现指导生产; 工人在庞大的刀具库选用刀具时, 最近的方案是先利用读写器定位判断出目标对象的大致区域, 然后在此区域内基于标签定位, 最终确定刀具位置。这样既可充分利用读写器定位操作简便、实时性高以及成本低等特点, 又能最大限度地满足定位精度高的场合需要, 实现系统资源的最大利用。

3) 主动推送用户感兴趣的基于位置信息的定位服务

车间基础数据是指在生产过程中所涉及的所有制造资源的属性数据, 包括机床设备、人员、刀/量具、工装、产品工艺文件、工位生产计划、零件图纸以及质检文件等, 它是将定位结果转化为实际意义的基础。基于采集到的 RFID 信号进行定位计算, 给出目标对象的地理位置信息, 这只是完成了实时定位系统的第一步——定位。实际上, 对于实时定位系统的用户, 特别是对车间的管理者而言, 仅仅获得这些孤立的坐标信息依然毫无意义, 管理者迫切需要借助位置信息获得其感兴趣的服务。所以实时定位系统的关键在于基于这些地理位置信息, 依据预先设定的逻辑准则, 能主动向用户推送这些其感兴趣的服务。这些服务需要包括 AGV 的自动导引服务、机床设备布局的在线仿真服务、该逻辑区域范围内机床的空闲状态信息、当前零件的加工进度展示、工人当天的作业完成情况等。

4) 实现 PC 端以及手持式终端跨平台的 Web 访问

离散制造车间的内部区域大, 为了节约系统成本, 采用嵌入式手持式终端, 从而可以随时随地完成定位请求。在离散制造车间实时定位系统中, 手持式终端扮演着多重的角色: 手持式终端作为定位请求的客户端, 向后台服务器发出定位请求, 并完成返回数据的显示; 手持式终端集成了 RFID 读写器, 它同样可以参与目标对象的定位, 考虑到其天线的读写距离较短, 一般用于读写器区域定位; 在实时定位服务主动推送的过程中, 附着有标签的手持式终端既是服务的发起者也是服务的接收者。

5) 建立基于位置信息的预警机制

离散制造车间内部区域之间的隔离性差, 人员流动性大, 加工设备混杂, 突发事件层出不穷, 容易出现以下问题: 在某一工位, 待加工的零件被放置在了已加工区, 一旦流转到下一工序, 则造成物料浪费; 刀具与机床不匹配, 工人用非法的刀具在机床上加工, 对机床造成损伤; 车间的精密检验区等保密区域隔离性不好, 安全性差, 信息很容易外泄。通过以上问题分析, 亟须建立基于位置信息的预警机制, 规范车间的行为, 提高车间的可控能力。

7.3.2 离散制造车间应用实时定位系统的意义

实时定位系统可以在离散制造车间发挥巨大的作用: 提高生产效率, 降低成本, 甚至改变生产模式。

1）提高车间生产效率

在一般企业中，由 MES 进行机床任务的安排与分配，实现生产规划和调度，但是在这种情况下，无法得知在制品的中间传送过程，导致无法正确控制生产步骤的顺序，造成加工阶段的失误和不必要的搜索行为，甚至工人找不到需要加工的在制品，导致生产任务无法正常进行。研究人员发现，提高车间对象的搜索运输水平可以显著提高生产效率。有人研究了在半导体生产车间使用 RTLS，发现在制品位置信息的实时定位对于工人提高生产效率具有重要作用，通过分析工人在没有实时定位信息时，查找待加工工件的运动轨迹，即螺旋形运动路线，计算时间消耗成本，并与有可视化的待加工件实时定位信息的直线运动轨迹进行对比，量化了实时定位系统在离散制造过程中的价值，进一步明确了实时定位系统的精度对搜索时间的影响，定位精度越高，搜索时间越短，进而使得物料等待加工的时间变短，提高了生产效率。

2）优化车间生产线布局

在离散制造车间内，一般按照功能将机床分为不同的工作组，在制品在不同工作组的不同机床之间流转，物料根据不同的工艺安排，可能需要在同一工作组内进行多次加工处理，也可能不需要某个工作组机床的加工。该问题一直是生产调度的经典求解问题，但通常的求解方法较少考虑机床位置对生产效率的影响。可以将实时定位技术引入经典模型中，结合实时定位系统提供的物料位置、速度、距离、时间等数据，对不同工作组之间的间距、同一工作组内机床之间的间距进行系统、全面优化，用于实现车间最为合理的规划布局。

3）可视化调度系统

传统的调度规则或者根据加工时间或者根据最早交货日期，或者两者都考虑，如先进先出（first in first out，FIFO）规则、最早交货期（earliest due date，EDD）规则等，但是它们存在一些局限。有研究表明实时定位技术会对生产调度产生影响：通过定位系统提供的位置数据流，工艺员可以实时跟踪在制品的生产状态，了解在制品何时到达指定工作站，何时离开工作站，确定每个工作站的工作时间；可以根据待加工产品的位置和车间的实时状态，重新安排制造资源，如人员、设备、原材料、在制品、工具等，实现生产资源的动态调度和规划。与传统的调度规则相比，基于实时定位系统的调度规则能够更好地缩短生产周期、提高机床利用率，同时面对车间的突发状况，如机床故障、原材料不足、订单变更等，基于实时定位系统的调度规则具有更好的适应能力，能及时地调整生产任务，最大限度地解决问题。此外，基于 UWB 的数字化制造车间物料实时配送系统可以根据超宽带无线定位技术实现物料配送小车的实时定位与追踪，进行物料配送小车的路径规划与导航，可以实现数字化制造车间的可视化精确布局，最终达到减少在制品库存、提升物料配送的及时性和准确性、提高车间生产品质的目的。

思　考　题

7-1　常用的室内实时定位技术有哪些？分别简述其优缺点和适用范围。

7-2　简述实时定位技术常用的定位算法。

7-3　分别简述 TOA、TDOA、AOA、RSSI 测距、PDOA 几种参数化定位算法的定位原理。

7-4　分别简述指纹定位法和 LANDMARC 定位法的原理。各自有什么优势和不足？

7-5　实时定位准确度的评估标准有哪些？

7-6　离散制造车间应用实时定位系统有什么意义？

第 8 章　多源制造数据实时采集与传输技术

制造物联通过 RFID、UWB、传感器等多类信息传感设备，将现场制造的所有的资源（人员、设备、物料等）都连接在一起，并与车间局域网结合起来形成一个巨大的制造网络，以获得更加精准和全面的多源制造数据，其在数据采集与传输环节具有的高可靠和高实时特性，能够有效解决制造要素标识手段落后、制造数据采集困难、车间现场监控能力弱等原因造成的数据实时性与准确性不高、制造要素管理混乱、生产管控效率低等问题，为离散制造过程以数据为核心的高效生产、管理与决策提供了必要的保障和支撑。本章主要围绕制造物联技术在车间中应用遇到的数据采集冗余性强、传输协议不统一问题，介绍多源制造数据实时采集与传输技术。

8.1　多源制造数据实时采集与传输技术概述

本节从离散制造车间多源数据的采集与传输需求入手，构建边缘环境下的车间数据实时采集与传输架构，论述基于 OPC UA 的智能边缘网关设计方法。

8.1.1　多源制造数据采集与传输需求分析

当前，大多数离散制造车间的过程数据仍然离不开依赖人工的数据采集方式，往往由工人记录生产过程中的各类数据，并通过手动的形式输入数据管理系统中，这种方式难以保证数据的实时性。另外，当前车间缺乏在边缘端进行数据预处理的手段，生产过程中产生的大量动态数据未经预处理就传送至服务器，数据蕴含的信息有限，采集有效性较差。此外，企业应用与数据采集系统耦合严重，不同的应用往往都有自己部署的数据采集系统，并且传输协议不互通，各采集系统形成"信息孤岛"，导致数据无法重复利用，资源浪费严重。

针对上述问题，将车间数据采集与传输的需求总结为如下 3 点。

1）生产数据的实时采集

离散制造车间传统的数据采集方式导致信息采集不及时、信息反馈滞后、生产人员无法对突发情况进行及时处理等问题。因此，车间数据采集方案应以传统传感器设备与智能感知设备（如 RFID、UWB 技术）相结合的方式进行，实现车间运行数据的全覆盖。

2）边缘环境下数据的实时融合

车间运行数据数量庞大，其中包含了大量冗余无用的信息。边缘计算可以将部分云计算任务下发至车间边缘端，因此，可以通过车间边缘计算资源完成数据的预处理，消除冗余，降低数据传输的体量。

3) 车间传输协议的统一

车间已有数据采集系统往往采用不同的传输协议,为兼容已有数据采集系统,实现设备间的互联互通,并且为上层应用提供统一的数据接口,亟须打通不同协议之间的壁垒。

8.1.2　多源制造数据实时采集与传输架构

在离散制造车间中,基于云计算的车间数据采集与传输架构存在延时严重的问题,且对车间传输网络带宽的要求比较高,无法满足车间设备实时控制的需求。另外,车间数据采集规模广、传输协议众多,给上层数据应用系统的开发带来极大的困难。边缘计算具有将远端云计算中心的部分计算任务下沉至传输网络边缘设备进行并行处理的优势,因此,为充分利用车间边缘计算资源,实现云端部分计算任务下移,提升数据融合效率,统一制造过程数据的传输协议,提供设备的语义信息,设计一种边缘环境下的数据实时采集与传输方法,对于减轻网络传输压力、实现传输协议的统一具有重要意义。该方法的架构如图 8.1 所示。

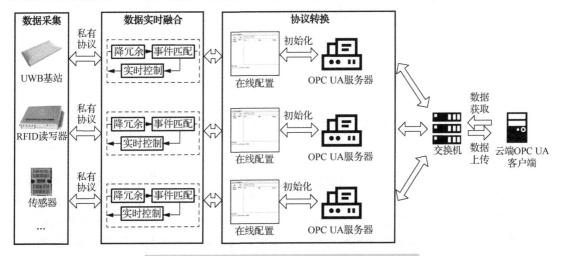

图 8.1　边缘环境下多源制造数据实时采集与传输架构

在数据采集层,主要通过部署在车间的各类传感设备,采集车间人、机、料、环的实时数据,并将数据传输至边缘处理层,实现车间动态生产数据的实时采集,解决传统离散车间数据采集时效性差的问题。在边缘环境下,数据传输过程中分别需要经过数据实时融合以及协议转换。其中,在数据实时融合层,针对不同数据的特性,提出不同的数据融合方式,通过降冗余、简单事件的匹配实现数据体量的下降以及实时控制指令的下发。协议转换层主要针对车间各设备的私有协议,在车间边缘计算资源(如工控机)上为每一类设备配置一个协议转换器,通过所提出的配置信息层次结构模型,完成配置信息的可视化输入,实现私有协议到 OPC UA 协议的转换,为云端应用提供统一的数据接口和语义信息。最后,通过工业级交换机实现边缘端 OPC UA 服务器与云端 OPC UA 客户端的实时交互,实现车间制造过程数据的实时采集与可靠传输。

基于上述框架理念,为有效结合数据融合与协议转换模块,设计基于 OPC UA 的智能边缘网关,如图 8.2 所示。网关通过读取可视化界面配置后生成的配置文件完成 OPC UA 服务器的初始化并实现相关地址空间的创建。另外,为实现数据融合模块与协议转换模块的有效结合，提出采样频率和更新频率的概念，其中，采样频率是指通过协议驱动获取设备数据的频率；更新频率是指更新 OPC UA 地址空间节点数值的频率，数据融合模块的输入值即为单位更新频率中以采样频率进行数据采集从而获取到的数据列。此外，可以人为设置数据项的阈值，当融合后的数据高于或低于相关阈值时完成简单事件的获取，触发相关操作。最后达到更新频率时，将融合后的数据作为该段时间内的最终结果更新 OPC UA 地址空间中对应节点的数值，完成传输协议的转换。

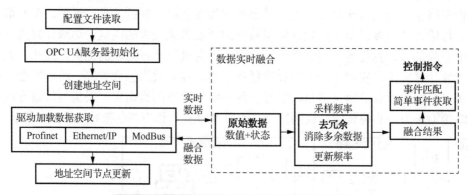

图 8.2　基于 OPC UA 的智能边缘网关设计方案

8.2　多源制造数据采集与实时融合方法

车间实时数据采集过程中不可避免地会产生大量的冗余数据，若将全部数据直接传输至云端再进行融合处理，会极大地浪费传输网络带宽且不满足实时控制的需求。因此，如何利用车间边缘计算资源，消除数据间的冗余并保持数据的精确性与完整性，实现数据级融合处理任务的下沉是车间数据采集与传输过程中首先需要考虑的。本节主要介绍多源制造数据采集方法与实时融合方法。

8.2.1　离散制造车间数据采集方法

随着制造物联网技术的发展，各类传感器采集技术被广泛地应用于离散制造车间，实时采集车间运行状态数据。针对车间生产过程数据、制造要素位置数据、机床运行数据以及车间环境数据的采集，设计以下方案。

1. 生产过程数据采集

制造要素制造过程数据特指零件、工装、物料等制造要素进出库房、工位、缓存区的状态数据。MES 中生产调度、产品跟踪等功能的实现需要此部分数据的精确、准时采集，然而，当前离散制造车间过程数据的采集仍然普遍采用人工的方式，数据时效性差。由于 RFID 技术有自动采集、无线传输、可复用等优势，已经广泛地应用于流程型制造车间过程数据的采集，其功能可靠性得到了验证。此外，随着 RFID 标签、读写器成本的降低，在离散制造车间大规模部署 RFID 设备完成车间制造过程数据的采集的可能性大大提升，因此，最终选用 RFID 作为车间制造要素制造过程数据采集的途径。

在离散制造车间的实际应用过程中，将 RFID 读写器部署在库房、缓存区等出入口，并赋予不同天线不同的语义信息(如进入工位、离开工位)。最后将各类制造要素与 RFID 标签进行物理绑定，当绑定标签的制造要素进入天线的读取范围内时，通过天线与语义信息的映射即可完成制造要素制造过程数据的获取。

2. 制造要素位置数据采集

由于 RFID 技术原理的特性，通过 RFID 往往只能获取区域定位信息，然而，当前离散制造车间对于频繁移动的制造要素的位置信息的获取有着迫切的需求。例如，车间管理人员希望能够随时了解车间 AGV 的位置信息，完成 AGV 的调配；车间工作人员希望能够及时获取该道工序所需工装、工件的具体位置，减少寻找时间，提高工作效率。当前，室内定位技术有计算机视觉、Wi-Fi、蓝牙、可见光等。考虑到车间杂乱的环境以及定位精度的需求，最终选用 UWB 技术完成制造要素位置数据的采集。

典型 UWB 系统组成如图 8.3 所示，主要由定位基站、定位标签以及定位处理引擎组成。在数个已知坐标的定位基站信号覆盖范围内，制造要素携带定位标签，标签按照一定的频率发射脉冲，定位基站不断获取和标签之间的距离数据，通过定位处理引擎内置的算法即可计算出标签的具体位置数据。

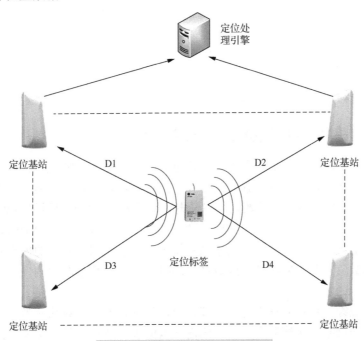

图 8.3　UWB 系统构成及定位原理

3. 机床运行数据采集

机加车间主要负责在制品物理外形的改变，机床是整个车间最主要的生产力。机床运行数据的采集可用于机床故障预测、诊断，其结果可提高机床的利用率，实现车间生产效率的提高。当前车间的机床可简单分为数控机床与普通机床，大部分数控机床厂商在机床内部已安装相关传感器，只需通过机床厂商提供的官方软件开发工具包(software development kit，SDK)进行二次开发即可获取机床的实时运行数据，然而，对于某些型号老旧，不具有网络通信能力的机床,需要额外部署所需的传感器并通过 PLC 实现数据采集。

4. 车间环境数据采集

车间环境数据特指车间生产过程中产生的温度、湿度、烟雾浓度等数据。由于离散制造车间面积广,设备多,需要采集相关环境数据的地点较多,若使用有线的形式连接车间各处的传感器会造成布线困难、成本较高等问题。为解决上述问题,选用无线传感技术完成环境数据的采集。在无线传感技术中,ZigBee 有着自组网、功耗低、抗干扰能力强等特点,特别适合在离散制造车间环境数据采集中使用。车间环境数据采集采用星形的组网形式,每个传感器都是一个终端节点,协调者节点负责收集各个传感器的数据并上传至服务器,如图 8.4 所示。

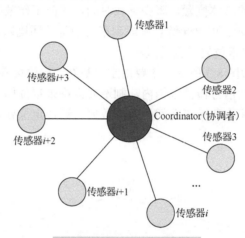

图 8.4 ZigBee 星形组网形式

8.2.2 普通传感器测量数据实时融合方法

普通传感器主要用于监控车间中关键设备的运行状态及环境状态,具有较强的时序特性,在时间维度上波动较小,冗余性较强。由于存在上述特性,在数据采集过程中,若采集频率过高,则容易采集大量冗余无用的数据;若采集频率过低,则容易错过设备故障数据的获取,无法保证数据采集的实时性。因此,如何保持采集频率与实时性之间的平衡是当前亟须解决的问题。为解决上述问题,普通传感器采集系统可在上层应用所允许的采集间隔内获取多个测量数值,根据数值间互补的特性完成数据级的融合,提高测量的精确性,降低数据间的冗余性。

考虑到车间边缘计算资源算力与内存都有限,所选择的融合算法应当不需要历史数据的先验知识,而是通过某个传感器在一段时间内获取的多个测量数值直接完成数据融合。因此如何通过实际测量数值来合理确定各个测量值所占的权重系数是研究的重点。证据理论是一种处理不确定性推理问题的数学方法,它通过定义基本信任分配描述辨识框架中各元素间的差异。借鉴证据理论中基本信任分配思想,给出传感器测量数值间互支持度的定义,将测量值转换为证据,最后通过改进的证据合成规则进行组合得到权重分配函数从而完成测量数据的融合。基于传感器测量数值间互支持度和证据理论的数据实时融合体系如图 8.5 所示。

首先,完成测量数据一致性检测,剔除误差数据;其次,为避免测量数值量纲对融合结果产生影响,对数据进行归一化处理;接着,给出多传感器数值间互支持度的定义,完成概率分配数值的计算；最后，基于冲突分配的证据组合规则获取融合结果。

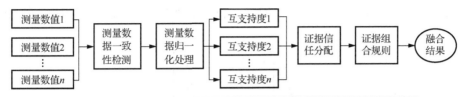

图 8.5　基于传感器测量数值间互支持度和证据理论的数据实时融合体系

1. 数据一致性检测

受到车间现场的突发干扰以及传感器自身故障的影响，测量数据容易产生误差。因此，对数据进行融合之前，需要将影响数据一致性的误差数据提前剔除。

在数据量较少的数据融合场景中，采用描述数据散布情况的分布图法去除误差值具有较高的可靠性与便利性。设某个传感器在某段时间间隔内获取到某属性值的 P 个测量值，测量值进行大小排列之后可得数据列 $M_i(i=1,2,\cdots,p)$，则称 M_1 为测量列的下极限，M_p 为测量列的上极限，数据列的中位数 C_m 的计算公式为

$$C_m = \begin{cases} \dfrac{M_{0.5p} + M_{0.5p+1}}{2}, & p\text{为偶数} \\ M_{0.5p+1}, & p\text{为奇数} \end{cases} \tag{8.1}$$

设定数据列的上分布数 C_u 是区间 $[C_m, C_p]$ 的中位数，下分布数 C_l 是区间 $[C_1, C_m]$ 的中位数，分布数离散度 C_d 的计算公式为

$$C_d = C_u - C_l \tag{8.2}$$

定义 1　无效数据的判别依据。将 M_i 中与中位数 C_m 的距离大于 C_d 的数据判别为误差数据，判别依据为

$$|M_i - C_m| > \beta C_d \tag{8.3}$$

其中，β 是一个常数，可以根据实际需求而定，通常取 1.0、2.0 等值。

2. 归一化处理

由于传统传感器采集的数值的大小差异较大，例如，温度传感器测量的数值一般为几十，而转速传感器测量的数值可达几千，为了消除数值之间量纲的影响，需要对数据进行归一化处理，将待处理的数据限定在一定的范围内。

假设经过一致性检验的数据列为 $q_i(i=1,2,\cdots,m)$，数据列中的最大值为 q_{max}，最小值为 q_{min}，数据列归一化处理的计算公式为

$$q_i = \frac{q_i - q_{min}}{q_{max} - q_{min}} \tag{8.4}$$

3. 基本概率分配

经过数据一致性检验与归一化处理之后，假设第 i 个传感器的测量数据为 $D_i(i=1,2,\cdots,m)$。采用证据理论，将测量数据 D_i 作为识别框架 Θ 的识别目标。

定义 2　测量值与识别目标的相似度。对于识别框架 Θ 中的识别目标 D_i，第 j 个传感器的测量值与该识别目标的相似度为 S_{ij}，计算公式为

$$S_{ij} = e^{-(D_i - D_j)^2} \tag{8.5}$$

其中, D_i 和 D_j 分别是第 i 个与第 j 个传感器的测量数值。S_{ij} 的数值越接近 1,说明第 j 个传感器的测量数值越接近识别目标 D_i,即两者的相似度比较高。由 S_{ij} 可以得到一个相似度矩阵 $\boldsymbol{S}$:

$$\boldsymbol{S} = \begin{bmatrix} s_{11} & s_{12} & \cdots & s_{1m} \\ s_{21} & s_{22} & \cdots & s_{2m} \\ \vdots & \vdots & & \vdots \\ s_{m1} & s_{m2} & \cdots & s_{mm} \end{bmatrix} \tag{8.6}$$

$\boldsymbol{S}$ 表示各数值对于识别目标的相似程度。若两个传感器数值对于同一识别目标的相似度都较高,则说明两个数值相互支持。因此可以通过各传感器数值对识别目标的相似度向量之间的距离来衡量传感器数值间的互支持度。设向量 $\boldsymbol{v}_i(i=1,2,\cdots,m)$ 是 $\boldsymbol{S}$ 的第 i 行,即 $\boldsymbol{v}_i$ 是第 i 个传感器数值对于所有识别目标的相似度向量。

定义 3 两个传感器间的互支持度。向量间的欧氏距离 d_{ij} 表示第 i 个传感器数值与第 j 个传感器数值之间的互支持度,计算公式为

$$d_{ij} = |\boldsymbol{v}_i - \boldsymbol{v}_j| = \sqrt{\sum_{n=1}^{m}(s_{in}-s_{jn})^2} \tag{8.7}$$

d_{ij} 越大,则第 i 个传感器与第 j 个传感器的互支持度越低;反之,两者的互支持度越高。

定义 4 传感器与其他所有传感器的互支持度。向量的欧氏距离的均方根平均值 a_i 表示第 i 个传感器与其他所有传感器的互支持度,计算公式为

$$a_i = \sqrt{\frac{1}{m}\sum_{j=1}^{m}d_{ij}^2} \tag{8.8}$$

a_i 越小,表明传感器间的差异性越小,互支持度越高;反之则表明差异性越大,互支持度越低。互支持度越高的传感器具有更大的概率分配数值,由此获得一组互支持度系数,记为

$$w_{ro} = \frac{a_r}{a_o} \tag{8.9}$$

其中, a_o 和 a_r 分别表示第 o 个和第 r 个传感器与其他所有传感器的互支持度。通过互支持度系数对各识别目标的相似度矩阵进行归一化加权修正即可得到概率分配计算公式,记为

$$\begin{cases} m_i(D_j) = w_{ij}s_{ij} \Big/ \sum_{i=1}^{m} w_{il}s_{il} \\ \sum_{j=1}^{m} m_i(D_j) = 1 \end{cases} \tag{8.10}$$

4. 传感器数值融合

设 M_1 和 M_2 是两个概率分配函数,应用传统的 D.S 证据理论可完成证据组合,计算公式为

$$\begin{cases} M(\boldsymbol{\Phi}) = 0 \\ M(A) = K^{-1}\sum_{x\cap y=\Phi} M_1(x)M_2(y) \end{cases} \tag{8.11}$$

其中, $K = 1 - \sum_{x\cap y=\Phi} M_1(x)M_2(y)$ 为冲突系数,反映证据之间的冲突程度。当 $K \to 1$ 时,证据间高度冲突,式(8.11)会产生与实际情况相差甚远的融合结果。

本节给出的概率分配公式极易生成高冲突证据，为解决高冲突证据在证据组合中产生的影响，可将支持证据冲突的概率按照概率分配的平均值所占的比例进行分配，改进后的证据组合计算公式为

$$m(D_i) = \prod_{l=1}^{m} m_l(D_i) + f\,\bar{m}_l(D_i) \tag{8.12}$$

其中，f 是冲突因子，计算公式为

$$f = 1 - \sum_{i=1}^{m} \prod_{l=1}^{m} m_l(D_i) \tag{8.13}$$

$\bar{m}_l(D_i)$ 是 D_i 的所有证据的概率分配的平均值，计算公式为

$$\bar{m}_l(D_i) = \frac{1}{m} \sum_{l=1}^{m} m_l(D_i) \tag{8.14}$$

在获得 $m(D_i)$ 的基础上，对传感器数据进行融合，最终融合结果的计算公式为

$$D = \sum_{i=1}^{m} D_i m(D_i) \tag{8.15}$$

8.2.3　RFID 和 UWB 感知数据实时融合方法

1. UWB 位置数据

UWB 技术可获取标签的位置数据，通过标签与制造要素的绑定，最终可实现人员、AGV 等制造要素的实时位置数据的获取，其形式化描述为

$$P_T^{\text{UWB}} = \left\{ \text{Tid}, \text{Loc}_x, \text{Loc}_y, T \right\} \tag{8.16}$$

其中，Tid 为 UWB 标签编号；Loc_x 和 Loc_y 为制造要素的二维定位坐标；T 为数据获取时刻。

UWB 硬件设施自身即存在精度问题，再加上车间环境中金属材质的设备与材料对信号产生的干扰，因此 UWB 技术在车间存在 10~1000mm 的误差。例如，当绑定 UWB 标签的物料进入工位后，实际为静止状态，但由于 UWB 技术存在的误差，物料的位置数据在不断地发生改变，产生大量围绕在真实坐标信息的冗余数据，这部分数据对表达物料位置信息并没有帮助反而占用了大量传输资源，理应提前剔除。

UWB 需要融合的数据可以简单分为两类，即漂移数据和偏离数据。漂移数据即上面提及的制造要素处于静止状态时产生的漂移；偏移数据是指制造要素受车间通道约束而形成的直线运动轨迹中产生的与直线有较大偏离的动态定位数据。下面将分别给出这两类数据的融合方法。

1）漂移数据融合

针对漂移数据可以使用领域法进行融合，即将某个时间段内属于领域范围内的点判定为冗余数据进行融合，如图 8.6 所示。

假设 t 时刻有一组 UWB 定位数据 $U_t = \{\text{Tid}, \text{Loc}_x, \text{Loc}_y, t\}$，通过 Tid 编号可以查询到当前制造要素的状态信息为 $U_t = \{\text{Tid}, \text{Loc}_x', \text{Loc}_y', t'\}$。假定领域大小的计算公式为

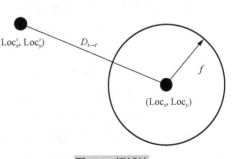

图 8.6　领域法

$$f = a(t - t') \tag{8.17}$$

其中，a 为时间系数，其值可以选 1.0、2.0，表示领域值为动态且与时间差值成正相关的关系；$f_{\max}$ 表示领域的最大值，其值一般选取工位所覆盖范围的大小，f 的数值需要小于等于 $f_{\max}$，即 $f \le f_{\max}$。此外，选取两个坐标点的距离为 $D_{t \to t'} = \sqrt{(\mathrm{Loc}_x - \mathrm{Loc}'_x)^2 + (\mathrm{Loc}_y - \mathrm{Loc}'_y)^2}$。若满足条件 $D_{t \to t'} < f$，则可以认为该制造要素在该时间段内没有移动，该组 UWB 定位数据为冗余数据，否则更新该制造要素的位置信息。

2) 偏移数据融合

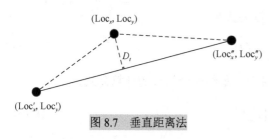

图 8.7　垂直距离法

针对行进路线近似为直线过程中产生的动态偏移数据，可以使用垂直距离法进行数据实时融合，如图 8.7 所示。垂直距离法主要通过预先设置的判定阈值与待判定定位点与该点前、后两点连线的垂直距离的数值进行比较，若计算出的垂直距离小于阈值，则该定位点为冗余值，应当剔除，否则保留当前定位点。

假定某时刻有定位数据 $U_t = \{\mathrm{Tid}, \mathrm{Loc}_x, \mathrm{Loc}_y, t\}$，其时间序列前后的定位数据分别为 $U_{t'} = \{\mathrm{Tid}, \mathrm{Loc}'_x, \mathrm{Loc}'_y, t'\}$ 和 $U_{t''} = \{\mathrm{Tid}, \mathrm{Loc}''_x, \mathrm{Loc}''_y, t''\}$，$D_t = \dfrac{1}{k}\sqrt{(\mathrm{Loc}''_x - \mathrm{Loc}'_x)^2 + (\mathrm{Loc}''_y - \mathrm{Loc}'_y)^2}$ 为阈值，其中 k 值可取 1.0、2.0，具体数值的选取参照数据融合所需精度。如图 8.7 所示即可完成冗余数据的判断。

2. RFID 状态数据

RFID 技术在车间数据采集、制造过程实时跟踪与产品回溯等方面有广泛的应用，通过 RFID 标签可以获取所绑定的生产要素进入、离开工位的状态信息，其中，RFID 冗余数据包括标签冗余与读写器冗余。标签冗余是指 RFID 标签长期处于读写器的感知范围内，标签绑定物料的状态并没有改变但读写器不间断地读取标签内的数据，导致大量重复的数据产生。假设某 RFID 标签在读写器的感知范围内的停留时间为 $[t, t + \Delta t]$，从应用角度出发，只有 t 时刻以及 $t + \Delta t$ 时刻的 RFID 标签数据产生对应的语义信息，过程中的数据均为冗余数据。读写器冗余是指同一标签被多个读写器同时感知到，但由于车间读写器布局会尽可能地避免该情况的产生，因此可以基本忽略此类冗余数据。

制造车间中 RFID 数据的形式化描述为

$$P_T^{\mathrm{rfid}} = \{\mathrm{Tid}, \mathrm{AntId}, T, \mathrm{State}\} \tag{8.18}$$

其中，Tid 为标签的唯一编号；AntId 表示读写器和天线编号的组合体；State 表示标签绑定物料的状态；T 表示 RFID 标签读取到的时间。基于上述分析，RFID 状态数据的实时融合处理流程如图 8.8 所示。

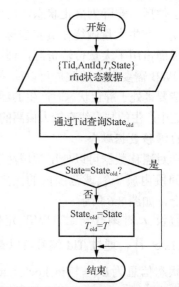

图 8.8　RFID 状态数据的实时融合处理流程

首先通过标签 Tid 查询物料上一时刻的状态，并判断当前状态与其是否一致。若两状态一致，则该条 RFID 数据为冗余数据，在融合过程中应当剔除；若两者状态不一致，则说明RFID 绑定的制造要素状态发生改变，该条 RFID 数据为有效数据信息。

8.3　OPC UA 的多源制造车间数据实时传输

车间智能化需要车间异构设备具有互操作性，而互操作性的前提就是车间设备互联互通、语义统一。然而，在当前的车间制造过程数据采集方案中，不同类型的设备往往会使用不同厂商的产品，而不同厂商都有自己定义的私有协议，因此不同数据采集系统间形成了"信息孤岛"，存在大量异构数据。

基于 OPC UA 的传输协议的统一可降低上层应用开发的难度，是车间设备互联互通的基础。因此，本节首先基于 OPC UA 技术，介绍车间中普通传感器、RFID 读写器以及数控机床的信息建模方法；其次，基于上述 OPC UA 信息模型，介绍车间协议转换方法，描述协议转换方法的具体流程。

8.3.1　OPC UA 数据传输技术

为制定一个基于 Windows 系统且即插即用的数据访问规范，OPC 基金会于 1995 年成立。传统的 OPC 定义了大量规范来明确车间操作层到管理层的信息流的标准，在自动化等领域得到了广泛的应用。然而，由于传统 OPC 存在 Windows 平台依赖性，且使用分布式组件对象模型(distributed component object model，DCOM)访问远程设备存在局限性，因此，OPC 的进一步推广受到了极大的限制。为解决上述问题，OPC 基金会推出了 OPC UA 规范，使其拥有平台独立性和更高效的数据传输效率，被广泛地应用于车间数据采集与传输。下面将对涉及的地址空间模型规范进行简要说明。

地址空间基于面向对象的思想，是由节点以及节点之间的引用构成的一种网状结构。其中，节点是地址空间中最基础的概念，服务器的各项功能均通过节点实现，OPC UA 中一共存在 8 种节点类型，如对象、对象类型等，其含义如表 8.1 所示。

表 8.1　节点类型说明

节点类型	说　明
对象	系统中物理或抽象的部分
对象类型	对象的类型说明
变量	对象的组成部分
变量类型	变量的类型说明
数据类型	变量基础，数值类型说明
引用类型	引用的类型说明
方法	对象的可调用函数
视图	地址空间的子集

应用 OPC UA 技术完成车间设备的语义信息建模，并实现车间传输协议的转换可以实现数据接口的统一，为上层应用提供制造过程数据的语义信息，为实现车间设备间的互联互通以及互操作提供了可能性。

8.3.2　基于 OPC UA 的车间设备信息模型

相较于传统的 OPC，OPC UA 的信息建模能力有了极大的提升。例如，对于湿度传感器测量出来的湿度信息，传统的 OPC 只能提供纯数据，这与其他的数据传输协议能提供的功能基本一致，而 OPC UA 提供了更有效地展示数据语义的可能性，例如，其还能展示测量的湿度是由处于车间什么位置的传感器提供的，以及该设备支持的类型层次等信息。因此，对于车间中的各类设备首先需要进行信息建模，定义其类型层次结构。

1. 典型数值型传感器的 OPC UA 信息模型

传感器类型描述的是部署在相关工位上的环境传感器或是通过额外部署从而获取机床运行数据的数值型传感器。车间中诸如温湿度等环境数据以及机床主轴转速、主轴振动等机床运行数据均可通过该信息模型进行表述。对数值型传感器的组成进行抽象，其包括编号、型号、采样频率、采样单位、读数、工程单位、部署位置等变量节点，同时也包括启动与停止两个方法节点。典型数值型传感器的 OPC UA 信息模型如图 8.9 所示，通过该信息模型可以完成对传感器状态数据的实时获取，从而实现车间环境数据的有效监控。

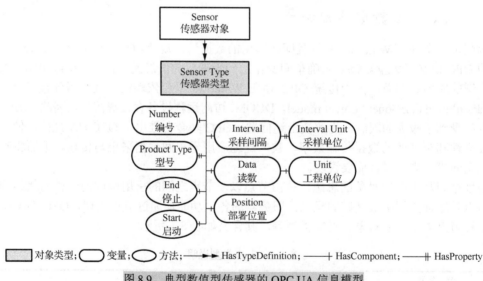

图 8.9　典型数值型传感器的 OPC UA 信息模型

2. 典型 RFID 读写器的 OPC UA 信息模型

RFID 读写器类型描述的是部署在工位、库房等位置用于读取物料、在制品生产过程信息的 RFID 读写器，RFID 读写器通过读取电子标签发送的微波信号来获取产品电子代码(electronic product code，EPC)。因此，类似于工业机器人的 OPC UA 建模流程，对车间现场的典型 RFID 读写器建立对应的 OPC UA 信息模型。如图 8.10 所示，该信息模型包括编号、采样间隔、型号和 EPC 编码等变量节点以及启动和停止两个方法节点。

3. 典型数控机床的 OPC UA 信息模型

由于数控机床的物理组成较为复杂，为最大限度地表达数控机床的运行状态，以车间中典型的三轴数控铣床为例，本小节主要列举主轴对象、控制器对象以及冷却系统对象这 3 类机床的主要组件以及相关数据项，典型数控机床的 OPC UA 信息模型如图 8.11 所示。

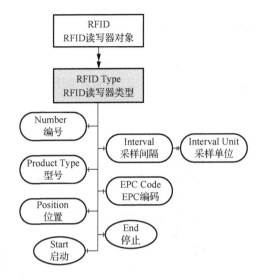

图 8.10　典型 RFID 读写器的 OPC UA 信息模型

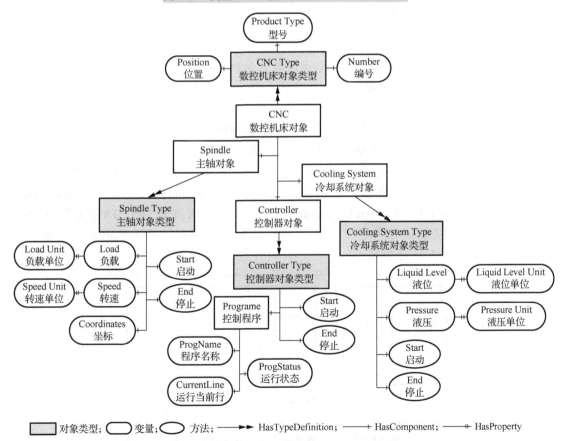

图 8.11　典型数控机床的 OPC UA 信息模型

8.3.3　基于 OPC UA 的协议转换方法

为实现车间设备私有协议的统一转换，基于设备的 OPC UA 信息模型，本节提出一种在线配置的车间设备协议转换方法，适合车间所有支持 TCP/IP 协议的设备的数据采集与传输，该方法的流程如图 8.12 所示。

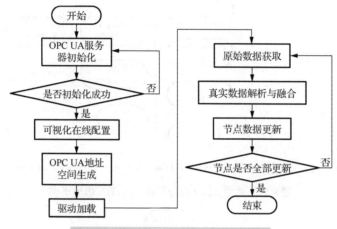

图 8.12　基于 OPC UA 的协议转换流程

首先，初始化 OPC UA 服务器，完成服务器名称、端口号、公共密钥等的指定；其次，基于配置信息层次结构模型完成配置信息的输入；然后，通过配置信息完成 OPC UA 服务器地址空间节点的生成与挂载，形成 OPC UA 地址空间层次结构；最后，以定时循环的形式实现设备原始数据的获取、解析以及节点数值的更新。

1. 基于 Unified Automation Java SDK 的 OPC UA 功能封装

OPC UA 是一种协议，它定义了数据通信过程中的各类规范，不同的机构有不同语言的开源实现。例如，当前市面上较为通用的开源库有 open62541、UA-.NETStandard、python.opcua 等。本节选择 Unified Automation 公司的 Java SDK 完成 OPC UA 服务器的封装。

对 OPC UA 服务器的行为进行抽象，可获得如图 8.13 所示的基于 Unified Automation Java SDK 的 OPC UA 功能封装。

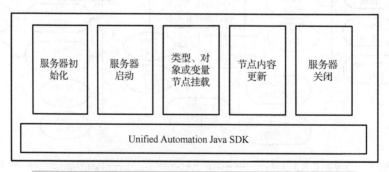

图 8.13　基于 Unified Automation Java SDK 的 OPC UA 功能封装

(1)服务器初始化的功能是读取相关配置信息，完成服务器中关于名称、端口号、公共密钥的初始化。

（2）服务器启动的功能是开启 OPC UA 服务器，向外暴露其地址空间节点。

（3）类型、对象或变量节点挂载的功能是实例化对应类型的地址空间节点并挂载到上层节点，从而形成地址空间的层次结构。

（4）节点内容更新的功能是完成变量节点内数值的更改。

（5）服务器关闭的功能是安全关闭 OPC UA 服务器，节约计算资源。

为实现上述功能的封装，设计如表 8.2 所示的功能函数。

表 8.2　OPC UA 服务器功能函数

函数名称	返回值	参数	说明
initialize	void	端口号，服务器名称	初始化服务器
initAddressSpace	void	无	初始化地址空间
run	void	无	启动服务器
close	void	无	关闭服务器
addTypeNode	void	类型根节点	添加类型节点
addObjectNode	void	类型名称，对象名称	添加对象节点
addVariableNode	PlainVariable<~>	对象名称，变量名称，变量类型	添加变量节点
deleteNode	void	节点名称	删除节点
flushNodeValue	void	待更新的数值	更新节点数值

2. 可配置的地址空间创建

除数据传输之外，信息建模是 OPC UA 提供的另一个重要功能。基于 OPC UA 信息模型规范分析 8.3.2 节建立的车间设备信息模型的构成，实现协议转换过程中设备信息模型的构建。以数控机床为例，数控机床对象所继承的数控机床类型中包含描述数控机床基本信息的型号、编号、位置等信息，这部分信息基本不随时间发生变化，为静态信息；数控机床对象中包含的主轴对象所集成的主轴类型中包含负载、转速、坐标等动态信息，这部分信息需要通过数控机床的私有协议获取，需要填写数据获取所需的配置信息。基于上述分析，为保证设备 OPC UA 信息模型层次结构的生成，提出配置信息的层次结构模型，与信息模型形成一一映射的关系，其形式化描述为

$$Eq = \{Ob_i, Sd_i, Pr_i, Me_i\} \tag{8.19}$$

其中，i 为标号；Eq 表示车间中的某设备所需的配置信息；Ob_i 表示该设备中包括的不同部件对象的集合，如数控机床包括主轴、控制器和冷却系统对象；Sd_i 表示静态数据的集合，如设备的编号、信号、位置等；Pr_i 表示数据采集的协议组集合，如 Profinet、ModBus 等；Me_i 表示设备控制方法的集合，如描述数控机床、工业机器人等设备的控制方法。

Ob_i、Pr_i、Me_i 的形式化描述为

$$Ob_i = \{Sd_i, Pr_i, Me_i\} \tag{8.20}$$

$$Pr_i = \{Dd_i, Me_i\} \tag{8.21}$$

$$Me_i = \{Pg_i\} \tag{8.22}$$

其中，Dd_i 表示需要使用设备驱动获取的动态数据的集合，如机床主轴转速、扭矩等；Pg_i 表示控制程序的集合。下面以某数控机床为例说明本章提出的配置信息层次结构模型。

如图 8.14 所示，数控机床 Ob_i 集合包括主轴对象、冷却系统对象和控制器对象；Sd_i 静态集合包括编号、型号以及所处位置。主轴对象 Sd_i 集合包括负载单位、转速单位，Pr_i 集合包括 Profinet 协议组且该协议组 Dd_i 集合包括负载、转速和坐标数据项；冷却系统对象 Sd_i 集合包括液位单位和液压单位，Pr_i 集合包括 ModBus 协议组且该协议组 Dd_i 集合包括液位和液压等数据项；控制器对象 Pr_i 集合包括 MTConnect 协议组，协议组中的 Me_i 集合包括机床控制方法，控制方法中的 Pg_i 包括程序当前行、程序名称和运行状态等数据项。在填写配置信息时，Ob_i 以及 Sd_i 集合直接以键值对的形式输入；Pr_i 集合需要填写加载私有协议驱动所必需的信息，如 IP、端口号等；Dd_i 以及 Me_i 集合需要填写设备驱动获取原始数据必需的信息，如起始地址、数据长度、数据名、数据类型等。

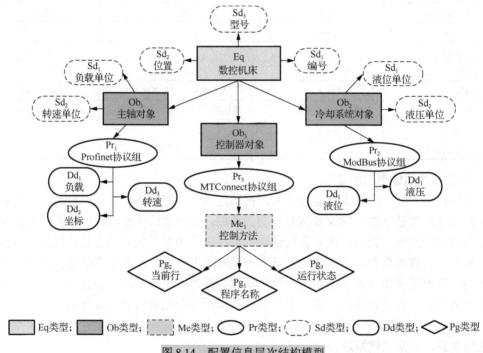

图 8.14 配置信息层次结构模型

配置信息层次结构模型包含设备的描述信息、驱动加载信息以及层次信息，可用于 OPC UA 地址空间的创建。配置信息层次结构模型中的 Eq_i 和 Ob_i 集合内容对应 OPC UA 地址空间中的 ObjectNode 节点，Sd_i、Dd_i 和 Me_i 集合内容对应 VariableNode 节点，层次信息对应节点间的层级关系。因此，解析上述信息即可生成对应节点以及引用，完成 OPC UA 地址空间的创建。此外，构建 DataArea 基类来保存可视化界面输入的配置信息，并通过 HashMap 的形式保证配置信息模型与地址空间模型的映射关系，保证节点数据的正确更新。

3. 基于工厂模式的设备驱动模块构建

由于各个厂商提供的设备驱动的应用程序编程接口(API)使用方式各不相同，因此，为了兼容各个厂商提供的设备驱动，并提高软件的可拓展性，采用基于工厂模式完成设备驱动模块的构建。在使用不同设备的私有驱动时，将这些驱动继承于公共接口类并重写方法内容，即可实现数据操作方式的统一。

工厂模式属于创建型模式，它提供了一种创建不同类别对象方法，创建对象时不会暴露具体的创建逻辑内容，而是通过一个共同的接口来生成新创建的对象。结合应用场景，所设计的统一建模语言(unified modeling language，UML)类图如图 8.15 所示。

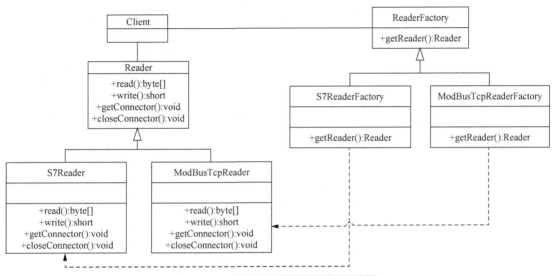

图 8.15　数据获取工厂模式 UML 类图

通过 ReaderFactory 接口的不同实现类完成不同 Reader 接口实现类的生成。其中，Reader 是数据获取行为的公共接口，不同 Reader 的实现类封装了不同设备驱动数据获取操作的具体行为。因此，对设备驱动的数据获取行为进行抽象，可获得如表 8.3 所示的数据采集公共接口。

表 8.3　数据采集公共接口

函数名称	返回值	参数	说明
read	byte[]	起始地址，指定长度	读取数据
write	short	开始地址，byte[]数组	写入数据
getConnector	void	无	获取连接
closeConnector	void	无	关闭连接

（1）read 函数的功能是从指定的设备内存的起始地址开始，通过设备驱动获取指定长度的数据，并将读取的数据以 byte 数组的形式返回。

（2）write 函数的功能是从指定的地址开始，向设备内存中写入固定的数据，同时返回写入操作的状态码。

（3）getConnector 函数的功能是建立设备驱动与设备的连接，为后续数据写入或读取实例化连接对象。

（4）closeConnector 函数的功能是关闭设备驱动与设备的连接，及时释放连接对象，节约计算资源。

同理，对设备驱动的数据解析进行模块设计以及行为抽象，可获得如图 8.16 所示的 UML 类图，通过 DataParseFactory 接口的不同实现类完成不同 DataParse 接口实现类的生成。其中，DataParse 是数据解析行为的公共接口，不同 DataParse 的实现类封装了不同设备驱动数据解析操作的具体行为。对设备驱动的数据解析行为进行抽象，可以得到如表 8.4 所示的数据解析公共接口。

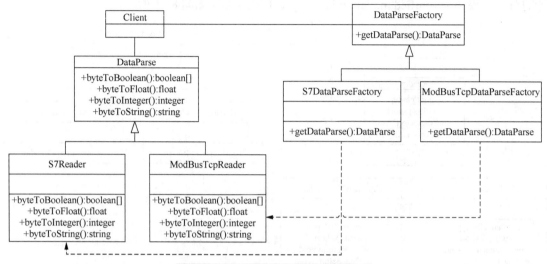

图 8.16　数据解析工厂模式 UML 类图

表 8.4　数据解析公共接口

函数名称	返回值	参数	说明
byteToBoolean	boolean[]	byte	byte 转 boolean
byteToFloat	float	byte[]	byte 转 float
byteToInteger	integer	byte[]	byte 转 integer
byteToString	string	byte[]	byte 转 string

（1）byteToBoolean 函数的功能是将获取到的 byte 类型的数值转换为 boolean 类型（即 1 为 true,0 为 false）。

（2）byteToFloat 函数的功能是通过设备驱动将 byte[]数组转换为 float 类型数据。

（3）byteToInteger 函数的功能是通过设备驱动将 byte[]数组转换为 integer 类型数据。

（4）byteToString 函数的功能是通过设备驱动将 byte[]数组转换为 string 类型数据。

思　考　题

8-1　请简要阐述多源制造数据实时采集与传输架构。

8-2　离散制造车间需要采集哪些数据？主要通过什么方法采集？

8-3　如何进行数据一致性检测？

8-4　UWB 技术需要融合的数据类型有哪些？分别可以使用什么方法融合？

8-5　简述基于 OPC UA 的协议转换流程。

第9章　制造大数据建模与存储技术

在完成车间生产过程数据的全面采集与统一传输后，如何合理地完成数据的存储与管理成为制造物联系统另一个亟须解决的问题。传统车间以小型机、关系型数据库构成了数据存储与管理的基础架构，然而在大数据时代下，海量异构数据涌现，传统存储架构面临存储容量小、成本高以及读写性能与业务需求相差甚远的问题，因此离散制造车间迫切需要一种崭新的基于统一数据描述模型并使用先进的分布式存储技术的数据存储与管理架构。

本章在对制造大数据进行统一建模的基础上，介绍一种基于混合策略的离散制造车间数据分布式存储策略，描述基于元数据的离散制造车间大数据统一访问方法。

9.1　制造大数据概述

随着制造物联技术的发展，传感器、RFID 等具备感知能力的设备在离散制造车间中大量应用，物料、设备、质量等制造过程数据被大量采集，并呈现出典型的规模性、多样性和高速性等大数据特性。从范围的角度来看，制造大数据包括从部署有物联感知设备的车间现场，到车间信息化系统中所有采集、生成、记录、转换和集成的数据；从作用的角度来看，制造大数据是对车间生产状态的全面描述，任何车间运行过程及状态的改变都隐含在数据变化之中；从技术的角度来看，制造大数据技术是使数据中所蕴藏的知识得到挖掘并应用于辅助生产过程决策的一系列技术与方法。

离散制造车间大数据主要来源于制造中的产品状态、过程状态、设备状态、订单状态、生产计划状态、人员状态、环境状态、测量状态和物料运送状态等，不仅具备一般大数据的"3V"特征(即规模性、多样性和高速性)，在数据复杂度、来源、结构、采集频率等方面还存在其他特征，总结如下。

(1)数据复杂度高：复杂产品离散制造的生产节拍、产品对象、工艺参数、加工过程状态等要素不断变化，导致数据异构且复杂度高，给制造数据的收集、维护和处理带来了极大的困难。

(2)数据规模大：离散制造车间装备种类、数量多，工艺环节复杂，生产过程中所涉及的各类制造要素数据实时产生且不断积累。以质检阶段为例，单台金属三维检测设备每分钟能收集 20MB 数据，每年共收集约 3TB 数据。

(3)数据来源多：车间中涉及 RFID 采集工件状态数据、AGV 定位数据、缓存区排队数据、传感器采集的设备运转数据、订单的生产进度数据等，数据来源极多。

(4)数据变化速率快：车间生产过程采集的数据在生产流程中各个节点不断采集，设备、物料、在制品等状态不断变化，各类传感器采集的状态数据变化频率非常快，具有典型的时

序特征。

(5)数据描述范围广：生产过程中涉及的刀具进给量、切削速率、加工区域温度、加工时间、物料流转、装备健康状态等数据都能被实时采集，可对采集对象从多个不同维度(工艺维度、空间维度、时间维度、装备维度、质量维度等)进行精确地描述。

(6)数据采集频率不一：在车间中，在制品、工装、设备及质量检验数据的采集频率不一致，例如，AGV 位置数据可按秒采集，而质检信息采集频率则根据工序实际完成时间而定。因此，车间运行过程中不同尺度数据相互交叠，导致车间制造数据呈现出典型的多尺度特性。

9.2　基于本体的离散制造车间大数据统一描述

为了更好地完成车间制造大数据的存储，对车间生产过程数据的准确描述是关键基础。本体作为一种广泛应用的语义技术可以精确描述物理对象的系统组成，因此，可以利用本体建模技术完成车间数据的统一建模，实现车间数据的精确描述。

9.2.1　基于本体的制造大数据建模流程

车间制造大数据的本体模型构建流程如下。

(1)确定本体的领域和范围。对离散制造车间多源异构数据的层次结构进行分析，明确数据建模所涉及的领域和范围。在离散制造车间数据本体模型中，所涉及的领域包括人员信息、机器信息、物料信息、环境信息和设计信息。

(2)判断复用本体的可能性。针对当前车间数据本体模型库中已有的模型，对比当前建模对象，判断已有的模型中是否有能够复用的相关概念。

(3)列出本体的重要术语、概念。通过对车间多源异构数据的构成进行分析，离散制造车间多源数据本体所包含的重要术语或概念如下：①人员信息(基础信息、位置信息、绩效信息、技能等级信息、加工任务信息、历史任务信息、状态信息)；②机器信息(基础信息、运行状态信息、加工任务信息、故障信息、工装信息、历史信息)；③物料信息(基础信息、库存信息、加工状态信息、异常信息、历史信息)；④环境信息(基本信息、动态信息)；⑤设计信息(基础信息、需求信息、概念设计信息、工艺流程信息)。

(4)定义类和类的层次结构。在完成车间数据本体概念的列举之后，需要确定相关概念间的层级关系。

(5)定义类的属性和取值。对列举的车间多源异构本体中的各类概念进行拓展，对类的属性以及取值进行定义。

(6)创建本体实例。综合上述流程的成果，对相关类及其属性进行形式化的表述，构建车间多源异构数据的本体模型实例。

(7)本体评价。按照清晰性等评价指标对所构建的车间多源异构数据的本体模型进行评价。若满足相关要求即可进行使用；不满足相关要求的本体模型则重新进行构建，重复上述(1)～(6)的流程。

9.2.2 制造大数据本体模型构建

根据 9.2.1 节提出的车间数据建模流程，给出离散制造车间制造大数据的本体信息模型，如图 9.1 所示。

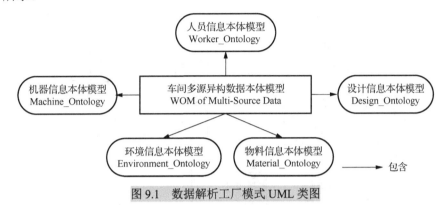

图 9.1 数据解析工厂模式 UML 类图

所构建的车间多源异构数据本体模型可分为人员信息本体模型、机器信息本体模型、物料信息本体模型、环境信息本体模型以及设计信息本体模型，其可形式化表示为一个五元组：

$$WOM\ of\ Multi\text{-}Source\ Data = \{Worker\_Ontology, Machine\_Ontology,$$
$$Material\_Ontology, Environment\_Ontology, Design\_Ontology\} \tag{9.1}$$

接下来，将分别给出上述五类本体模型的具体组成。

1. 人员信息本体模型

结合车间人员信息内容的构成，人员信息本体模型的构成如图 9.2 所示。

人员信息本体模型可形式化描述为如下的三元组：

$$Worker\_Ontology = \{W\_BasicInfo, W\_StaticInfo, W\_DynamicInfo\} \tag{9.2}$$

$$W\_StaticInfo = \{W\_PerformanceInfo, W\_SkillInfo, W\_TaskInfo, W\_StatusInfo\} \tag{9.3}$$

$$W\_DynamicInfo = \{W\_PositionInfo\} \tag{9.4}$$

其中，$W\_BasicInfo$ 表示人员信息中的基本信息集合，其中的数据属性包括人员标识、姓名、所属部门、工龄、入职时间等；$W\_StaticInfo$ 表示人员信息中的静态信息集合，包括绩效信息、加工任务信息、状态信息以及技能等级信息；$W\_DynamicInfo$ 表示人员信息中的动态信息集合，包括位置信息；$W\_PerformanceInfo$ 表示人员信息中的绩效信息，其中的数据属性包括奖惩记录、休假信息、考勤信息等；$W\_SkillInfo$ 表示人员信息中的技能等级信息，其中的数据属性包括技能、职称等；$W\_TaskInfo$ 表示人员信息中的加工任务信息，其中的数据属性包括任务名称、任务编号、加工进度、截止时间等；$W\_StatusInfo$ 表示人员信息中的状态信息，其中的数据属性包括在岗、离职、请假、轮休等；$W\_PositionInfo$ 表示人员信息中的位置信息，其中的数据属性包括区域、坐标等。

2. 机器信息本体模型

机器信息本体模型的构成如图 9.3 所示。

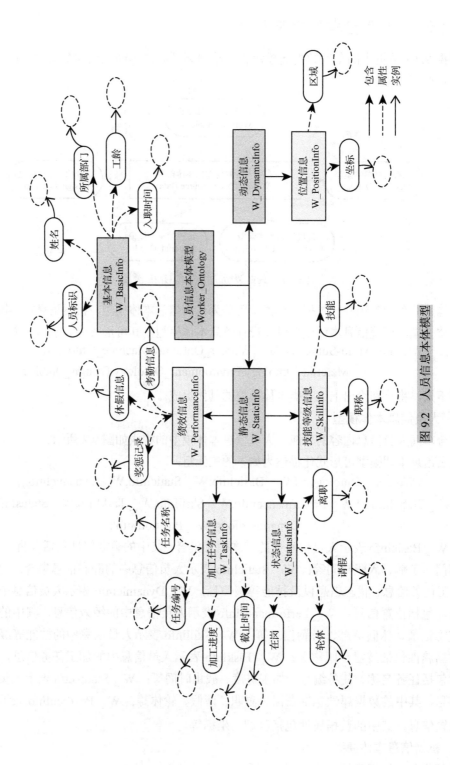

图 9.2 人员信息本体模型

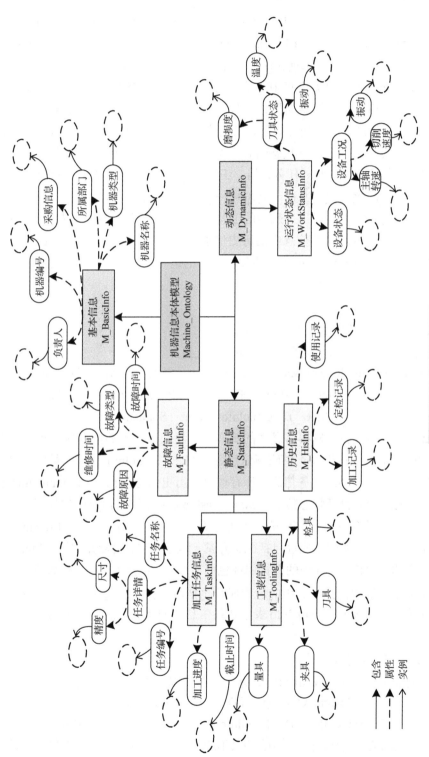

图 9.3　机器信息本体模型

机器信息本体模型可形式化描述为如下的三元组:

$$Machine\_Ontology=\{M\_BasicInfo,M\_StaticInfo,M\_DynamicInfo\} \tag{9.5}$$

$$M\_StaticInfo=\{M\_TaskInfo,M\_FaultInfo, M\_ToolingInfo,M\_HisInfo\} \tag{9.6}$$

$$M\_DynamicInfo=\{M\_WorkStatusInfo\} \tag{9.7}$$

其中,M_BasicInfo表示机器信息中的基本信息集合,其中的数据属性包括负责人、机器编号、采购信息、所属部门、机器类型、机器名称等;M_StaticInfo表示机器信息中的静态信息集合,包括故障信息、加工任务信息、工装信息、历史信息;M_DynamicInfo表示机器信息中的动态信息集合,包括运行状态信息;M_TaskInfo表示机器信息中的加工任务信息,其中的数据属性包括任务名称、任务详情、任务编号、加工进度、截止时间等;M_FaultInfo表示机器信息中的故障信息,其中的数据属性包括故障原因、故障类型、故障时间、维修时间等;M_ToolingInfo表示机器信息中的工装信息,其中的数据属性包括量具、夹具、刀具、检具等;M_HisInfo表示机器信息中的历史信息,其中的数据属性包括加工记录、定检记录、使用记录等;M_WorkStatusInfo表示机器信息中的运行状态信息,其中的数据属性包括设备状态、设备工况、刀具状态等。

3．物料信息本体模型

物料信息本体模型的构成如图9.4所示。

物料信息本体模型可形式化描述为如下的三元组:

$$Material\_Ontology=\{Mat\_BasicInfo,Mat\_StaticInfo,Mat\_DynamicInfo\} \tag{9.8}$$

$$Mat\_StaticInfo=\{Mat\_TaskInfo,Mat\_ErrorInfo,Mat\_StackInfo,Mat\_HisInfo\} \tag{9.9}$$

$$Mat\_DynamicInfo=\{Mat\_StatusInfo\} \tag{9.10}$$

其中,Mat_BasicInfo表示机器信息中的基本信息集合,其中的数据属性包括物料名称、物料编码、物料规格、物料类型、供应商信息等;Mat_StaticInfo表示机器信息中的静态信息集合,包括异常信息、加工任务信息、库存信息、历史信息;Mat_DynamicInfo表示机器信息中的动态信息集合,包括状态信息;Mat_TaskInfo表示物料信息中的加工任务信息,其中的数据属性包括任务名称、任务详情、加工进度、任务编号等;Mat_ErrorInfo表示物料信息中的异常信息,其中的数据属性包括配送异常、库存异常、质量异常等;Mat_StackInfo表示物料信息中的库存信息,其中的数据属性包括库存量、审批人、存放位置等;Mat_HisInfo表示物料信息中的历史信息,其中的数据属性包括质检记录、运输记录、位置记录、加工记录、出入库记录等;Mat_StatusInfo表示物料信息中的状态信息,其中的数据属性包括位置信息、活动信息等。

4．设计信息本体模型

设计信息本体模型的构成如图9.5所示,其可形式化描述为如下的二元组:

$$Design\_Ontology=\{D\_BasicInfo,D\_StaticInfo\} \tag{9.11}$$

$$D\_StaticInfo=\{D\_NeedInfo,D\_ConceptInfo,D\_CraftInfo\} \tag{9.12}$$

其中,D_BasicInfo表示设计信息中的基本信息集合,其中的数据属性包括设计编号、下发时间、所属部门、设计名称等;D_StaticInfo表示设计信息中的静态信息集合,包括需求信

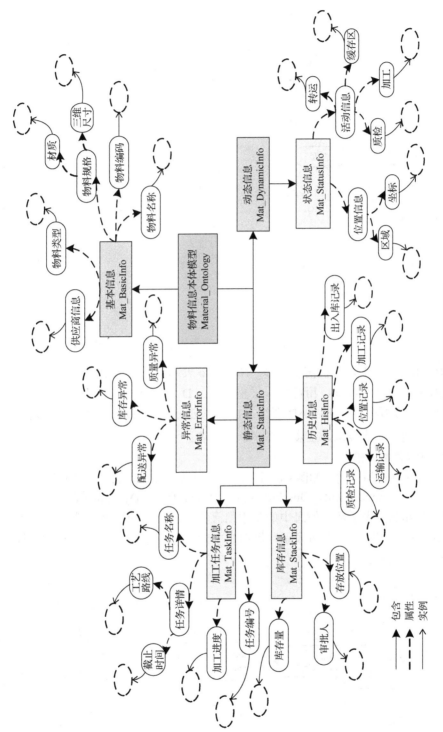

图 9.4　物料信息本体模型

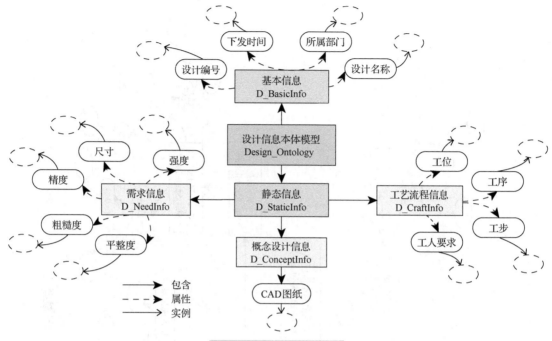

图 9.5　设计信息本体模型

息、概念设计信息、工艺流程信息；D _ NeedInfo 表示设计信息中的需求信息，其中的数据属性包括强度、尺寸、精度、粗糙度、平整度等；D _ ConceptInfo 表示设计信息中的概念设计信息，其中的数据属性包括 CAD 图纸；D _ CraftInfo 表示设计信息中的工艺流程信息，其中的数据属性包括工人要求、工步、工序、工位等。

5. 环境信息本体模型

环境信息本体模型的构成如图 9.6 所示，其可形式化描述为如下的二元组：

$$Enviroment\_Ontology=\{E\_BasicInfo,E\_DynamicInfo\} \tag{9.13}$$

其中，E _ BasicInfo 表示环境信息中的基本信息集合，其中的数据属性包括尺寸、布局、厂区、负责人等；E _ DynamicInfo 表示环境信息中的动态信息集合，其中的数据属性包括温度、空气微粒子、湿度等。

图 9.6　环境信息本体模型

9.3 基于混合策略的制造大数据分布式存储

围绕制造大数据的特点和存储要求，本节介绍一种基于混合策略的车间多源异构数据分布式存储框架和策略。

9.3.1 制造大数据分布式存储框架

由 9.2 节建立的本体模型可知，车间数据本体模型包含 5 类本体模型并且每类本体模型还包括 BasicInfo、StaticInfo 以及 DynamicInfo 本体。相对来说，BasicInfo 和 StaticInfo 中的数据主要负责非实时业务，数据更新频率较低，数据增长速率较慢；DynamicInfo 主要负责实时业务，数据更新频率与数据增长速率均较快。另外，这些本体模型中包含了大量结构化数据和非结构化数据，这些数据特性是制定车间制造过程数据存储策略时需要关注的问题。基于上述分析，构建一种基于混合策略的制造大数据分布式存储框架，如图 9.7 所示。

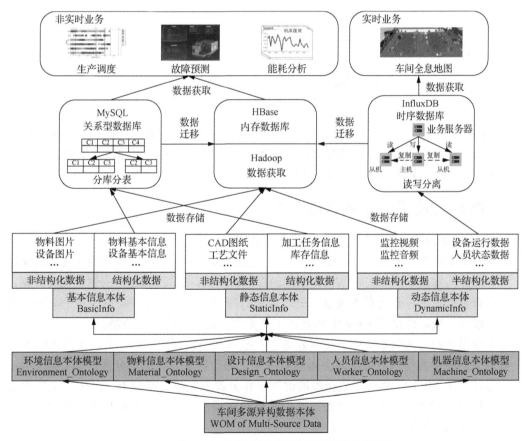

图 9.7 基于混合策略的制造大数据分布式存储框架

在 9.2 节所建立的本体模型基础上，再将数据划分为结构化数据与非结构化数据。对于动态信息中的结构化数据，由于其时间维度的特性，因此使用时序数据库 InfluxDB 进行阶段性存储,提高数据存储的能力与数据检索的效率;基本信息与静态信息中的结构化数据变化频率较低且严格遵守数据格式,因此可以通过传统的 MySQL 数据完成数据的存储;所有信息中非结构化数据的存储可以使用分布式文件存储数据库 Hadoop,从而降低存储的花销并保障数据的安全,数据存储的整体流程如图 9.8 所示。

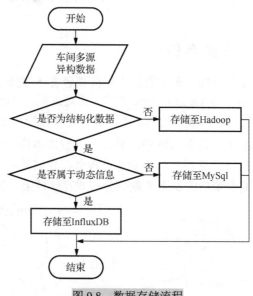

图 9.8   数据存储流程

此外,由于当前 InfluxDB 开源版本不支持集群部署,且 MySQL 数据库动态扩容难度较大,因而当上述两类数据库中的数据量或存储时间达到某阈值时,可通过数据迁移将数据转移或备份至 Hadoop 或 HBase 中,减轻业务服务器的存储负载,方便后期数据的恢复。

9.3.2   制造大数据分布式存储策略

1. 基于读写分离的非实时结构化数据分布式存储策略

作为关系型数据库中的翘楚,MySQL 有着可靠性高、易用性强以及开源等优点,非常适合车间多源异构数据中的非实时结构化数据的存储。例如,车间 MES 中的生产任务数据,此类数据有着数据量大、查询需求高以及更改频繁的特点。为了满足车间系统对于非实时结构化数据的读写需求,在使用 MySQL 的基础上还需要采取读写分离的策略。

由于数据库的写入效率要低于读取效率且一般系统的数据读取频率要高于写入频率,且单个数据库同时负责写入与读取时会影响其性能,因此需要设置读写分离,其原理如图 9.9 所示。通过特定 MySQL 代理将数据库的读写操作分流至主机与从机上,其中,主机负责写操作,从机负责读操作,并且从机通过监控主机数据操作日志的形式将写入主机的数据同步至从机,保证两者数据的一致性。

为实现 MySQL 的读写分离,首先,在不同服务器上完成 MySQL 软件安装;其次,在选定主机与从机之后修改相关配置文件完成主从复制的设置;最后,通过切面编程拦截的方式连接不同的数据库完成读或写的操作。

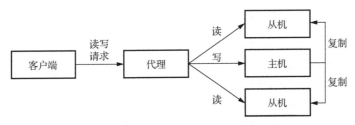

图 9.9　读写分离原理

2. 基于 InfluxDB 的实时半结构化数据存储策略

随着制造物联网技术在车间的应用，大量传感器被部署用于采集实时数据，这些数据能够实时反映车间运行情况，实现可视化监控、车间异常预警等。此类数据有着极强的时序特性，存在以下特征：

(1) 随时间推进，重复更新同一维度的数据，变化相对较为平滑。

(2) 数以万计的传感器会在较短时间内产生海量数据，需要实时并发写入数据库。

(3) 高频查询最近时间段的数据，数据时效性要求比较高且无连表查询的需求。

目前，此类海量时序数据的存储和查询依旧采用传统的关系型数据库，然而，由于关系型数据库自身的特点，这种存储方式存在以下问题：

(1) 数据检索效率降低。关系型数据库通过分区、索引等方式增强检索的效率，但随着存储容量不断增加，其效率会逐步下降。

(2) 海量存储花销。以采样频率为 50Hz 的振动传感器为例，其一天就能采集 432 万条数据，单索引的情况下就需要 4GB 的存储空间，只通过横向拓展的方式添加磁盘阵列设备的数量会极大地增加存储的花销。

综上所述，时序数据由于其自身存在的特性不再适合使用关系型数据库，迫切需要一种新的数据库。针对传感器数据中的时间维度，时序数据库 InfluxDB 以具体的时间作为索引并使用日志结构合并树作为存储方式，提升了查询效率与写入性能。此外，InfluxDB 还提供了针对时序数据的压缩功能，减少了相同数量数据所需的存储空间。

为更好地设计数据库的表结构，首先需要了解 InfluxDB 的存储格式。在 InfluxDB 中，可以将要存入的一条数据粗略地看作虚拟的 Key 和对应的 Value。其中，虚拟的 Key 包括以下 5 个部分。

(1) Database：数据库名，不同数据库的数据之间是隔离存放的。

(2) Retention Policy：存储策略，用于设置数据保留的时间，默认为永久。

(3) Measurement：测量指标名，对应关系型数据库中的表名。

(4) Tag：维度列，代表数据的归属或属性，可作为索引列，一般不随时间变化。

(5) Field：指标列，代表测量数据项的真实测量值，随时间平滑变化。

基于上述概念，以数控机床的主轴振动数据为例，可设计如表 9.1 所示的表结构。

表 9.1　数控机床的主轴振动数据表结构

TimeStamp	Sensor_Code	Alarm_Type	Value
2021-11-26T16:13:23.9554855698	10019000016	1	38.3
2021-11-26T16:13:24.4561645698	10019000016	1	38.9
2021-11-26T16:13:24.9941215698	10019000016	1	37.6
2021-11-26T16:13:25.6648713322	10019000016	1	38.4

表 9.1 中，TimeStamp 表示时间戳，Sensor_Code 表示传感器的编号，Alarm_Type 表示警报类型，对应上述概念中的维度列；Value 表示测量数值，对应上述概念中的指标列。

3. 基于 Hadoop 的非结构化数据存储策略

车间非结构化数据包括 CAD 图纸、工艺流程文件、采购记录文件、音视频文件以及数据库备份文件等，这类数据具有以下特点：

(1)以文件的形式存储于计算机中，可以是文本类型、图片类型或者是音视频类型。

(2)文件的大小不定，某些小文件可能只有几 KB，但大文件可达 GB 级。

HDFS 是 Hadoop 平台提供的分布式文件系统，其通过普通的服务器集群就可以实现海量文件的分布式存储。对于车间中的非结构化数据，可采用 HDFS 作为持久化存储的数据库。然而，由于 HDFS 的设计原理，若存在大量小文件的存储需求，HDFS 中存储元数据的 NameNode 节点的存储资源会快速耗尽，从而导致 HDFS 无法存放更多的文件。因此，解决小文件的存储问题是车间非结构化数据存储首先需要考虑的问题。

此外，考虑到 HDFS 为减少磁盘寻道的时间，主要以 Block 的形式进行文件存储，并且 HDFS 中 Block 的默认大小为 64MB，因此区分小文件与大文件的标准即为文件的大小是否大于 64MB。基于上述标准，根据车间实际情况，可以将车间文件按照文件大小分为以下 3 类。

(1)微小型文件：主要针对普遍小于 1MB 的工艺流程文件、图片。

(2)小型文件：主要针对普遍大于 1MB 但小于 64MB 的 CAD 文件。

(3)大型文件：主要针对普遍大于 64MB 的音视频文件以及其他数据库备份文件。

针对上述文件分类，在向 HDFS 存储文件时，应当按照文件大小采用不同的策略进行存储。针对微小型文件，考虑到 HBase 同样基于 Hadoop 生态且 K-V 键值对的存储方式也适用于文件的查询，因此可以将小文件通过序列化之后作为 Value，相关文件信息转换为 RowKey 后存储在 HBase 中；针对小型文件，考虑到 HDFS 中的 HAR 方式可以将多个小文件归档为一个文件，归档文件中包含元数据信息和小文件内容，从一定程度上将 NameNode 管理的元数据信息下沉到 DataNode 上的归档文件中，避免元数据的膨胀。因此可以以天为单位，每次都将对应目录中的小型文件归档为一个大文件；针对大型文件，直接将文件存储至 HDFS 对应目录中即可。综上所述，车间非结构化数据分布式存储的方法流程如图 9.10 所示。

当收到存储请求后，首先判断文件的大小，若文件小于 1MB，则将文件内容以 Base64 的格式进行编码，并将内容存储至 HBase 中；若文件大于 1MB 但小于 64MB，则先将文件存储至 HDFS 对应目录中，并以周为单位

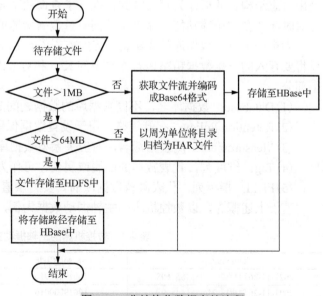

图 9.10　非结构化数据存储流程

将对应目录中的小文件归档为 HAR 文件；若文件大于 64MB，则将文件直接存储至 HDFS 中，并将文件的存储路径存储至 HBase 中，便于后期文件的查询。其中，HBase 的 RowKey 的设计方法如下：文件类型 MD5 值+文件名 MD5 值。

9.3.3　数据迁移策略

由于 Hadoop 数据存储平台具有高拓展性与高容错性，能够使用廉价的机器组成集群且可扩展数以千计的节点，其数据存储能力远强于 MySql、InfluxDB 等数据库，因此，数据存储平台利用 Hadoop 技术实现其他数据库中数据的备份。

首先，当 InfluxDB 中的存储策略（固定时间或固定文件大小）触发时，以该部分数据后期是否还需频繁地读写作为判断条件。若数据仍有读取的需求，则可通过数据迁移的方式将数据转移至 HBase 中；若仅需进行数据备份，则将当前数据库数据导出为.csv 文件并将文件存储至 Hadoop 文件系统中，实现数据的备份。

其次，随着数据的不断累积，即使采用读写分离的策略，MySql 数据库的查询、修改效率依旧会急速下降。为解决上述问题，在 MySql 数据库中数据量超过阈值时，可以通过下面两种方式完成数据的迁移或备份：①将 MySql 数据库中的数据导出为.sql 文件，并将文件存储至 Hadoop；②通过异构数据转换工具 Sqoop 将 MySql 数据库中的数据导入 Hadoop。若只需完成数据的备份，则采用方式①；若需要对 MySql 中的数据进行离线分析，则采用方式②。

上述数据迁移的流程如图 9.11 所示。

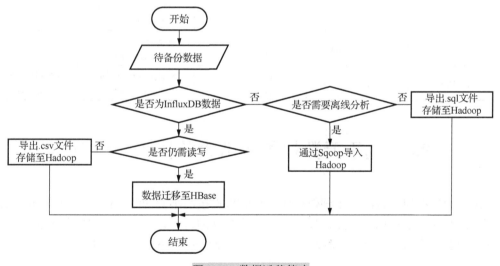

图 9.11　数据迁移策略

其中，HBase 是一种在 Hadoop 基础架构上构建的非关系型分布式数据库，有数据容量大、构建成本低、可拓展性强以及安全性高的特点，非常适合车间海量结构化数据、半结构化数据的存储。由于 HBase 采用 Key-Value 列存储的形式进行存储，通过定位 RowKey 所在的 Region 来查询与写入数据。因此，为更好地使用 HBase 数据库，提高存储能力与效率，建立合理的 RowKey 十分重要。

由前文可知，HBase 中存储的数据主要是从 InfluxDB 数据库中迁移过来的结构化设备运行数据,其检索条件一般为时间以及相关标识 ID(如设备编号、工位编号、传感器编号)。在 HBase 中,RowKey 唯一标识某一行记录,类似于关系型数据库中的主键,检索数据有以下三种方式:①get 方式,通过指定 RowKey 的值获取对应记录的数据值;②scan 方式,设置 startRow 和 stopRow 参数进行范围查询;③全表扫描,即直接获取整张表中所有行记录。因此,若 RowKey 的设置仅仅以时间为基准,则可以在短时间内确定查询的范围从而返回结果集,但是由于数据的时间连续性,数据会被存储到同一个 Region 中,即数据的访问以及更新操作都会集中到同一台服务器上,造成热点现象,引起节点性能下降甚至失效。为此,我们可以将相关标识 ID 作为 RowKey 的起始部分,时间作为填充部分来保证数据存储的均衡性。例如,针对车间设备运行数据,可以将行键设计为:设备 ID+传感器 ID+获取时间(若未额外部署传感器,则传感器 ID 的数值为 0),并且通过左补零的方式保证 RowKey 长度的一致。此外,设备运行状态数据中不同类型的数据(如主轴运行数据、冷却液数据)可以设置不同的列簇,这样在查询过程中可以避免加载无关数据从而提升数据读取性能,充分发挥 HBase 列数据库的优势。例如,通过设置 "00015_00000_20211118000000" 的起始 startRow 和 "00015_00000_20211119000000" 的结束 stopRow 即可查询设备 ID 为 15 的设备在 2021 年 11 月 18 日至 2021 年 11 月 19 日之间的运行数据。以数控机床为例,其运行过程数据的存储表逻辑视图如表 9.2 所示。

表 9.2　数控机床主轴振动数据表结构

行键	时间戳	列族 SpindleData	列族 SpindleData	列族 CoolantData
00015_20211118000001	2021-11-18 00:00:01	SpindleData:Spindle vibration=4	SpindleData:Spindle speed=5000	CoolantData:temperature=50
00015_20211118000002	2021-11-18 00:00:02	SpindleData:Spindle vibration=4	SpindleData:Spindle speed=5000	—
00015_20211118000003	2021-11-18 00:00:03	SpindleData:Spindle vibration=4	SpindleData:Spindle speed=3500	CoolantData:temperature=51

9.4　基于元数据的制造大数据统一访问

制造大数据存储平台涉及多种数据库,车间数据按照不同的特性被存储在不同的数据库中,无法进行统一的访问。因此,如何实现多源数据的统一访问是所构建的数据存储平台需要解决的问题。本节主要介绍一种基于元数据的制造大数据统一访问方法。

9.4.1　多源数据统一访问

为实现不同数据库的统一访问,设计一种基于元数据的制造大数据统一访问方法,其框架如图 9.12 所示。通过适配器模式屏蔽不同数据库之间的差异性,为数据访问提供统一的访问接口。

在图 9.12 中,通过所设计的数据访问适配器解析元数据即可获取本次数据访问所需要的相关信息,并通过相关信息完成数据库驱动的加载以及查询语句输入,从而完成数据的统一访问。

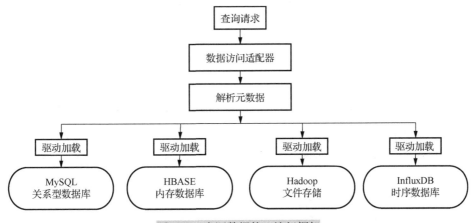

图 9.12　多源数据统一访问框架

9.4.2　基于 XML 的元数据设计

元数据，又称中介数据，是描述数据的数据，主要用于描述数据属性的信息，可实现指示存储位置、存储历史数据、查找资源、记录文件等功能。因此，为实现数据访问的统一，可用元数据来描述不同数据源的信息，记录数据存储信息。为了更好地使用元数据，其关键就在于元数据结构的设计。由于各个数据库之间存在差异性，例如，数据库连接的方式不相同、HBase 和 HDFS 不支持结构化查询语言（structured query language，SQL）查询等，上述问题都是设计的元数据应该考虑的问题。因此，采用查询和数据库分离的方式，即通过数据访问适配器中的元数据完成对数据源的描述，包括数据库类型、用户名以及密码等。执行查询操作时只需通过 querytype 和 dstype 字段的内容明确数据库的类型，并给出具体的查询语句即可实现对不同数据的访问。

数据访问驱动器通过 rbdsconfig.xml、hbaseconfig.xml、hdfsconfig.xml 来解析不同类型的查询，并通过加载对应的数据驱动加载类 DriveStore 来完成数据的统一访问。其中，rbdsconfig.xml 的部分内容如下：

```
<datasource="rbds" type="com.datamanagement.rbdsDO" querytype="SQL-Query">
<contents>
        <content dstype="MySql">
        <url>JDBC:mysql://192.168.89.22:3306/datasource</url>
        <user>admin</user>
        <password>admin </password>
        <drivestore>mysqlDriverStore.class</drivestore>
        </content>
        <content dstype="InfluxDB">
        <url>http://192.168.89.11:8086</url>
        <database>datasource</database>
        <user>admin</user>
```

```
        <password>admin</password>
        <drivestore>influxDBDriverStore.class</drivestore>
        </content>
</contents>
<datasource>
```

同理可得，所设计的 hbaseconfig.xml 和 hdfsconfig.xml 的部分内容如下所示：

(a)hbaseconfig.xml：

```
<datasource="hbase" type="com.datamanagement.hbaseDO" querytype="NoSQL-Query">
<contents>
        <content dstype="HBase">
            <quorum>192.168.89.31</quorum>
            <clientport>2181</clientport>
            <drivestore>HbaseDriverStore.class</drivestore>
        </content>
</contents>
</datasource>
```

(b)hdfsconfig.xml：

```
<datasource="hdfs" type="com.datamanagement. hdfsDO" querytype="HDFS-Query">
<contents>
        <content dstype="Hdfs">
            <fs> hdfs://192.168.89.31:9000</fs>
            <drivestore>HdfsDriverStore.class</drivestore>
        </content>
</contents>
</datasource>
```

其中，不同的 DriveStore 实现类封装不同数据库的私有操作，对查询操作进行抽象可获得如表 9.3 所示的 DriveStore 接口功能函数。

表 9.3　DriveStore 接口功能函数

函数名称	返回值	参数	说明
connectionBuild	void	无	建立连接
connectionClose	void	无	关闭连接
queryData	FinalResult	查询命令	获取数据

其中，为统一不同数据库查询结果，构建 FinalResult 类存放查询内容。

基于上述元数据的设计，数据统一访问的流程如图 9.13 所示。首先，数据访问驱动器解析元数据(各类 xml 文件)的内容，通过比对 querytype 的内容明确本次查询操作的类型，选定需要加载的 xml 文件；其次，通过对比 dstype 的内容明确数据库的类型，再从对应的属性中取出数据库连接 URL、用户名、密码等；最后，通过 DriveStore 属性加载封装好的数据库加载类，并输入相关信息完成数据库的连接和数据获取。

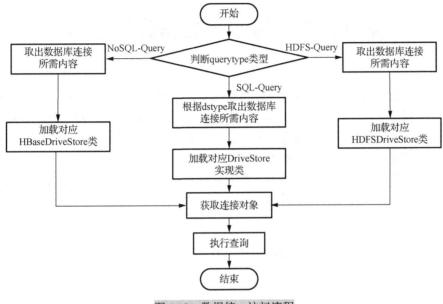

图 9.13　数据统一访问流程

思 考 题

9-1　什么是制造大数据？离散制造车间大数据具有哪些特征？

9-2　简述车间制造大数据的本体模型构建流程。

9-3　制造大数据分布式存储策略有哪些？

9-4　在 HBase 中，检索数据有哪些方式？

9-5　简述元数据的定义。

9-6　在 MySql 数据库中数据量超过阈值时，如何对数据完成迁移或备份？

第 10 章 制造大数据分析技术

大数据的战略意义不在于掌握庞大的数据信息，而在于对这些含有意义的数据进行专业化处理。对于制造业而言，如何从产品全生命周期产生的海量、多源制造数据中提取、挖掘有价值的信息，并反馈至各类决策方案的制定，是制造大数据发挥作用的关键，而制造大数据分析方法是实现数据增值应用的核心力量。

本章在对制造大数据分析技术体系架构进行分析的基础上，围绕有监督学习和无监督学习，分别介绍常用的制造大数据分析方法原理。

10.1 制造大数据分析技术体系架构

随着市场竞争激烈化和客户需求差异化程度的不断提升，全球制造环境呈现出协同化、个性化和绿色化的变化特点，对提高生产效率与产品质量、降低生产成本与资源消耗等提出了更高的要求，实现实时化、精准化、智能化的生产进度、质量、设备、能耗管理与决策成为当前大多离散制造企业普遍存在的难点和亟待解决的问题，而制造大数据分析为解决上述问题提供了可靠的技术手段，面向离散制造车间的大数据分析技术体系架构如图 10.1 所示。

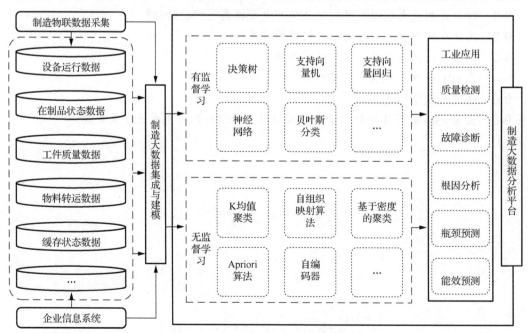

图 10.1 制造大数据分析技术体系架构

离散制造车间中的人、机、料、法、环、测等多源数据是构建制造大数据分析技术体系的基础，主要由企业信息系统和部署在车间现场的制造物联设备获取，为离散制造企业生产进度、质量、设备、能耗的智能分析与决策提供了可靠的数据保障。

制造大数据分析主要用于对收集到的制造数据进行处理、分析和挖掘，从中发现隐藏的规律和知识。根据数据样本的特点，将制造大数据分析技术划分为有监督学习和无监督学习两类。其中，有监督学习的数据样本有结果标记，主要包括分类、回归算法，用于挖掘历史演化规律，以及预测未来的变化趋势和结果，决策树、支持向量机(support vector machine, SVM)、神经网络等都是常用的有监督学习方法。无监督学习的数据样本无结果标记，主要用于聚类分析、关联分析和数据降维等。其中，聚类是指通过对制造数据进行相似性聚合分析，发现数据中的潜在群组和模式，如 K 均值聚类、层次聚类等；关联分析用于挖掘制造数据中的关联规则和频繁项集，发现不同数据之间的关联关系，如 Apriori 算法、频繁模式增长算法等；数据降维是指降低高维制造数据的维度，保留数据的主要特征，如主成分分析(principal component analysis，PCA)、自编码器等。

制造大数据分析的最终目标是将分析结果转化为实际的应用价值，为离散制造企业生产进度、质量、设备、能耗的智能管控提供决策支持。例如，将制造大数据分析用于产品质量监控、缺陷检测、质量预测等，可保证产品质量符合标准；将制造大数据分析用于设备故障预测、设备状态监测、预防性维护等，可提高设备的可靠性和稳定性；将制造大数据分析用于能源消耗监测、能源效率评估、节能优化等，可以降低能源成本和对环境的影响。

10.2　基于有监督学习的制造大数据分析

本节在阐述有监督学习核心思想、分类和基本学习过程的基础上，介绍决策树、SVM、神经网络、贝叶斯分类等基于有监督学习的制造大数据分析方法原理。

10.2.1　有监督学习概述

有监督学习的核心思想是利用已标记的训练数据来训练模型，使模型能够学习输入特征和输出标签之间的映射关系。有监督学习主要分为两类，即分类和回归。当输出是离散值时，学习任务为分类任务，常见的算法包括决策树、支持向量机、贝叶斯分类；当输出是连续值时，学习任务为回归任务，常见的算法包括回归决策树、支持向量回归、神经网络等。无论是分类还是回归任务，其学习过程主要具有以下特点。

(1)依赖标记数据：需要大量的已标记训练数据来训练模型，数据集包括输入特征和对应的输出标签。

(2)反馈机制：有监督学习模型通过与真实标签的比较来调整自身的参数，使预测结果更接近真实值。

(3)模型限制：模型根据标记数据训练，对未知类型数据的预测适用性差。

有监督学习常用于离散制造业中的质量检测、设备故障诊断、设备寿命预测、车间性能预测等。

(1)质量控制领域，通过分析生产过程中的传感器数据和工艺参数，预测产品质量并及时调整生产过程以确保产品质量稳定。例如，利用监测传感器数据，预测产品缺陷并实施自动化控制。

(2)设备故障诊断/寿命预测，通过监测设备传感器数据和运行状态，预测设备可能出现的故障、剩余寿命并采取预防性维护措施。例如，利用历史故障数据和设备运行参数，预测设备可能出现的故障模式和寿命分布，制定相应的维护计划和预防性维护策略。

(3)车间性能预测：预测车间的能源消耗和生产效率等，帮助企业优化能源利用和资源配置，降低生产成本和环境影响。例如，通过分析车间的能源消耗数据和生产进度指标，预测车间的能源需求和生产效率，制订相应的节能减排策略。

10.2.2　基于有监督学习的制造大数据分析常用方法

1. 决策树

决策树是用于分类和预测的重要技术之一，是以实例为基础的归纳学习算法，代表的是对象属性与对象值之间的一种映射关系。树中每个节点表示某个对象，而每个分叉路径则代表的是某个可能的属性值，而每个叶节点则对应从根节点到该叶节点所经历的路径所表示的对象的值。

决策树包括根节点、内部节点和叶节点，其中根节点包含所有样本集，内部节点表示一个特征或属性，叶节点表示决策结果，是一个类别或输出值。决策树学习的目的是产生一棵泛化能力强、处理未见示例能力强的分类树或回归树，其生成过程主要包括特征选择、树的生成和剪枝三个步骤。

(1)特征选择：从所有特征中选择一个最佳的特征作为当前节点的划分特征。

(2)树的生成：根据划分特征对节点进行分裂，直到满足停止条件。

(3)剪枝：为了防止过拟合问题，去除一些不必要的节点。

在上述决策树的生成过程中，划分特征的选择是关键一步，即选择某特征 A 对节点进行划分之后，数据不确定性(或熵)应尽可能地减少。信息增益是指以某特征对数据集进行划分，数据集的熵减少量。因此，使用特征 A 进行划分后，决策树的信息增益应尽可能增大。在介绍信息增益之前，引入熵的概念。在信息论中，熵用来度量随机变量的不确定性。在决策树中，熵用来表示数据集的混乱程度，熵越高表示数据集的不确定性越大。假设有一个数据集 D，其中包含 N 个样本，共有 k 个类别，记为 $c_1, c_2, \cdots, c_k$，数据集 D 的熵表示为

$$H(D) = \sum_{i=1}^{k} p_i \log_2(p_i) \tag{10.1}$$

其中，$H(D)$ 表示数据集 D 的熵；p_i 是样本属于类别 c_i 的概率。假设离散特征 A 有 V 个可能的取值 $A^1, A^2, \cdots, A^V$，即使用特征 A 对数据集 D 进行划分，会产生 V 个分支。此时，特征 A 对数据集 D 的信息增益计算如式(10.2)所示：

$$\mathrm{Gain}(D, A) = H(D) - H(D \mid A) = H(D) - \sum_{v=1}^{V} \frac{|D^v|}{|D|} H(D^v) \tag{10.2}$$

其中，$H(D \mid A)$ 表示在特征 A 的条件下，数据集 D 的条件熵，即已知特征 A 的条件下，数据

集 D 的不确定性；$|D^v|$ 表示节点 v 中所包含的数据量；$|D|$ 表示数据集 D 的数据量；$\dfrac{|D^v|}{|D|}$ 表示节点 v 的权重，即分支节点样本越多，该分支作用越大；$H(D^v)$ 表示节点 v 中数据样本的信息熵。

根据特征信息增益生成决策树后，常会遇到过拟合问题。剪枝是常用的解决办法，即通过去掉一些分支降低过拟合风险。决策树的剪枝方法主要分为预剪枝和后剪枝两种方法。预剪枝是指在决策树构建过程中，在节点分裂前对节点进行检查和修剪。常用的预剪枝策略有以下三种。

(1) 限制树的最大深度：设置树的最大深度，当树达到指定深度时停止分裂。

(2) 限制叶节点中样本数量：设置叶节点中允许的最小样本数量，当叶节点样本数量小于阈值时停止分裂。

(3) 限制信息增益的增益阈值：设定信息增益的阈值，当分裂节点的增益小于阈值时停止分裂。

后剪枝是在决策树构建完成后，对已生成的决策树进行修剪。常用的后剪枝策略有以下三种。

(1) 验证集剪枝：将数据集划分为训练集和验证集，训练决策树后在验证集上评估每个内部节点的性能，若去除某节点后验证集性能提升，则进行剪枝操作。

(2) 错误率剪枝：计算每个内部节点的错误率，在剪枝时选择错误率最小的节点进行剪枝。

(3) 复杂度剪枝：在每个内部节点上考虑一个复杂度参数，以此来权衡模型的复杂度和预测准确度，通过最小化复杂度参数来选择剪枝节点。

决策树除了用于分类问题之外，还能用于回归问题，称为回归决策树。不同于分类决策树，回归决策树的输出为连续值，而不是类别标签，它是通过计算叶节点所包含的数据标签的平均值所得到的。在构建回归决策树时，在特征选择阶段，常用平均绝对误差和均方根误差作为划分准则，即选择特征 A 进行划分，使得叶节点中的数据集预测值和实际值的差距最小化，计算如式 (10.3) 所示：

$$\text{MAE}(t, X_j) = \frac{1}{N_t}\left[\sum_{i:X_{i,j} \leqslant s}|y_i - \overline{y}_{t,\text{left}}| + \sum_{i:X_{i,j} > s}|y_i - \overline{y}_{t,\text{right}}|\right] \tag{10.3}$$

其中，$\text{MAE}(t, X_j)$ 表示节点 t 根据特征 X_j 划分后的平均绝对误差；N_t 表示节点 t 的数据量；$\overline{y}_{t,\text{left}}$ 和 $\overline{y}_{t,\text{right}}$ 分别表示 t 节点分裂后，左侧节点和右侧节点的预测值，分别由左节点和右节点所有样本标签值的平均值计算所得；$\displaystyle\sum_{i:X_{i,j} \leqslant s}|y_i - \overline{y}_{t,\text{left}}|$ 表示 $X_j \leqslant s$ 的所有样本的预测误差之和；$\displaystyle\sum_{i:X_{i,j} > s}|y_i - \overline{y}_{t,\text{right}}|$ 表示 $X_j > s$ 的所有样本的预测误差之和。

2. SVM

SVM 是一类按照有监督学习方式对数据进行二元分类的广义线性分类器。在分类问题中给定输入数据 $\boldsymbol{x} = \{\boldsymbol{x}_1, \boldsymbol{x}_2, \cdots, \boldsymbol{x}_i, \cdots, \boldsymbol{x}_N\}$ 和学习目标 $\boldsymbol{y} = \{y_1, y_2, \cdots, y_i, \cdots, y_N\}$，其中 N 为样本数量，SVM 旨在将样本低维向量 $\boldsymbol{x}_i$ 映射到高维空间中，寻找最优区分样本类别的超平面，表示为 $(\boldsymbol{w}, b)$，参数 $\boldsymbol{w}$ 和 b 分别为超平面的法向量和截距。各样本向量所对应的高维向量到超平面

的距离越大,表示 SVM 的分类误差越小。设训练样本集合为(x_i, y_i),$i \in N$,$x \in R^d$,$y \in \{1,0\}$,其中,R^d 为一个 d 维度向量;y 为类别标号,包括正常、异常两类。支持向量机预测表示为:$f(x) = w^T x + b$。假设超平面 (w,b) 能够将样本进行正确分类,则当 $y_i = +1$ 时,$wx_i + b > 0$,反之当 $y_i = -1$ 时,$wx_i + b < 0$,令

$$\begin{cases} wx_i + b \geqslant +1, & y_i = +1 \\ wx_i + b \leqslant -1, & y_i = -1 \end{cases} \tag{10.4}$$

$wx_i + b = +1$ 和 $wx_i + b = -1$ 称为两个支持向量,两个异类支持向量之间的间隔为 $2/\|w\|$。因此,超平面 (w,b) 在满足式(10.4)约束条件的基础上,两个异类支持向量尽可能地远离,间隔尽可能地大,即最大化 $\|w\|^{-1}$,等价于最小化 $\|w\|^2$,如式(10.5)所示:

$$\min_{w,b} \frac{1}{2} \|w\|^2 \tag{10.5}$$
$$\text{s.t. } y_i(w^T x_i + b) \geqslant 1$$

对式(10.5)使用拉格朗日乘子法,并将其写成拉格朗日函数,如式(10.6)所示:

$$L(w,b,\alpha) = \frac{1}{2} \|w\|^2 + \sum_{i=1}^{N} \alpha_i (1 - y_i(w^T x_i + b)) \tag{10.6}$$

其中,$\alpha = [\alpha_1, \alpha_2, \cdots, \alpha_i \cdots, \alpha_N]$ 为拉格朗日乘子。式(10.6)对 w 和 b 进行求偏导,令其偏导值为 0,计算即可消除式(10.6)中的 w 和 b,得到式(10.5)的对偶问题,如式(10.7)所示:

$$\max_{\alpha} \sum_{i=1}^{N} \alpha_i - \frac{1}{2} \sum_{i=1}^{N} \sum_{j=1}^{N} \alpha_i \alpha_j y_i y_j x^T x \tag{10.7}$$
$$\text{s.t. } \sum_{j=1}^{N} \alpha_i y_i = 0$$
$$\alpha_i \geqslant 0$$

对上述公式进行求解 α,进而计算 w 和 b,得到超平面如式(10.8)所示:

$$f(x) = w^T x + b = \sum_{i=1}^{N} \alpha_i y_i x^T x + b \tag{10.8}$$

在实际问题中,数据分布具有复杂性,通常没有办法找到一个超平面,难以将所有数据线性分开。而在高维空间内,数据具有良好的线性可分特性。因此对于非线性分类问题,首先通过非线性映射 $\varphi(x)$ 将输入数据从低维空间 R^d 映射至高维线性可分空间 $\mathcal{H}$ (希尔伯特空间),再通过高维线性可分空间求得最优分类面。

高维线性可分空间 $\mathcal{H}$ 的维度较高,甚至可能是无穷维,其内积计算比较困难。针对上述问题,如果低维空间存在 $K(x_i, x_j)$,且满足 $K(x_i, x_j) = \varphi(x_i) * \varphi(x_j)$,则称 $K(\cdot, \cdot)$ 为核函数。在高维空间中求解某一变换空间的内积,只需定义核函数 $K(\cdot, \cdot)$ 并计算核函数值,无须显式定义映射函数 $\varphi(x)$。因此,在最优分类面求解过程中,选取合适的核函数 $K(x_i, x_j)$ 即可将非线性分类问题转化为线性分类问题,解决了线性不可分问题,也避免了维度灾难,减少了计算量。在高维空间中,分类超平面可以表示为

$$f(\boldsymbol{x}) = \boldsymbol{w}^{\mathrm{T}} \varphi(\boldsymbol{x}) + b$$
$$= \sum_{i=1}^{N} \boldsymbol{\alpha}_i y_i \varphi(\boldsymbol{x}_i)^{\mathrm{T}} \varphi(\boldsymbol{x}) + b$$
$$= \sum_{i=1}^{N} \boldsymbol{\alpha}_i y_i K(\boldsymbol{x}, \boldsymbol{x}_i) + b \tag{10.9}$$

由于实际数据存在噪声数据，或者数据中心样本点存在交叉混合的情况，无法通过一个硬间隔直接分开。此时，将硬间隔的最大化条件放宽，允许部分样本可以不满足式(10.5)中的约束 $y_i(\boldsymbol{w}^{\mathrm{T}} \varphi(\boldsymbol{x}_i) + b) \geqslant 1$，即在目标函数中引入惩罚项，实现软间隔。为了减少此类样本的数量，在目标函数中增加惩罚项，其因子系数值越大，惩罚越大。调整后的优化问题为

$$\min \left(\frac{1}{2} \|\boldsymbol{w}\|^2 + C\left(\sum_{i=1}^{N} \xi_i \right) \right)$$
$$\text{s.t.}\ \ y_i(\boldsymbol{w}^{\mathrm{T}} \varphi(\boldsymbol{x}_i) + b) \geqslant 1 - \xi_i \tag{10.10}$$
$$\xi_i \geqslant 0$$

其中，ξ_i 为每个样本的松弛变量；常数 $C > 0$ 为惩罚系数。

同样采用拉格朗日乘子法进行优化，并根据线性可分原理构造目标函数，如式(10.11)所示：

$$\max \left(\frac{1}{2} \sum_{i=1}^{N} \boldsymbol{\alpha}_i - \sum_{i=1}^{N} \sum_{j=1}^{N} \boldsymbol{\alpha}_i \boldsymbol{\alpha}_j y_i y_j K(\boldsymbol{x}_i, \boldsymbol{x}_j) \right)$$
$$\text{s.t.}\ \ \sum_{j=1}^{N} \boldsymbol{\alpha}_i y_i = 0 \tag{10.11}$$
$$0 \leqslant \boldsymbol{\alpha}_i \leqslant C$$

对式(10.11)进行求解，获得最优解 $\boldsymbol{a}^* = (a_1^*, a_2^*, a_3^*, \cdots, a_N^*)^{\mathrm{T}}$，然后选择 $\boldsymbol{a}^*$ 的一个分量 a_j^*，在满足条件 $C \geqslant a_j^* \geqslant 0$ 的情况下，计算得到最优 b^* 如式(10.12)所示：

$$b^* = y_j - \sum_{i=1}^{N} a_i^* y_i K(\boldsymbol{x}_i, \boldsymbol{x}_j) \tag{10.12}$$

支持向量机分类器的分类决策函数如式(10.13)所示：

$$f(\boldsymbol{x}) = \mathrm{sign}\left(\sum_{i=1}^{N} a_i^* y_i K(\boldsymbol{x}, \boldsymbol{x}_i) + b^* \right) \tag{10.13}$$

其中，$\mathrm{sign}(\cdot)$ 为符号函数。根据分类函数 $f(\boldsymbol{x})$ 的正负即可判定 x 所属的类别

支持向量机也同样可以用于回归预测问题，称为支持向量回归(support vector regression, SVR)。相较于 SVM，需将式(10.10)转化为式(10.14)，获得 SVR 的优化函数。

$$\min_{\boldsymbol{w}, b} \frac{1}{2} \|\boldsymbol{w}\|^2 + C \sum_{i=1}^{N} h_\varepsilon(f(\boldsymbol{x}_i) - y_i)$$
$$h_\varepsilon(f(\boldsymbol{x}_i) - y_i) = \begin{cases} 0, & f(\boldsymbol{x}_i) - y_i \leqslant \varepsilon \\ |z| - \varepsilon, & f(\boldsymbol{x}_i) - y_i > \varepsilon \end{cases} \tag{10.14}$$

其中，$h_\varepsilon(\cdot)$ 表示 ε 不敏感损失函数。

引入松弛变量 ξ_i 和 $\hat{\xi}_i$，将式(10.14)重写为式(10.15)：

$$\min_{w,b}\frac{1}{2}\|w\|^2 + C\sum_{i=1}^{N}(\xi_i + \hat{\xi}_i)$$

$$\text{s.t.}\quad f(x_i) - y_i \leqslant \varepsilon + \xi_i \tag{10.15}$$

$$y_i - f(x_i) \leqslant \varepsilon + \hat{\xi}_i$$

$$\xi_i, \hat{\xi}_i \geqslant 0, \quad i = 1, 2, \cdots, N$$

通过拉格朗日乘子法将式(10.15)转化为拉格朗日函数，求解即可获得回归函数，如式(10.16)所示：

$$f(x) = \sum_{i=1}^{N}(\hat{\alpha}_i - \alpha_i)K(x, x_i) + b \tag{10.16}$$

其中，$\hat{\alpha}_i$ 表示拉格朗日求解过程中 $y_i - f(x_i) \leqslant \varepsilon + \hat{\xi}_i$ 这一约束的参数；α_i 表示拉格朗日求解过程中 $f(x_i) - y_i \leqslant \varepsilon + \xi_i$ 这一约束的参数；$K(\cdot,\cdot)$ 表示核函数；b 可以通过满足 $0 < \alpha_i < C$ 条件的所有样本的平均值求得。

3. 神经网络

神经网络是一种应用类似于人类大脑神经突出连接的结构进行信息处理的数学模型，是由大量处理单元互联组成的非线性、自适应信息处理系统。神经元是神经网络的最基本的成分，结构如图 10.2(a) 所示，神经元接受来自其他神经元的输入信号，通过权重连接进行传递并借助激活函数处理神经元的输出，如式(10.17)所示。将神经元按照一定的层次结构连接起来得到神经网络，如图 10.2(b) 所示，最左边为输入层，负责接收原始数据或特征向量，并将其传递给隐含层；中间层称为隐含层，负责对输入数据进行非线性变换和特征提取，通过调节连接权重，隐含层可以学习到数据中的复杂关系；最右边为输出层，负责神经网络的最终输出，可以是分类标签、回归值。

$$y = f\left(\sum_{i=1}^{n} w_i x_i + b\right) \tag{10.17}$$

其中，y 表示神经元的输出；x_i 表示第 i 个输入特征；w_i 表示第 i 个输入特征的连接权重；b 表示偏置；$f(\cdot)$ 表示激活函数。

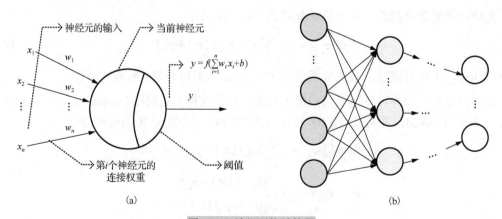

图 10.2　神经网络结构图

　　基于神经网络的有监督学习主要包括两个阶段：阶段一，数据信息向前传播，输入数据通过激活函数确定各层网络输出，得到目标预测值；阶段二，预测误差的反向传播，根据损失函数使用选择合理的优化器优化网络参数，即式(10.17)的权重和偏置，不断迭代，直至满足终止条件。下面从激活函数、损失函数、优化器三个方面进行阐述。

1) 常见的激活函数

　　(1) Sigmoid 函数：单极性，连续可导，如式(10.18)所示，其输出不是关于原点对称的，权重朝同一个方向变化，搜索寻优能力较差。

$$\text{Sigmoid}(x) = \frac{1}{1+\text{e}^x} \tag{10.18}$$

其中，x 表示自变量。

　　(2) Tanh 函数：双极性，连续可导，如式(10.19)所示，其函数值在 $(-1, 1)$，解决了 Sigmoid 函数的输出不是零中心的问题，但梯度饱和区域都比较平缓，接近于 0，容易造成"梯度消失"问题。

$$\text{Tanh}(x) = \frac{\text{e}^x - \text{e}^{-x}}{\text{e}^x + \text{e}^{-x}} \tag{10.19}$$

　　(3) ReLU 函数：如式(10.20)所示，解决了部分"梯度消失"问题，收敛速度快，但是在负半轴，函数值为 0，部分神经元死亡且不会复活，出现"死点"问题。

$$\text{ReLU}(x) = \max(0, x) \tag{10.20}$$

其中，$\max(\cdot, \cdot)$ 表示最大值函数。

　　(4) LeakyReLU 函数：如式(10.21)所示，相较于可以保留负轴的值，使得负轴的信息不会全部丢失，避免 ReLU 函数对于小于 0 的值神经元的梯度永远是 0 的问题。

$$y = \max(0, x) + l * \min(0, x) \tag{10.21}$$

其中，l 为常数；$\min(\cdot, \cdot)$ 表示最小值函数。

2) 损失函数

　　损失函数的选择是深度神经网络构建过程中的一个重要方面，能够评价神经网络的准确性，对模型参数可微，用于寻找最优参数。常见的损失函数有均方误差(MSE)和交叉熵损失函数。MSE 如式(10.22)所示，常用于回归预测问题，在训练过程中，均方误差的梯度会随着损失函数值的减小而减小，进而得到较为精确的预测精度。交叉熵损失函数如式(10.23)所示，常用于分类问题，预测值与真实值偏差越大，权重更新越快，反之权重更新越慢。

$$\text{MSE} = \frac{1}{2N} \sum_{i=1}^{N} (Y_i - Y_i^{\text{pre}})^2 \tag{10.22}$$

$$\text{CrossEntropy Loss} = -\frac{1}{N} \sum_{i=1}^{N} [Y_i \log p_i + (1 - Y_i) \log(1 - p_i)] \tag{10.23}$$

其中，Y_i 表示样本 i 的标签值；Y_i^{pre} 表示样本 i 的预测值；p_i 表示预测样本 i 的类别概率。

3) 常见的优化器

　　常见的优化器有随机梯度下降法(stochastic gradient descent，SGD)、带动量的 SGD(SGD with momentum，SGDM)、自适应梯度算法(adaptive gradient algorithm，AdaGrad)、均方根传播(root mean square prop，RMSProp)和自适应矩估计(adaptive moment estimation，Adam)。

（1）SGD。

SGD 是简单的梯度下降法，在进行批训练时每次随机选择一批数据计算梯度，进而更新神经网络。SGD 完全依赖于梯度方向来更新参数，参数改变方向幅度大，可能会导致在最优解附近的振荡且容易陷入局部最优解。

（2）SGDM。

SGDM 是随机梯度下降算法的一种改进版本，在更新参数时不仅考虑了当前梯度的方向，还考虑了之前梯度更新的方向，以加速收敛并减少振荡。相较于 SGD，SGDM 可以加快更新速度，更快到达最优点。

（3）AdaGrad。

AdaGrad 是一种自适应学习率的优化算法，它能够根据参数的历史梯度信息来调整学习率，从而在训练过程中更加智能地更新参数。AdaGrad 的主要思想是根据参数的梯度情况来自动调整学习率，使得对于稀疏特征或频繁出现的特征，学习率会变小，而对于不频繁出现的特征，学习率会变大。

（4）RMSProp。

RMSProp 是针对 AdaGrad 在学习过程中学习率一直衰减的问题而改进的。它通过引入一个衰减系数来限制历史梯度信息的累积，从而使得学习率可以自适应地调整，更好地适应不同特征的分布情况。

（5）Adam。

Adam 可以看作 SGDM 和 RMSProp 的结合，不但在参数更新方向考虑加入动量的方法，还采用自适应步长，自动根据梯度调整步长，相比于其他算法能够更快、更好地找到最优点。

在神经网络训练过程中不可避免地会过拟合，即在训练集上的预测性能很强，而在测试集上表现很差。为了避免过拟合问题，采用了如下方法：Dropout、Batch normalization 和 L2 正则化。

① Dropout 是指在训练过程中，指定层的神经元以一定的概率将其暂时失活，即设置为 0，使得连接权值的更新不再依赖于固定神经元的相互作用。在批次训练中，随机使一些神经元失活，使其不参与向前传播，则不会对该权重进行更新。Dropout 使预测模型不依赖于特定神经元的存在，能够缓解过拟合现象，同时，每次训练只有部分神经元参与，减少每个训练批次的计算量，加快了训练速度。

② Batch normalization 是指对神经网络每一层的小批量数据进行标准化，减少数据中内部协变量偏移，使得每批的训练数据分布更加稳定，缓解梯度消失和梯度爆炸的问题，能够加快预测模型的收敛速度。具体操作如下：计算当前层每个批次数据的均值和方差，采用式(10.24)对批数据进行归一化，使其均值为 0、方差为 1。然后将归一化后的数据进行缩放和平移操作，如式(10.25)所示，使网络表达不发生偏移。值得注意的是，在反向传播时，不仅需要更新网络权重，还需更新缩放和平移参数，使其适应数据分布的变化。

$$\widehat{\boldsymbol{xx}_i} = \frac{\boldsymbol{xx}_i - \mu_i}{\sqrt{\sigma_i^2 + \varepsilon}} \tag{10.24}$$

$$\boldsymbol{yx}_i = \gamma \widehat{\boldsymbol{xx}_i} + \beta \tag{10.25}$$

其中，$\widehat{\boldsymbol{xx}_i}$ 表示第 i 批数据经规范化后所得到的数据；$\boldsymbol{xx}_i$ 表示第 i 批数据；μ_i 表示第 i 批数据

的均值；σ_i^2 表示第 i 批数据的方差；ε 是一个极小值，避免分母为 0；yx_i 表示第 i 批数据经过批归一化后的输出；γ 表示缩放参数；β 表示平移参数。

③ L2 正则化通过向损失函数添加权重的平方和来对模型的复杂度进行惩罚，从而使得模型的参数趋向于较小的值，如式(10.26)所示：

$$\text{Loss} = J_{\text{ori}} + \frac{\lambda}{2}\sum(W^k)^2 \tag{10.26}$$

其中，J_{ori} 为原始损失函数，后者为 L2 正则项；λ 表示正则化参数，控制正则化项的重要性。

4. 贝叶斯分类

贝叶斯分类技术是一种基于概率统计的、非规则的分类方法，通过对已分类的样本子集进行训练，学习归纳出分类函数，利用训练得到的分类器实现对未分类数据的分类。贝叶斯分类的核心是贝叶斯定理，如式(10.27)所示：

$$P(c_k \mid X) = \frac{P(c_k)P(X \mid c_k)}{P(X)} = \frac{P(c_k)}{P(X)}\prod_{i=1}^{d}P(x_i \mid c_k) \tag{10.27}$$

其中，$P(c_k \mid X)$ 表示给定样本 X 属于类别 c_k 的概率；$P(c_k)$ 表示所有样本属于类别 c_k 的先验概率；$P(X \mid c_k)$ 表示给定样本 X 相对于类别 c_k 的条件概率；$P(x_i \mid c_k)$ 表示在类别 c_k 条件下，属性为 x_i 的概率；d 表示特征维度。对于给定样本 X，所有类别的证据因子 $P(X)$ 相同。因此，贝叶斯分类器可以表示为式(10.28)：

$$h_c(X) = \arg\max_{c_k \in Y} P(c_k)\prod_{i=1}^{d}P(x_i \mid c_k) \tag{10.28}$$

其中，$h_c(X)$ 表示样本 X 所属类别；Y 表示类别集合。

综上所述，贝叶斯分类器的工作原理概括如下。

(1)对于给定的样本 X，计算其属于每个类别 c_k 的后验概率 $P(x_i \mid c_k)$ 和 $P(c_k)$。

(2)选择具有最高后验概率的类别作为样本的预测类别。

10.3 基于无监督学习的制造大数据分析

本节在阐述无监督学习核心思想、分类的基础上，介绍聚类分析、关联分析和数据降维等基于无监督学习的制造大数据分析方法原理。

10.3.1 无监督学习概述

无监督学习的目标是从未标记的制造数据中发现隐藏规律，而无须任何预先提供的标签或类别信息，主要类型包括聚类分析、关联分析和数据降维等。

(1)聚类分析：将数据集中的样本划分为若干个不同的组别(簇)，使得同一组内的样本相似度高，不同组之间的样本相似度低。常见的聚类算法包括 K 均值聚类、自组织映射(self-organization mapping, SOM)聚类、基于密度的聚类和层次聚类。在离散制造业中，利用聚类算法对车间生产过程数据进行分析，发现不同的生产模式或异常行为。

(2)关联分析：关联分析一方面分析制造数据特征的相关性和冗余性，典型算法包括互信息、条件互信息、最大信息系数等,用于发现不同生产参数之间的关联关系,从而找到影响生产效率和产品质量的关键因素,然后优化这些关键因素,提高生产效率、降低生产成本;另一方面用于发现数据中不同项之间的关联关系和频繁出现的组合规律,典型关联分析算法包括 Apriori 算法和频繁模式(frequent pattern,FP)增长算法等,用于挖掘离散制造业中的生产数据之间的关联规律,如原材料的使用情况、产品的质量与生产工艺参数之间的关系等。

(3)数据降维:数据降维是将高维数据映射到低维空间的过程,旨在减少数据维度、降低计算复杂度的同时保留数据的主要特征,常见的降维算法包括自编码器、PCA、t 分布式随机邻居嵌入等。在离散制造业中,数据维度往往较高,利用降维技术可以将数据压缩到低维空间,保留主要特征,帮助企业更好地理解和利用数据。

10.3.2　基于无监督学习的制造大数据分析常用方法

1. 聚类分析

这里主要介绍 K 均值聚类、SOM 聚类、密度峰值聚类、层次聚类四种方法。

1) K 均值聚类

K 均值聚类的核心思想是将数据集中的样本划分为 K 个簇,最小化每个样本与所属簇中心点(即质心)之间的距离,如式(10.29)所示。具体而言,K 均值聚类通过不断迭代簇的质心、重新分配样本至新簇来优化簇的划分。

$$\min \sum_{i=1}^{c} \sum_{j=1}^{n} \left\| C_i - X_j \right\|^2 \tag{10.29}$$

其中,C_i 表示质心 i;X_j 表示属于簇 i 的第 j 个样本。K 均值聚类的算法流程如下。

(1)初始化:随机选择 K 个样本作为初始质心。

(2)聚类分配:计算每个样本与 K 个质心的距离,如式(10.30)所示,并将样本分配到最近的质心所属的簇中。

$$d(X_j, C_i) = \left\| X_j - C_i \right\|_2 \tag{10.30}$$

其中,$\left\| X_j - C_i \right\|_2$ 表示样本 X_j 与质心 C_i 的距离,常用欧氏距离。

(3)更新质心:重新计算每个簇的质心,即将该簇中所有样本的均值作为新的质心,如式(10.31)所示。

$$C_i = \frac{1}{\left| S_j \right|} \sum_{X_j \in S_j} X_j, \quad j = 1, 2, \cdots, K \tag{10.31}$$

其中,S_j 为第 j 个簇中的样本集合。

(4)重复步骤(2)和(3),直到簇的分配不再改变或达到最大迭代次数。

K 均值聚类的性能受到初始质心的选择和局部最优解的影响,因此可以采用多次随机初始化和使用更复杂的启发式方法来提高算法的性能和稳定性。K 均值聚类有一些扩展版本,如加权 K 均值聚类、模糊 K 均值聚类等,它们在解决特定问题或处理特定类型的数据时具有更好的性能和效果。

2) SOM 聚类

SOM 网络是一种基于竞争性学习的无监督神经网络,其输入神经元与输出神经元通过权向量进行连接。该网络通过自组织学习调整权向量，使输出神经元节点对不同的输入敏感程度不同。对于某一特定神经元而言，只对某一类输入敏感，能够将输入数据自动划分为若干个簇，实现特征聚类。

SOM 网络将高维特征集映射到低维空间(一般为二维)，拥有在高维空间的拓扑结构，如图 10.3 所示。SOM 网络属于前反馈神经网络，由输入层和输出层构成。输入神经元节点数与输入特征维数相同，输出层神经元节点按二维平面分布，每个神经元与周围的神经元侧向连接，呈现棋盘形状。

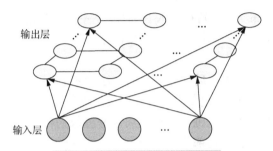

图 10.3　SOM 网络空间拓扑结构

SOM 训练过程主要包括四个过程：参数初始化、神经元竞争、神经元合作、自适应学习。下面从这四个方面介绍 SOM 的训练过程。

(1)参数初始化。

选定正方形的输出层拓扑结构，输出神经元节点数为 $a*a$，初始化权向量 $\mathbf{SW}$，其中，对任一 $\mathrm{SW}_{i,j}$，$0<\mathrm{SW}_{i,j}<1$，$i\in\{1,2,\cdots,dn\}$，$j\in\{1,2,\cdots,a*a\}$，dn 为输入神经元节点数，与输入特征的维数相等，设定初始学习率 η_0 和终止迭代次数 T。

(2)神经元竞争。

在第 t 次迭代过程中，计算输入特征 $\mathbf{x}=\{x_1,x_2,\cdots,x_{dn}\}$ 与每个神经元的权向量之间的距离，如式(10.32)所示，距离最小的神经元是竞争过程中的获胜者，称其为获胜神经元。所有特征输入 SOM 网络中，通过输出神经元之间的竞争，相似的特征映射到输出层的同一/邻近神经元，实现第 t 次特征聚类。

$$d_j(t)=\sqrt{\sum_{i=1}^{dn}(x_i-\mathrm{SW}_{i,j}(t))^2}\qquad(10.32)$$

其中，$\mathrm{SW}_{i,j}(t)$ 表示第 t 次迭代过程中第 i 个输入神经元节点与第 j 个输出神经元节点之间的连接权重。

(3)神经元合作。

获胜神经元与周围的神经元具有横向作用，当某个神经元在竞争中获胜时，会刺激周围神经元，使周围神经元更为活跃。在第 t 次迭代过程中，确定获胜神经元周边兴奋神经元的空间位置，即优势领域，该优势领域随着迭代次数增加而不断缩小，如式(10.33)所示；然后确定优势领域中每个神经元的学习率，该学习率随着迭代次数的增加而增加，随着优势领域的缩小而不断增大，如式(10.34)所示。

$$r(t)=\left\lfloor a\cdot\left(1-\frac{t}{T}\right)\right\rfloor\qquad(10.33)$$

$$\eta(t) = \frac{\eta_0}{t+1} e^{-r(t)} \tag{10.34}$$

其中，$r(t)$ 表示 t 次迭代的优势领域半径；$\eta(t)$ 表示第 t 次迭代的学习率。

(4) 自适应学习。

最后更新兴奋神经元携带的权向量，缩小权向量与输入特征之间的距离，不断迭代直至最大迭代次数。权向量更新规则如式(10.35)所示：

$$\mathrm{SW}_{i,j}(t) = \mathrm{SW}_{i,j}(t-1) + \eta(t) \left| x_i - \mathrm{SW}_{i,j}(t-1) \right| \tag{10.35}$$

为了实现特征的初始聚类，将特征输入 SOM 网络中，计算输出层获胜神经元，即该特征在低维空间中的位置，映射在同一位置的输入特征划分为同一簇。

3) 密度峰值聚类

密度峰值聚类是一种度量数据局部点密度的方法，通过对局部点密度和高密度距离(到具有更高局部密度点的距离)的快速搜索实现数据聚类。通常来说，一个数据集的某聚类中心被相对其局部密度低的数据样本点包围，且这些局部密度低的样本点距离其他具有高局部密度样本点的距离较大，所以具有高局部密度且距离已选取的聚类中心较远的点具有更大的选择概率成为下一个聚类中心。基于上述思想，点 i 的局部密度 ρ_i 和 i 到具有更高局部密度点的距离 δ_i 被定义为

$$\rho_i = \sum_j \chi(d_{ij} - d_c), \quad \chi(d) = \begin{cases} 1, & d < 0 \\ 0, & d \geqslant 0 \end{cases} \tag{10.36}$$

$$\delta_i = \min_{j:\rho_j > \rho_i}(d_{ij}) \tag{10.37}$$

其中，d_{ij} 为数据点 i 和点 j 之间的距离；d_c 表示截断距离(是 DP 聚类的唯一输入参数)，被定义为所有点间距离 d_{ij} 的前 2% 的值；δ_i 为该点到所有具有更高局部密度点之间距离的最小值，当点 i 具有最大的局部密度时，δ_i 为与点 i 最远的点的距离，即

$$\delta_i = \max_j(d_{ij}) \tag{10.38}$$

所有样本点均有对应的局部密度值 ρ 和高密度距离值 δ，分别以归一化处理后的 ρ 和 δ 为横、纵坐标轴绘制决策图，选择 ρ 值和 δ 值都较大的点作为初始聚类中心，当决策图无法直观判别时，通过决策系数 $\gamma_i = \rho_i \times \delta_i$ 辅助判断，当聚类中心跨越到非聚类中心时，γ_i 的值会出现较大跳跃。

4) 层次聚类

层次聚类的核心思想是通过计算样本之间的相似度或距离来构建树形结构，可以采用自底向上的聚合策略(凝聚聚类)或自顶向下的分裂策略(分裂聚类)来构建聚类树。

凝聚层次聚类算法的流程如下。

(1) 初始化：将每个样本视为一个初始簇。

(2) 计算相似度矩阵：计算每对样本之间的相似度。

(3) 合并最近的簇：选择相似度最高的两个簇进行合并，形成新的簇，这里簇的相似度可以用样本间最小距离、样本间最大距离、所有样本平均距离计算所得。

(4) 更新相似度矩阵：重新计算合并后的簇与其他簇的相似度。

(5) 重复步骤(3)和(4)，直到所有样本都被合并成一个簇或达到预设的聚类数目。

分裂层次聚类算法的流程与凝聚层次聚类算法相反，具体如下。

(1) 初始化：将所有样本视为一个初始簇。

(2) 计算相似度矩阵：计算每对样本之间的相似度。

(3) 分裂最不相似的簇：计算簇内样本之间的方差，选择方差最大的簇进行分裂，同时选择该簇中最不相似的两个样本作为聚类中心。

(4) 更新相似度矩阵：重新计算分裂后的两个簇与其他簇的相似度。

(5) 重复步骤(3)和(4)，直到达到预设的聚类数目或满足停止条件。

2. 关联分析

这里主要介绍互信息和 Apriori 算法两种基本的关联分析方法。

1) 互信息

互信息是对随机变量间相互关联与独立程度的度量，描述的是它们之间共同含有信息量的大小，也可看成因为一个随机变量的确定而减少的另一个变量的不确定性。对于两个随机变量 (A, B)，假设其联合分布为 $p(A, B)$，边缘分布分别为 $p(A)$ 和 $p(B)$，则 A 与 B 的互信息 $I(A; B)$ 为 $p(A, B)$ 与 $p(A)$ 和 $p(B)$ 乘积分布的相对熵，表示为

$$I(A; B) = H(A) + H(B) - H(A, B) = \sum_{b \in B} \sum_{a \in A} p(a, b) \log \left(\frac{p(a, b)}{p(a)p(b)} \right) \tag{10.39}$$

其中，$H(A) = -\sum_a p(a) \log(p(a))$ 与 $H(B) = -\sum_b p(b) \log(p(b))$ 分别为 A 与 B 的边缘熵；$H(A, B) = -\sum_{a, b} p(a, b) \log(p(a, b))$ 为 A 与 B 的联合熵，a 与 b 分别为 A 与 B 的可能取值；$p(a)$ 和 $p(b)$ 分别是 A 取值为 a 和 B 取值为 b 的概率；$p(a, b)$ 是 A 取值为 a 且 B 为 b 的概率。若随机变量 A 与 B 完全独立，则 $p(a, b) = p(a)p(b)$，可知 $I(A; B) = 0$，A 与 B 之间存在的共同信息量越多，$I(A; B)$ 的值越大，说明两变量之间的关联越紧密。

2) Apriori 算法基本概念

除了通过互信息计算变量属性间的关联关系，还可以通过频繁轨迹进行关联规则挖掘，典型的算法是 Apriori 算法和 FP 增长算法。前者会产生冗余数据，如果数据集非常稀疏，那么可能会生成大量的候选项集；后者对 Apriori 算法的缺点进行了修正，但构建 FP 树的过程是递归的，限制了该算法的并行处理能力，尤其是在处理大规模数据集时会成为瓶颈。因此，对制造业的海量数据来说，分布式并行处理数据是必然的。因此，使用并行 Apriori 算法进行关联规则挖掘。在介绍 Apriori 算法之前，引入 4 个基本概念。

(1) 项集：项集是指数据集中的一个或多个项目的集合。项集可以是单个项(单项集)或多个项组成的集合(多项集)，例如，在购物分析中，项目是客户购买的某件商品，如啤酒、纸尿裤、面包等。

(2) 事务：事务是指数据集中的一条记录或一个样本，其中包含了若干项组成的项集。项在事务中可以用二元变量来表示，即在事务中出现的项设为 1，否则置 0。

(3) 关联规则：使用 "$X \to Y$" 的表达式表征关联规则，X 称为前项集，Y 称为后项集。关联规则 "$X \to Y$" 的支持度 $\text{support}(X \to Y)$ 等价于项集 $X \bigcup Y$ 的支持度 $\text{support}(X \bigcup Y)$，如式(10.40)所示。关联规则 "$X \to Y$" 的置信度 $\text{confidence}(X \to Y)$ 表示数据集 D 包含项集 X 的事务有多大的可能包含项集 Y，等价于项集 $X \bigcup Y$ 的支持度与项集 X 的支持度的比值，如式(10.41)所示。

$$\text{support}(X \to Y) = \text{support}(X \cup Y) = \frac{\text{count}(X \cup Y)}{\text{count}(D)} \tag{10.40}$$

$$\text{confidence}(X \to Y) = \frac{\text{support}(X \cup Y)}{\text{support}(X)} \tag{10.41}$$

其中，$\text{count}(X \cup Y)$表示数据集D中包含项集$X \cup Y$的事务个数；$\text{count}(D)$表示数据集D的事务总数。

(4) 频繁项集：频繁项集是指在数据集中出现频率超过预设阈值(支持度阈值)的项集。

3) Apriori 算法的流程

(1) 生成候选项集。

① 初始时，将所有单个项组成的候选项集作为第一层候选项集。

② 对于每一层，根据前一层的频繁项集，生成下一层的候选项集

(2) 计算支持度。

① 扫描数据集，统计候选项集的支持度(即出现频次)。在候选项集生成过程中，需要利用 Apriori 性质进行剪枝操作，以减少不必要的搜索。在 Apriori 算法中，如果一个项集是频繁的，那么它的子集也是频繁的；如果项集$\{a, b\}$是非频繁的，那么它的超集$\{a, b, \cdots\}$也是非频繁的。因此，在水平扫描剪枝操作中，检查其每个候选项集的子集是否都是频繁项集，如果发现有一个子集不是频繁的，则将该候选项集删除；在垂直扫描剪枝操作中，统计每个单个项在数据集中的出现频次(支持度)，根据单个项的支持度，生成候选项集，并检查其支持度是否满足预设阈值，剔除不满足支持度阈值的候选项集，同时删除支持度低于阈值的单个项。

② 根据设定的支持度阈值，筛选出频繁项集。

(3) 生成关联规则。

① 根据频繁项集，生成所有可能的关联规则。

② 计算每条规则的置信度，根据设定的置信度阈值筛选出满足条件的强关联规则。

3. 数据降维

这里主要介绍自编码器和 PCA 两种基本的数据降维方法。

1) 自编码器

自编码器(AE)是一种常用的无监督特征提取方法，包括一个输入层、一个隐含层和一个输出层。AE 通过减少输入层和输出层之间的重构误差，使隐含层特征能够尽可能地反映输入数据的分布，具有较强的特征表示能力。由于 AE 的隐含层维度一般小于输入层维度，常用于特征降维。AE 主要包括编码部分和解码部分，分别如式(10.42)和式(10.43)所示。

$$h(\boldsymbol{x}_i) = g(\boldsymbol{W}_1 \boldsymbol{x}_i + \boldsymbol{b}_1) \tag{10.42}$$

$$\boldsymbol{z}_i = g(\boldsymbol{W}_2 h(\boldsymbol{x}_i) + \boldsymbol{b}_2) \tag{10.43}$$

其中，$\boldsymbol{x}_i$是一个向量，表示第i条输入数据；$\boldsymbol{W}_1$表示编码器的权重；$\boldsymbol{b}_1$表示编码器的偏置；$g(\bullet)$表示激活函数，如 ReLU 激活函数；$h(\boldsymbol{x}_i)$表示$\boldsymbol{x}_i$经编码器压缩后的特征；$\boldsymbol{W}_2$表示解码器的权重；$\boldsymbol{b}_2$表示解码器的偏置；$\boldsymbol{z}_i$表示$\boldsymbol{x}_i$的重构特征。

AE 进行特征降维主要包括以下两个步骤。

(1) 自编码器搭建：将数据输入编码器获得降维数据，并借助解码器还原出原始空间数据。

(2)自编码器训练：结合最小化重构误差和 L2 正则化，构建无监督损失函数，如式(10.44)所示。通过不断训练直至收敛，实现将输入数据的特征降维。L2 正则化对网络参数进行先验假设，认为较小的模型权重更有可能获得高性能模型。因此，在上述过程中，引入 L2 正则项，使 AE 的权重保持较小值，解决过拟合问题，提高模型的泛化能力。

$$\text{Cost}_{ae} = \frac{1}{2N}\sum_{i=1}^{N}\|\boldsymbol{x}_i - \boldsymbol{z}_i\|_2 + \frac{\lambda}{2}(\boldsymbol{W}_1^2 + \boldsymbol{W}_2^2) \tag{10.44}$$

其中，Cost_{ae} 表示 AE 的损失函数；第一项是均方误差项；第二项是 L2 正则化项；$\|\boldsymbol{x}_i - \boldsymbol{z}_i\|_2$ 表示 $\boldsymbol{x}_i - \boldsymbol{z}_i$ 的二范数；λ 表示权重衰减参数。

2）PCA

PCA 是另外一种常用的无监督学习特征降维技术，通过线性变换将高维数据映射到低维空间，同时保留数据的主要特征。设样本集 $D = \{\boldsymbol{X}_1, \boldsymbol{X}_2, \cdots, \boldsymbol{X}_N\}$，$N$ 为样本数量，PCA 首先通过计算样本集的协方差矩阵，然后进行特征值分解，找到数据中的主成分，最后将数据投影到主成分所构成的新数据空间中，达到降维的目的，具体步骤如下。

(1)数据标准化：对原始数据进行中心化，如式(10.45)所示。

$$\boldsymbol{X}_i = \boldsymbol{X}_i - \frac{1}{N}\sum_{i=1}^{N}\boldsymbol{X}_i \tag{10.45}$$

(2)计算标准化后数据的协方差矩阵 $\boldsymbol{C}$。

(3)对协方差矩阵进行特征值分解，如式(10.46)所示，得到协方差矩阵的特征值 λ_i 和对应的特征向量 $\boldsymbol{w}_i$。

$$\boldsymbol{C}\boldsymbol{w}_i = \lambda_i \boldsymbol{w}_i \tag{10.46}$$

(4)将特征向量按对应特征值从大到小排列，取最大的 d 个特征值对应的特征向量 $\boldsymbol{w}_1, \boldsymbol{w}_2, \cdots, \boldsymbol{w}_d$ 作为样本集的主成分，完成特征降维。

思 考 题

10-1 简要对比分析有监督学习和无监督学习的不同之处。

10-2 什么是决策树？当根据特征信息增益生成决策树后，如何降低过拟合风险？

10-3 在神经网络中，为了避免过拟合问题，可以采用哪些方法？并简单介绍这些方法。

10-4 常用的基于聚类的制造大数据分析方法有哪些？简述各自的实现原理。

10-5 常用的关联分析方法有哪些？简述各自的实现原理。

10-6 基于自编码器和 PCA 的特征降维原理分别是什么？

第 11 章　制造物联安全技术

本章首先介绍制造业的安全要求；然后阐述物联网安全特征与面临的安全威胁；最后针对所面临的安全威胁，介绍物联网安全机制。

11.1　制造业的安全要求

本书的安全问题主要涉及三个方面。

(1)物联网技术本身涉及安全漏洞，物联网安全套接层协议如图 11.1 所示。在本书中，将结合国家军用标准和国家保密技术要求与技术标准，对本书所涉及的器件的选型、器件的安全测试、技术屏蔽以及信息加密技术方面进行研究。

① 严格按照国家军用标准规定的安全保密技术指标，在符合国家军用标准安全保密认证的产品中选择元器件。

② 建立完善、全面、科学的器件安全测试平台，对国家军用标准安全保密中没有涉及的器件进行安全测试和筛选。

③ 对一些非常必要的且不满足安全保密要求的器件进行技术屏蔽，使之满足安全保密的要求。

④ 研究专门的信号传输协议，建立严格的电子标签注册、登记制度，防止外来电子标签入侵；对物联网中的数据传输架构进行加密设置，并在读写器接入内部局域网的过程中设置安全套接层(secure socket layer，SSL)协议。

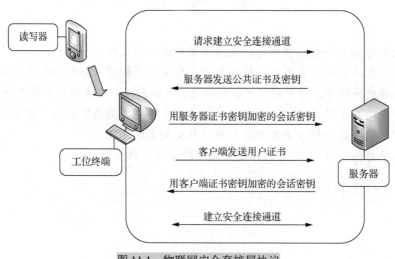

图 11.1　物联网安全套接层协议

（2）对现场制造数据库进行安全管理，保障车间现场数据的安全性。具体内容如图 11.2 所示，包括硬件防护、权限管理、数据加密、威胁报警、数据备份、日志维护等方面。

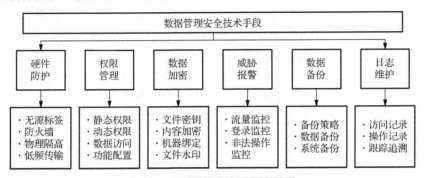

图 11.2　现场制造数据安全技术

（3）从管理制度方面加以约束，保障系统的安全性，具体内容如图 11.3 所示，包括制定全面、科学、合理的安全管理制度，制定安全技术规范并严格执行，经常进行安全保密教育，强化安全保密意识。

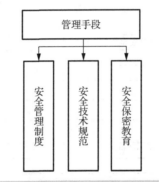

图 11.3　面向安全保密的管理手段

11.2　物联网安全特征与面临的安全威胁

1. 物联网安全特征

需要对物联网的各个层次进行有效的安全保障，以应对感知层、网络层和应用层所面临的安全威胁，还要能够对各个层次的安全防护手段进行统一的管理和控制。物联网安全体系结构如图 11.4 所示。感知层安全主要分为感知设备物理安全和信息安全两类。传感器节点之间的信息需要保护，传感器网络需要安全通信机制，确保节点之间传输的信息不被未授权的第三方获得。安全通信机制需要使用密码技术。传感器网络中通信加密的难点在于轻量级的对称密码体制和轻量级的加密算法。感知层主要通过各种安全服务和各类安全模块，实现各种安全机制，对于某个具体的传感器网络，可以选择不同的安全机制来满足其安全需求。网络层安全主要包括网络安全防护、核心网安全、移动通信接入安全和无线接入安全等。网络层安全要实现端到端加密和节点间数据加密。对于端到端加密，需要采用端到端认证、端到端密钥协商、密钥分发技术，并且要选用合适的加密算法，还需要进行数据完整性保护。对于节点间数据加密，需要完成节点间的认证和密钥协商，加密算法和数据完整性保护则可以根据实际需求选取或省略。应用层安全除包含传统的应用安全之外，还需要加强处理安全、数据安全和云安全。多样化的物联网应用面临各种各样的安全问题，除了传统的信息安全问题，云计算安全问题也是物联网应用层所需要面对的。因此应用层需要一个强大而统一的安全管理平台，否则每个应用系统都会建立自身的应用安全平台，这样将会影响安全互操作性，导致新一轮安全问题的产生。除了传统的访问控制、授权管理等安全防护手段，物联网应用层还需要新的安全机制，如对个人隐私保护的安全需求等。

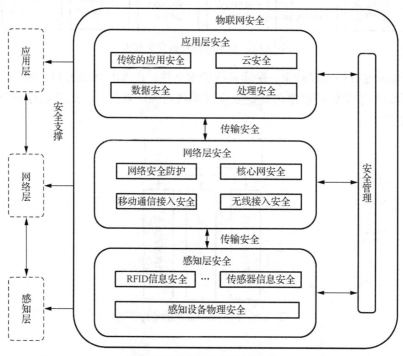

图 11.4　物联网安全体系结构

2. 物联网安全与传统网络安全的区别

与传统网络相比，物联网发展带来的安全问题将更为突出，要强化安全意识，把安全放在首位，超前研究物联网产业发展可能带来的安全问题。物联网安全除要解决传统信息安全的问题之外，还需要克服成本、复杂性等新的挑战。物联网安全面临的新挑战主要包括需求与成本的矛盾，安全复杂性进一步加大，信息技术发展本身带来的问题，以及物联网系统攻击的复杂性和动态性仍较难把握等方面。总体来说，物联网安全的主要特点呈现 4 个方面，即大众化、轻量级、非对称和复杂性。

（1）大众化。物联网时代，当每个人习惯于使用网络处理生活中的所有事情的时候，当你习惯于网上购物、网上办公的时候，信息安全就与你的日常生活紧密地结合在一起了，不再是可有可无的。物联网时代如果出现了安全问题，那么每个人都将面临重大损失。只有当安全与人们的利益相关的时候，所有人才会重视安全，也就是大众化。

（2）轻量级。物联网中需要解决的安全威胁数量庞大，并且与人们的生活密切相关。物联网安全必须是轻量级、低成本的安全解决方案。只有这种轻量级的思路，普通大众才可能接受。轻量级解决方案正是物联网安全的一大难点，安全措施的效果必须要好，同时成本要低，这样的需求可能会催生出一系列的安全新技术。

（3）非对称。物联网中，各个网络边缘的感知节点的能力较弱，但是其数量庞大，而网络中心的信息处理系统的计算处理能力非常强，整个网络呈现出非对称的特点。物联网安全在面向这种非对称网络的时候，需要将能力弱的感知节点的安全处理能力与网络中心强的计算处理能力结合起来，采用高效的安全管理措施，使其形成综合能力，从而能够整体上发挥出安全设备的效能。

（4）复杂性。物联网安全十分复杂，从目前可认知的观点可以知道，物联网安全所面临的威胁、要解决的安全问题、所采用的安全技术，在数量上比互联网大很多，还可能出现互联网安全所没有的新问题和新技术。物联网安全涉及信息感知、信息传输和信息处理等多个方面，并且更加强调用户隐私。物联网安全各个层面的安全技术都需要综合考虑，系统的复杂性将是一大挑战，同时将呈现大量的商机。

3．物联网面临的安全威胁

物联网各个层次都面临安全威胁，现分别从感知层、网络层和应用层对其面临的安全威胁进行分析。

（1）感知层安全威胁。如果不对感知节点所感知的信息采取安全防护或者安全防护的强度不够，则这些信息很可能被第三方非法获取，这种信息泄密某些时候可能造成很大的危害。由于安全防护措施的成本因素或者使用便利性等因素，某些感知节点很可能不会采取或者采取很简单的信息安全防护措施，这样将导致大量的信息被公开传输，很可能在意想不到的时候引起严重后果。感知层普遍存在的安全威胁是某些普通节点被攻击者控制之后，其与关键节点交互的所有信息都将被攻击者获取。攻击者的目的除了窃听信息，还可能通过其控制的感知节点发出错误信息，从而影响系统的正常运行。感知层安全措施必须能够判断和阻断恶意节点，还需要在阻断恶意节点后，保障感知层的连通性。

（2）网络层安全威胁。物联网网络层的网络环境与目前的互联网网络环境一样，也存在安全挑战，并且由于其中涉及大量异构网络的互联互通，跨网络安全域的安全认证等方面会更加严重。网络层很可能面临非授权节点非法接入的问题，如果网络层不采取网络接入控制措施，就很可能被非法接入，其结果可能是网络层负担加重或者传输错误信息。互联网或者下一代网络将是物联网网络层的核心载体，互联网遇到的各种攻击仍然存在，甚至更多，需要有更好的安全防护措施和抗毁容灾机制。物联网终端设备的处理能力和网络能力差异巨大，应对网络攻击的防护能力也有很大差别，传统互联网安全方案难以满足需求，并且很难采用通用的安全方案解决所有问题，必须针对具体需求制定多种安全方案。

（3）应用层安全威胁。物联网应用层涉及方方面面的应用，智能化是其重要特征。智能化应用能够很好地处理海量数据，满足使用需求，但智能化应用一旦被攻击者利用，将造成更加严重的后果。应用层的安全问题是综合性的，需要结合具体的应用展开应对。

11.3　安全密钥管理机制

在快速发展的现代社会，信息安全越来越受到人们的关注，很多企业都很重视产品的核心知识保密性，制造企业对产品的设计、加工及装配工艺的安全性都有一定的要求，更有甚者，军工、国有企业、一些大型世界企业对产品的时间制造信息有更严格的保密要求。

密码学的主要任务是解决信息安全的问题，保证信息在生成、传送、存储等过程中不被非法地访问、更改、删除和伪造等，其核心理论是进行消息形式的转化变换。密码算法是指密码学中用到的各种转化变换的方法。例如，假如通过一个变换能够将一个有意义的信息变换成无意义的信息，那么这个变换就是加密算法，这个有意义的信息称为明文，无意义的信息称为密文。合法用户或者授权用户把明文信息转化成密文信息的过程称为加密过程。如果合法用户用一个变换能够将密文转变成明文，那么称这个变换为解密算法，由合法用户把密文恢复成明文的过程称为解密过程。密钥是一种特定的数值，是密码算法中至关重要的一个参数，能够使密码算法按照规定或者设计的方式运行并产生相应的输出。通常来说，密文的安全性是随着密钥长度的增加而提高的。

密码体制也称为密码系统，这个系统能够很好地解决信息安全中的机密性、数据完整性、认证与身份识别等问题中的一个或者多个。根据所用算法的工作原理和使用的密钥的特点，密码体制可以分为对称密码体制和非对称密码体制两种。在对称密码体制中，加密过程和解密过程使用的密钥有很大的关系，或者说，从其中一个密钥可以很简单地推导出另外一个密钥；在非对称密码体制中，有了公有密钥和私有密钥的区分，两者的关系很小甚至没有任何关系，公有密钥只能用于加密过程中，而私有密钥只能用于解密过程中，非授权者很难获得正确的信息和数据。对称密码体制的优势是拥有较高的信息安全度，效率高，速度快，系统简单，开销小，适用于加密和解密大量数据，并且可以经受国家级破译力量的分析和攻击；对称密码体制的不足在于必须通过安全可靠的方式方法进行密钥的传输，密钥管理成为影响对称加密体制的安全性的关键因素，因此对称密码体制很难应用在开放性的系统中。与对称密码体制正好相反，非对称密码体制增加了私有密钥的安全性，进而提高了信息的安全性，很容易对密钥进行管理，因此适用于开放性系统中，主要的不足是保密强度的人为控制力度不够，可能达不到要求，而且运算速度也比对称密码体制慢很多，尤其是在对海量数据进行加密或解密时。

面向制造车间数据采集的 RFID 中间件分别向服务器的数据库和电子标签中写入零件的相关信息，服务器的数据库有本身的访问限制和保护机制，更需要关注或者说保护的是电子标签中的制造信息。RFID 技术是一种无线非接触的识别技术，读写器与电子标签之间的通信很容易受到外界环境的干扰或者人为攻击，人为攻击是为了非法窃取电子标签内的数据，应该防止这种行为的发生，至少防止非法地成功读取电子标签的数据。电子标签与物料及零件进行绑定后，随零件的加工在车间内流转，故可以说电子标签记录了零件的制造信息，所以对写入电子标签的制造数据进行保护是很有必要的，在 RFID 中间件中加入数据的加密和解密功能也是很有必要的。

11.4　密码算法原理

为保护制造企业的信息，在 RFID 中间件中采用了 DES、3DES、AES、IDEA 和 RC2 五种密码算法，下面简单介绍这些算法的基本原理。

11.4.1　DES 算法原理

DES（Data Encryption Standard，数据加密标准）是一种对称密码算法，它对 64 位的数据进行加密或解密操作，所用的密钥也是 64 位的数据，其中 8 位数据用来进行奇偶校验，因此实际用到的 DES 算法中的密钥长度是 56 位。DES 算法加密与解密所用的算法除子密钥的顺序不同之外（加密过程的子密钥顺序为 K1,K2,…,K16，而解密过程的子密钥顺序为 K16,K15,…,K1），其他部分则是完全相同的。在 DES 算法过程中，首先对输入的数据进行初始置换，然后分为左部分 L0 和右部分 R0，左部分 L0 和子密钥 K1 通过 F 函数运算形成下一轮的右部分 R1，而右部分 R0 直接作为下一轮的左部分 L1，进行 16 轮的循环操作，再把结果进行初始置换的逆置换操作，得到左、右两部分，将这两部分依次连接就得到 64 位输出。DES 算法的基本流程如图 11.5 所示。

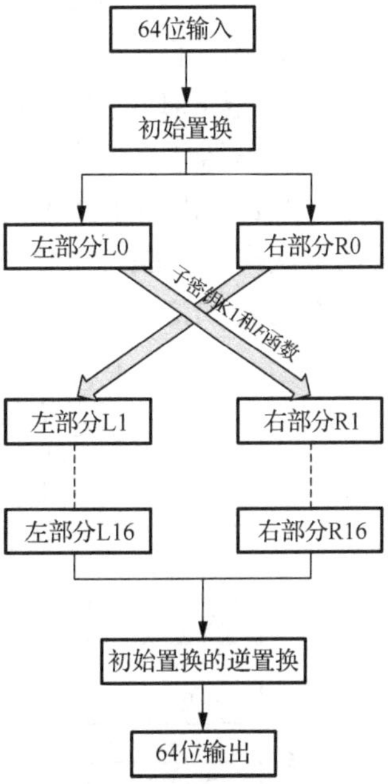

图 11.5　DES 算法的流程图

1. F 函数的组成

F 函数主要由四部分组成：E-扩展运算、异或运算、S 盒运算、P-置换。

（1）E-扩展运算。

E-扩展运算的主要作用是将 32 位的左部分 L0 和右部分 R0 变换成 48 位的数据，这样才能和 48 位的子密钥进行异或运算。E-扩展运算按照表 11.1 将 32 位的数据扩展成 48 位的数据。

表 11.1　E-扩展运算表

扩位	输入数据				扩位
32	1	2	3	4	5
8	9	10	11	12	13
16	17	18	19	20	21
24	25	26	27	28	29

（2）异或运算。

将经过扩展运算后的 Li 与对应的子密钥 Ki 进行异或运算，其中，$i = 0,1,2,…,15$。

（3）S 盒运算。

S 盒运算由 8 个 S 盒构成，每个 S 盒将 6 位的输入转换成 4 位的输出。每个 S 盒输入的第一位和最后一位组成一个 2 位的二进制数用来选择 S 盒的行，剩下的中间四位对应的二进制用来选择 S 盒的列，选择的行和列的交叉位置对应的数即为输出的十进制数，将该十进制数转换为 4 位的二进制数后输出。

(4)P-置换。

所有 S 盒的输出组成 32 位数据，P-置换是对这 32 位数据进行变换，P-置换只进行简单置换，不进行扩展和压缩。

2. 子密钥生成

在整个 DES 算法中，输入的密钥为 64 位，而实际每一轮加/解密中所用到的密钥为 48 位子密钥，因此，在 DES 算法中，除基本运算外还要有子密钥生成，对密钥进行运算得到所用的子密钥。子密钥的生成过程如下：首先通过密钥置换表对 64 位密钥进行置换，去掉 8 位校验位，留下真正需要的 56 位初始密钥。然后将初始密钥分为两个 28 位分组 C0 和 D0，每个分组根据循环移位表循环 1 位或 2 位，得到 C1 和 D1，C1 和 D1 作为下一轮输入循环，同时 C1 和 D1 组成的 56 位数据作为压缩置换的输入，产生 48 位密钥 K1，K2～K16 采用相同的方法产生。DES 算法的子密钥生成过程如图 11.6 所示，DES 算法子密钥生成中的循环移位表见表 11.2。

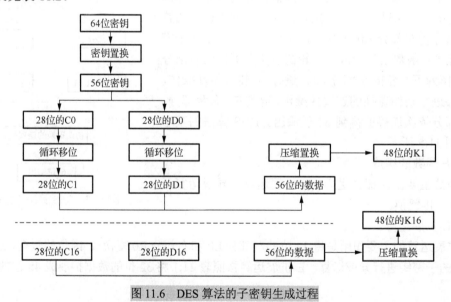

图 11.6　DES 算法的子密钥生成过程

表 11.2　DES 算法子密钥生成中的循环移位表

分组	1	2	3	4	5	6	7	8	9	0	1	2	3	4	5	6
位数	1	1	2	2	2	2	2	2	1	2	2	2	2	2	2	1

11.4.2　3DES 算法原理

3DES 是三重数据加密算法的通称，它相当于对输入的数据使用三次 DES 算法。由于计算机运算速度的提高和能力的增强，原来的 DES 算法由于密钥长度的问题而很容易被人为暴力破解；3DES 算法提供了一种相对简单的方法，也就是通过增加 DES 算法的密钥长度来避

免相似的暴力攻击,并非开发了一种全新的对称密码算法。但是比起最初的 DES 算法,3DES 算法更为安全。

3DES 算法以 DES 算法作为基础,设 DES 算法的加密过程和解密过程分别用 Ek() 和 Dk() 表示,DES 算法中使用的密钥用 K 表示,明文用 P 表示,密文用 C 表示,其具体实现如下: 3DES 算法的加密过程可以用式(11.1)表示,解密过程用式(11.2)表示。

$$C = Ek3(Dk2(Ek1(P))) \tag{11.1}$$

$$P = Dk1(Ek2(Dk3(C))) \tag{11.2}$$

3DES 算法的安全性是由密钥 K1、K2、K3 共同决定的,如果这三个密钥互不相等, 实际上就相当于用一个长度为 168 位的密钥对数据进行加密与解密。如果数据的安全性要 求不是很高,就可以让 K1 和 K3 相等,在这种情况下,用于 3DES 算法的密钥的实际长 度是 112 位。

11.4.3 AES 算法原理

AES(Advanced Encryption Standard,高级加密标准)算法为块分组的对称密码算法,分组 长度和密钥长度均可变,有 128 位、192 位和 256 位三种情况。AES 算法的加密和解密过程 如图 11.7 和图 11.8 所示。

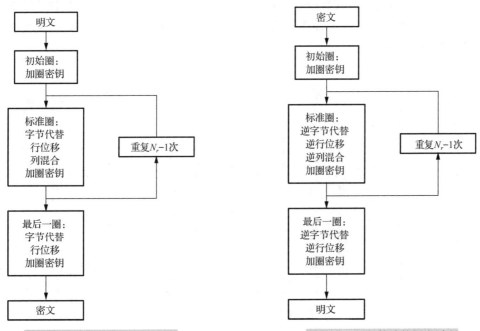

图 11.7 AES 算法的加密过程   图 11.8 AES 算法的解密过程

下面以 128 位为例简述 AES 算法的加密过程和解密过程。AES 算法是块分组的对称 密码算法,明文和密文都是 128 位数据,密钥长度也是 128 位。AES 算法的加密过程为先 将输入的明文分为四组,然后和加密子密钥经过多轮的圈变换操作,将得到的分组结果依 次连接就可以得到密文;其解密过程也为先将输入的密文分组,再和解密子密钥经过多轮 圈变换的逆变换操作,将分组结果依次连接就可以得到明文。每一轮的操作都需要一个对应密钥的参与，AES 算法的密钥生成过程见"密钥扩展"部分，加密轮数与密钥长度的关系见表 11.3。

表 11.3　AES 算法的分类

AES 类型	密钥长度/字节	分组大小/字节	轮变化数 N_r/轮
AES/128 位	4	4	10
AES/192 位	6	4	12
AES/256 位	8	4	14

AES 算法过程中间的分组数据称为状态，由字节所代表的元素组成状态矩阵，其行数为 4，列数由明文分组长度决定。除了用到的变换有所区别，可以说 AES 算法的加密和解密过程是完全相同的，使用的加密密钥和解密密钥也是相同的。

1. 圈变换

AES 算法中最重要的变换就是圈变换，可以说它是 AES 算法的核心内容。AES 算法的圈变换由四步构成：第一步是字节代替或者逆字节代替；第二步是行移位或者逆行移位；第三步是列混合或者逆列混合；第四步是加圈密钥。前 N_r-1 圈做四步变换，最后一圈只做第一步、第二步、第四步变换，初始圈只做第四步变换。

(1)字节代替或者逆字节代替的作用是将状态中的每个字节进行一种非线性字节变换，加密过程中可以通过 S 盒进行映射操作，解密过程中可以通过 IS 盒进行映射操作。S 盒如图 11.9 所示，IS 盒如图 11.10 所示。

		y															
		0	1	2	3	4	5	6	7	8	9	a	b	c	d	e	f
	0	63	7c	77	7b	f2	6b	6f	c5	30	01	67	2b	fe	d7	ab	76
	1	ca	82	c9	7d	fa	59	47	f0	ad	d4	a2	af	9c	a4	72	c0
	2	b7	fd	93	26	36	3f	f7	cc	34	a5	e5	f1	71	d8	31	15
	3	04	c7	23	c3	18	96	05	9a	07	12	80	e2	eb	27	b2	75
	4	09	83	2c	1a	1b	6e	5a	a0	52	3b	d6	b3	29	e3	2f	84
	5	53	d1	00	ed	20	fc	b1	5b	6a	cb	be	39	4a	4c	58	cf
	6	d0	ef	aa	fb	43	4d	33	85	45	f9	02	7f	50	3c	9f	a8
x	7	51	a3	40	8f	92	9d	38	f5	bc	b6	da	21	10	ff	f3	d2
	8	cd	0c	13	ec	5f	97	44	17	c4	a7	7e	3d	64	5d	19	73
	9	60	81	4f	dc	22	2a	90	88	46	ee	b8	14	de	5e	0b	db
	a	e0	32	3a	0a	49	06	24	5c	c2	d3	ac	62	91	95	e4	79
	b	e7	c8	37	6d	8d	d5	4e	a9	6c	56	f4	ea	65	7a	ae	08
	c	ba	78	25	2e	1c	a6	b4	c6	e8	dd	74	1f	4b	bd	8b	8a
	d	70	3e	b5	66	48	03	f6	oe	61	35	57	b9	86	c1	1d	9e
	e	e1	f8	98	11	69	d9	8e	94	9b	1e	87	e9	ce	55	28	df
	f	8c	a1	89	0d	bf	e6	42	68	41	99	2d	0f	b0	54	bb	16

图 11.9　AES 算法中的 S 盒

(2)行移位和逆行移位都是一个字节换位操作，这个操作将状态中的各行进行循环移位，而循环移位的位数是根据密钥长度的不同而进行选择的，其值见表 11.4。

(3)列混合和逆列混合都是一个替代操作，该操作是用状态矩阵中列的值进行数学域加和数学域乘的结果代替每个字节。

(4)加圈密钥运算是将经过上面第一～三步变换后求出的结果与对应密钥进行异或操作，得出该圈的加密结果。

/*	0	1	2	3	4	5	6	7	8	9	a	b	c	d	e	f*/
/*0*/	0x52	0x09	0x6a	0xd5	0x30	0x36	0xa5	0x38	0xbf	0x40	0xa3	0x9e	0x81	0xf3	0xd7	0xfb
/*1*/	0x7c	0xe3	0x39	0x82	0x9b	0x2f	0xff	0x87	0x34	0x8e	0x43	0x44	0xc4	0xde	0xe9	0xcb
/*2*/	0x54	0x7b	0x94	0x32	0xa6	0xc2	0x23	0x3d	0xee	0x4c	0x95	0x0b	0x42	0xfa	0xc3	0x4e
/*3*/	0x08	0x2e	0xa1	0x66	0x28	0xd9	0x24	0xb2	0x76	0x5b	0xa2	0x49	0x6d	0x8b	0xd1	0x25
/*4*/	0x72	0xf8	0xf6	0x64	0x86	0x68	0x98	0x16	0xd4	0xa4	0x5c	0xcc	0x5d	0x65	0xb6	0x92
/*5*/	0x6c	0x70	0x48	0x50	0xfd	0xed	0xb9	0xda	0x5e	0x15	0x46	0x57	0xa7	0x8d	0x9d	0x84
/*6*/	0x90	0xd8	0xab	0x00	0x8c	0xbc	0xd3	0x0a	0xf7	0xe4	0x58	0x05	0xb8	0xb3	0x45	0x06
/*7*/	0xd0	0x2c	0x1e	0x8f	0xca	0x3f	0x0f	0x02	0xc1	0xaf	0xbd	0x03	0x01	0x13	0x8a	0x6b
/*8*/	0x3a	0x91	0x11	0x41	0x4f	0x67	0xdc	0xea	0x97	0xf2	0xcf	0xce	0xf0	0xb4	0xe6	0x73
/*9*/	0x96	0xac	0x74	0x22	0xe7	0xad	0x35	0x85	0xe2	0xf9	0x37	0xe8	0x1c	0x75	0xdf	0x6e
/*a*/	0x47	0xf1	0x1a	0x71	0x1d	0x29	0xc5	0x89	0x6f	0xb7	0x62	0x0e	0xaa	0x18	0xbe	0x1b
/*b*/	0xfc	0x56	0x3e	0x4b	0xc6	0xd2	0x79	0x20	0x9a	0xdb	0xc0	0xfe	0x78	0xcd	0x5a	0xf4
/*c*/	0x1f	0xdd	0xa8	0x33	0x88	0x07	0xc7	0x31	0xb1	0x12	0x10	0x59	0x27	0x80	0xec	0x5f
/*d*/	0x60	0x51	0x7f	0xa9	0x19	0xb5	0x4a	0x0d	0x2d	0xe5	0x7a	0x9f	0x93	0xc9	0x9c	0xef
/*e*/	0xa0	0xe0	0x3b	0x4d	0xae	0x2a	0xf5	0xb0	0xc8	0xeb	0xbb	0x3c	0x83	0x53	0x99	0x61
/*f*/	0x17	0x2b	0x04	0x7e	0xba	0x77	0xd6	0x26	0xe1	0x69	0x14	0x63	0x55	0x21	0x0c	0x7d

图 11.10　AES 算法中的 IS 盒

表 11.4　AES 算法中行移位的位数

密钥长度/字节	第一行	第二行	第三行	第四行
4	0	1	2	3
6	0	1	2	3
8	0	1	3	4

2. 密钥扩展

每一轮运算都需要一个与输入分组具有相同长度的扩展密钥的参与，但是外部输入的初始密钥长度是有限的，因此在算法中要有一个密钥扩展函数把外部输入的密钥扩展成为更长的密钥，用来生成每一轮的加密密钥和解密密钥。子密钥生成部分的步骤为：AES 算法利用外部输入的字节数为 N_k 的密钥，通过密钥的扩展程序得到扩展密钥，该扩展密钥的字节数为 $4N_r+4$。扩展密钥的生成过程为：外部输入的初始密钥就是扩展后密钥的前 N_k 字节的密钥；以后的 $W[i]$ 分为两种情况，如果 i 是 N_k 的倍数，则按照式(11.3)计算，如果 i 不是 N_k 的倍数，则按式(11.4)进行计算。

$$W[i] = W[i-1] \oplus W[i-N_k] \tag{11.3}$$

$$W[i] = W[i-N_k]\text{Subword}(\text{Rotword}(W[i-1]))\text{Rcon}[i/N_k] \tag{11.4}$$

其中，$W[i]$ 表示要求解的字；$W[i-1]$ 表示 $W[i]$ 的前一个字；$W[i-N_k]$ 表示 $W[i]$ 的前第 N_k 个字。式(11.4)涉及下面的三个变换。

第一个变换是位置变换(Rotword)，把一个 4 字节的序列[A,B,C,D]变化成[B,C,D,A]。

第二个变换是 S 盒代换(Subword)，是使用 S 盒代替一个 4 字节的操作。

第三个变换是 Rcon[i]，按照表 11.5 对 i 进行变换操作。

表 11.5　AES 算法中 Rcon[i]的值

i(十进制)	Rcon[i]（十六进制）	i(十进制)	Rcon[i]（十六进制）
1	0x01, 00, 00, 00	6	0x20, 00, 00, 00
2	0x02, 00, 00, 00	7	0x40, 00, 00, 00
3	0x04, 00, 00, 00	8	0x80, 00, 00, 00
4	0x08, 00, 00, 00	9	0x1b, 00, 00, 00
5	0x10, 00, 00, 00	10	0x36, 00, 00, 00

11.4.4 IDEA 算法原理

IDEA(International Data Encryption Algorithm,国际数据加密算法)是对称密码算法,明文和密文都是 64 位的数据,但是密钥是 128 位,加密和解密都采用同样的算法。下面以加密来说明 IDEA 算法的具体过程。

1. IDEA 算法的加密过程

64 位的明文被均分成四个 16 位的数据块 X1、X2、X3、X4,这四个数据块是第一轮迭代运算的输入,总共进行 8 轮迭代运算,在每一轮迭代运算中,四个数据块之间相互进行运算,同时也与 6 个子密钥进行运算,而且每轮运算中的子密钥均不同;8 轮迭代运算后的结果还要与 4 个子密钥进行输出变换,得到 4 个密文数据块。IDEA 算法的加密过程如图 11.11 所示。

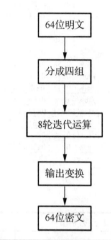

图 11.11　IDEA 算法的加密过程

每一轮的迭代运算步骤如图 11.12 所示,每轮迭代结果的四个数据块为结果 RT11、结果 RT12、结果 RT13、结果 RT14,交换结果 RT12 和结果 RT13,然后将这四个数据块作为下一轮的输入。

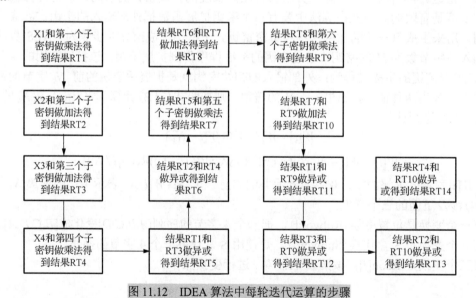

图 11.12　IDEA 算法中每轮迭代运算的步骤

第 8 轮迭代运算结束后,最后要进行输出变换,其步骤如图 11.13 所示,把最后生成的结果 RT1、RT2、RT3 和 RT4 依次连接就得到了要输出的密文。

2. 子密钥生成

由 IDEA 算法的加密过程可以知道总共需要 52 个子密钥,每一个子密钥都有 16 位,它们都是由初始时输入的 128 位密钥生成的。IDEA 算法的子密钥生成过程如下:将 128 位密钥分成 8 组，每组 16 位，得到 8 个子密钥(前六个用于第一轮，后两个用于第二轮)；将 128 位循环左移 25 位后再均分为 8 组，得到第二组子密钥(前四个用于第二轮，后四个用于第三轮)；再将这 128 位循环左移 25 位后做同样的分组得到第三组子密钥；以此类推，直到生成所有的子密钥。IDEA 算法的子密钥生成过程如图 11.14 所示。

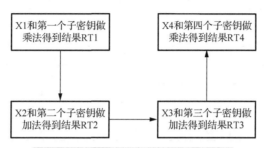

图 11.13　IDEA 算法中输出变换的步骤

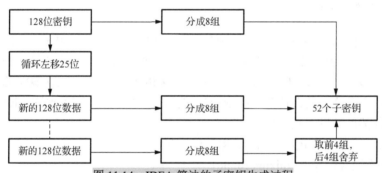

图 11.14　IDEA 算法的子密钥生成过程

虽然 IDEA 算法中加密过程和解密过程采用完全相同的算法，但是采用不同的子密钥，解密子密钥仍为 52 个，要么是加密子密钥的加法逆，要么是其乘法逆。加密子密钥与解密子密钥的关系见表 11.6 和表 11.7。

表 11.6　IDEA 算法的加密子密钥

轮数	加密子密钥					
1	$Z(1,1)$	$Z(1,2)$	$Z(1,3)$	$Z(1,4)$	$Z(1,5)$	$Z(1,6)$
2	$Z(2,1)$	$Z(2,2)$	$Z(2,3)$	$Z(2,4)$	$Z(2,5)$	$Z(2,6)$
3	$Z(3,1)$	$Z(3,2)$	$Z(3,3)$	$Z(3,4)$	$Z(3,5)$	$Z(3,6)$
4	$Z(4,1)$	$Z(4,2)$	$Z(4,3)$	$Z(4,4)$	$Z(4,5)$	$Z(4,6)$
5	$Z(5,1)$	$Z(5,2)$	$Z(5,3)$	$Z(5,4)$	$Z(5,5)$	$Z(5,6)$
6	$Z(6,1)$	$Z(6,2)$	$Z(6,3)$	$Z(6,4)$	$Z(6,5)$	$Z(6,6)$
7	$Z(7,1)$	$Z(7,2)$	$Z(7,3)$	$Z(7,4)$	$Z(7,5)$	$Z(7,6)$
8	$Z(8,1)$	$Z(8,2)$	$Z(8,3)$	$Z(8,4)$	$Z(8,5)$	$Z(8,6)$
输出变换	$Z(9,1)$	$Z(9,2)$	$Z(9,3)$	$Z(9,4)$		

表 11.7 IDEA 算法的解密子密钥

轮数	解密子密钥					
1	$(Z(9,1))^{-1}$	$-Z(9,2)$	$-Z(9,3)$	$(Z(9,4))^{-1}$	$Z(8,5)$	$Z(8,6)$
2	$(Z(8,1))^{-1}$	$-Z(8,3)$	$-Z(8,2)$	$(Z(8,4))^{-1}$	$Z(7,5)$	$Z(7,6)$
3	$(Z(7,1))^{-1}$	$-Z(7,3)$	$-Z(7,2)$	$(Z(7,4))^{-1}$	$Z(6,5)$	$Z(6,6)$
4	$(Z(6,1))^{-1}$	$-Z(6,3)$	$-Z(6,2)$	$(Z(6,4))^{-1}$	$Z(5,5)$	$Z(5,6)$
5	$(Z(5,1))^{-1}$	$-Z(5,3)$	$-Z(5,2)$	$(Z(5,4))^{-1}$	$Z(4,5)$	$Z(4,6)$
6	$(Z(4,1))^{-1}$	$-Z(4,3)$	$-Z(4,2)$	$(Z(4,4))^{-1}$	$Z(3,5)$	$Z(3,6)$
7	$(Z(3,1))^{-1}$	$-Z(3,3)$	$-Z(3,2)$	$(Z(3,4))^{-1}$	$Z(2,5)$	$Z(2,6)$
8	$(Z(2,1))^{-1}$	$-Z(2,3)$	$-Z(2,2)$	$(Z(2,4))^{-1}$	$Z(1,5)$	$Z(1,6)$
输出变换	$(Z(1,1))^{-1}$	$-Z(1,2)$	$-Z(1,3)$	$(Z(1,4))^{-1}$		

注：表中$(Z(i,j))^{-1}$为表 11.6 中 $Z(i,j)$的乘法逆，$-Z(i,j)$为表 11.6 中 $Z(i,j)$的加法逆。

11.4.5 RC2 算法原理

RC2(Rivest Cipher 2)算法是对 8 字节的输入进行加密和解密得到 8 字节的输出，密钥长度为 1～128 字节，正是由于 RC2 算法的密钥长度可变，大大提高了该算法的安全性。不过不像前面提到的 DES 算法、3DES 算法、IDEA 算法和 AES 算法，RC2 算法的加密过程和解密过程的关系很小，这也使得该算法的安全性比前面四种算法得到了提高。RC2 算法的加密过程和解密过程都包括以下几个过程。

(1)将输入均分为四组 R[0]、R[1]、R[2]和 R[3]。

(2)执行五次混合轮操作(mixing round)。

(3)执行一次打乱轮操作(mashing round)。

(4)执行六次混合轮操作(mixing round)。

(5)执行一次打乱轮操作(mashing round)。

(6)执行五次混合轮操作(mixing round)。

但是加密和解密过程中的每一轮的混合轮操作和打乱轮操作都是不同的。

1)RC2 算法加密过程中的混合轮操作和打乱轮操作

加密过程的混合轮操作过程是依次对 R[0]、R[1]、R[2]、R[3]进行混合操作，其中的混合操作过程如下。

第一步，按照逻辑运算式(11.5)将 R[i]进行混合操作：

$$R[i] = R[i] + K[j] + (R[i] \& R[i-2]) + ((\sim R[i-1]), \& R[i-3]) \tag{11.5}$$

其中，~表示取反码；&表示逻辑运算符"与"。

第二步，将 R[i]循环左移 S[i]位。S[i]的具体值见表 11.8。

表 11.8 RC2 算法中的循环移位数

i	0	1	2	3
S[i]	1	2	3	5

加密过程中的打乱轮操作过程是依次对 R[0]、R[1]、R[2]和 R[3]进行打乱操作。

2) RC2 算法解密过程中的混合轮操作和打乱轮操作

解密过程中的混合轮操作过程是依次对 R[3]、R[2]、R[1]、R[0]进行混合操作，其中混合操作按照下面的步骤进行。

第一步，将 R[i]循环右移 S[i]位，S[i]的具体值见表 11.8。

第二步，按照式(11.6)进行混合操作：

$$R[i] = R[i] - K[j] - (R[i-1] \& R[i-2]) - ((\sim R[i-1]) \& R[i-3]) \tag{11.6}$$

解密过程中的打乱轮操作过程是依次对 R[3]、R[2]、R[1]、R[0]进行打乱操作，打乱操作则按照式(11.7)进行：

$$R[i] = R[i] - K[R[i-1] \& 63] \tag{11.7}$$

3) 子密钥生成

RC2 算法的子密钥生成步骤如下。

第一步，将用户输入的 T 字节密钥依次存放到 L[0]、L[1]、…、L[T-1]中。

第二步，执行满足式(11.8)的循环：

$$L[i] = PITABLE[L[i-1] + L[i-T]] \tag{11.8}$$

式(11.8)中的 i 从 T 到 127。

第三步，执行式(11.9)：

$$L[128 - T8] = PITABLE[L[128 - T8] \& TM] \tag{11.9}$$

第四步，执行满足式(11.10)的循环：

$$L[i] = PITABLE[L[i+1] \oplus L[i + T8]] \tag{11.10}$$

其中，i 是从 127-T8 到 0；⊕ 为异或操作。

第五步，经过上面四步的操作得到的子密钥是 8 位的，而算法过程使用的子密钥是 16 位的，还需要通过式(11.11)进行转换：

$$K[i] = L[2 \times i] + 256 \times L[2 \times i + 1] \tag{11.11}$$

式(11.8)～式(11.11)中，T 是用户输入密钥的字节长度；T8 是 T1 与 T7 的和除以 8 得到的整数；T1 是密钥的有效长度，T1 的单位是位(bit)；TM 是 255 对 2 的 $(8 + T1 - 8 \times T8)$ 幂次方求余；PITABLE[0],…，PITABLE[255]是基于 π 的随机数，其值是 0～255 的随机一个，具体值见表 11.9，表中的值均为十六进制。

表 11.9　PITABLE[i]的具体值

低四位	高四位															
	0	1	2	3	4	5	6	7	8	9	a	b	c	d	e	f
00	d9	78	f9	c4	19	dd	b5	ed	28	e9	fd	79	4a	a0	d8	9d
10	6	7e	37	83	2b	76	53	8e	62	4c	64	88	44	8b	fb	a2
20	7	9a	59	f5	87	b3	4f	13	61	45	6d	8d	09	81	7d	32
30	d	8f	0	eb	86	b7	7b	0b	f0	5	21	22	5c	6b	4e	82
40	54	d6	65	93	ce	60	b2	1c	73	56	c0	14	a7	8c	f1	dc
50	12	75	ca	1f	3b	be	e4	d1	42	3d	d4	30	a3	3c	b6	26
60	6f	bf	0e	da	46	69	07	57	27	f2	1d	9b	bc	94	43	03
70	f8	11	c7	f6	90	ef	3e	e7	06	c3	d5	2f	c8	66	1e	d7
80	08	e8	ea	de	80	52	ee	f7	84	aa	72	ac	35	4d	6a	2a
90	96	1a	d2	71	5a	15	49	74	4b	9f	d0	5e	04	18	a4	Ec

续表

低四位	高四位															
	0	1	2	3	4	5	6	7	8	9	a	b	c	d	e	f
a0	c2	e0	41	6e	0f	51	cb	cc	24	91	af	50	a1	f4	70	39
b0	99	7c	3a	85	23	b8	b4	7a	fc	02	36	5b	25	55	97	31
c0	2d	5d	fa	98	e3	8a	92	ae	05	df	29	10	67	6c	ba	c9
d0	d3	00	e6	cf	e1	9e	a8	2c	63	16	01	3f	58	e2	89	a9
e0	38	0d	34	1b	ab	33	ff	b0	bb	48	0c	5f	b9	b1	cd	2e
f0	c5	f3	db	47	e5	a5	9c	77	0a	a6	20	68	fe	7f	c1	ad

11.4.6　认证与访问控制

RFID 中间件将 DES、3DES、AES、IDEA 和 RC2 五种算法封装到一个名为 encrypt 的类中，该类中只有这五种算法的加密函数和解密函数是公共的，允许 RFID 中间件调用，其他函数都是私有的，不允许 encrypt 类之外的类去访问和调用它们。

RFID 中间件调用以上五种不同算法的过程如下：根据选择的算法种类和输入的密钥选择对应的某种算法，然后根据是读取数据还是写入数据判断需要调用加密函数还是解密函数，当 RFID 中间件从电子标签读取数据时，就调用解密函数，然后解密函数根据选择的算法和输入的密钥对数据进行解密，根据输入的长度判断进行算法操作的次数，随后将解密后的数据返回给中间件；RFID 中间件要使电子标签写入数据时，需要先调用加密函数，同样地，加密函数根据选择的算法和输入的密钥对数据进行加密，然后将加密后的数据返回给中间件，RFID 中间件将密文写入电子标签中。RFID 中间件调用数据的加密和解密过程如图 11.15 所示。

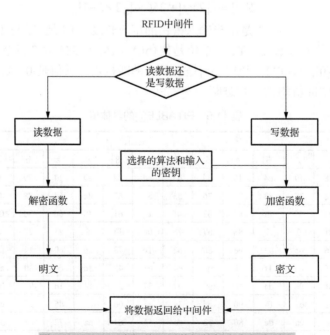

图 11.15　RFID 中间件调用数据的加密和解密过程

11.5　入侵检测与容侵容错技术

数据的入侵检测与容侵容错技术主要是针对读写器读取电子标签时出现的数据重复、冗余等进行数据的过滤处理，使得 RFID 中间件及上层应用获得简洁的数据。数据的过滤主要包括两方面的内容：一是通过时间进行过滤；二是通过编码过滤特定的电子标签。下面依次对这两者进行介绍。

1）时间过滤

时间过滤是对在一定时间内重复出现的电子标签只认为读取到一次，避免重复读取造成信息的重复。RFID 中间件先判断是否对电子标签设置了时间过滤，如果设置了时间过滤，则执行时间过滤的步骤进行过滤。对 RFID 读写器读到的电子标签先进行判断，判断的内容是该电子标签是否第一次被读取到，如果是则记录下该电子标签的相关信息和读取时间，否则只记录读取时间，然后将其与第一次读取时间进行比较，若两者之差小于设定的时间，则只是将该电子标签的读取次数增加而将其他信息过滤，若两者之差大于设定的时间，则将其前一次的记录删除，然后重新记录电子标签的相关信息和读取时间。

2）标签过滤

标签过滤是根据特定的电子标签编码从多个电子标签中获得该电子标签。RFID 中间件先判断是否设置了标签过滤，如果设置了标签过滤，则执行标签过滤的步骤进行过滤。首先获得要过滤掉的电子标签的编码，然后将 RFID 读写器读到的电子标签编码与前面的编码进行对比，若两者不相同则过滤掉此次信息，如果相同则显示相应的信息。

思　考　题

11-1　简述现场制造数据库进行安全管理的主要技术手段。

11-2　简述物联网安全与传统网络安全的区别。

11-3　物联网目前面临哪些安全威胁？

11-4　简述 DES、3DES、AES、IDEA 和 RC2 这五种密码算法的基本原理。

11-5　简述 RFID 中间件调用密码算法的过程。

11-6　什么是入侵检测和容侵容错技术？

第三篇 制造物联技术应用实例

第 12 章 基于制造物联的离散车间生产异常监测

如何通过挖掘和分析庞大的制造物联数据，使管理者能够对车间实时生产过程中的生产异常进行有效监测，成为提升离散制造车间生产效率、推进车间智能化转型不可避免的研究问题之一。本章在对基于制造物联的离散车间生产异常监测系统架构进行分析的基础上，重点阐述基于复杂事件处理的生产异常监测方法，为实现离散制造车间的实时监控提供一整套解决方案。

12.1 基于制造物联的离散车间生产异常监测系统架构

离散制造过程中的生产异常是指在制品、人员、物料和设备等生产要素发生了与业务逻辑或生产计划不相符的状态变化，如在制品加工超时、转运异常、设备故障、人员操作失误和物料堆积等。传统制造车间生产过程中存在的不确定因素种类及数量较多，导致生产异常无法避免且往往不可预测。尤其是离散制造车间的生产过程，由于产品工艺路线种类繁多、差异性大，车间现场的生产异常更为多变复杂，此时若不能实时掌握车间底层的生产状态信息，及时发现制造过程中存在的生产异常，并对其进行准确的分析和处理，会造成生产任务不能准时完工以及巨大的经济损失。

在离散制造车间中，大量物联感知节点实时采集的数据包括人员、物料、在制品和工装工具的实时位置与状态、缓存区状态、设备运行状态以及车间生产环境等信息，这些原始制造物联数据具有数量庞大、零散和冗余等特点，且其信息语义层次和实用价值较低。因此，需采用合适的数据预处理方法对其进行清洗处理操作，减少数据传输量及提高数据感知效率，并通过复杂事件处理使数据成为可真正地、直观地反映车间生产状态信息，同时将其中检测到的生产异常信息推送至上层应用，以便上层应用可进一步分析和判断生产异常信息的影响程度。

围绕上述需求，构建了基于制造物联的离散车间生产异常监测系统架构，如图 12.1 所示。

1) 物联感知层

物联感知层是整个生产异常监测系统的数据来源。离散制造过程中的各类生产要素(包含操作人员、机床、在制品和转运车辆等)分别通过标签标识、串口连接等方式,采用 RFID 读写设备、UWB 定位设备、PLC 和各类传感器等进行加工时间、位置信息、加工状态、缓存区等待时间、转运状态和物料消耗状态等生产状态信息的实时感知采集。将各类物联设备采集到的多源异构数据传输至 OPC UA 服务器,并通过 OPC 架构进行统一建模,为上层应用提供数据支撑。

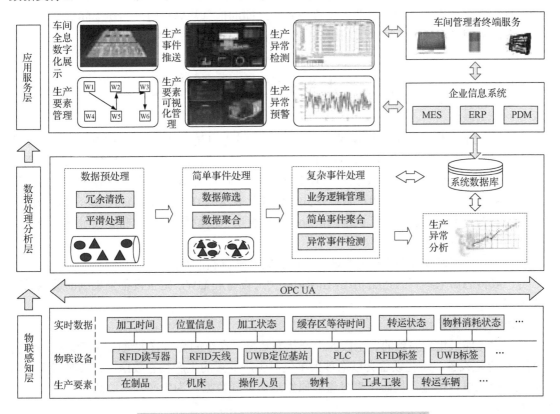

图 12.1　基于制造物联的离散车间生产异常监测系统架构

2) 数据处理分析层

数据处理分析层为生产异常监测系统实现的核心部分,其作用是对由底层采集到的生产状态数据进行处理分析,使其变为具有应用价值、可反映车间整体生产状态的信息,包含数据预处理、事件处理和数据分析三个模块。首先,对原始制造物联数据分别进行冗余清洗和漂移平滑等预处理操作,解决由 RFID 技术的高速性和自动性而引起的 RFID 数据冗余以及由车间环境干扰而引起的 UWB 数据漂移等问题。其次,通过数据筛选和聚合,将大量零散的、语义层次和实用价值较低的数据变为可用于描述单个或某组生产要素在某时某地发生某种行为的简单事件。在简单事件的基础上,根据已经预先定义好的生产业务逻辑规则,从时间和空间等维度上进行简单事件的聚合操作,实现异常事件的实时监测。最后,进一步通过数据分析方法预测生产异常将对车间生产造成的影响程度,以反映整个离散制造车间的生产状态,实现对生产异常进行定量分析，为上层决策和管理提供依据。系统数据库的作用是存储各类生产数据，包括动态数据(如实时生产状态信息)和静态数据(如基础属性信息、生产任务相关信息等)，为系统提供数据管理。

3) 应用服务层

应用服务层通过功能封装将数据处理与分析的结果以不同形式展现在系统界面上，包括整个车间的生产要素管理、全息数字化展示、制造过程实时监控管理、生产要素可视化管理、生产事件推送和生产异常预警等功能模块。通过建立系统接口，对企业的 MES、ERP 等系统内的信息数据进行集成，解决企业各层管理系统之间的信息共享障碍，实现车间管理的完整闭环。车间管理者可通过不同形式的服务终端查看感兴趣的系统功能模块。

12.2　离散制造过程事件定义

物联环境下的离散制造车间现场会产生海量的制造物联数据，其中 RFID 流转数据和 UWB 定位数据占据绝大部分比例，且 RFID 和 UWB 原始数据的语义层次较低，大大增添了信息处理的难度。这些由 RFID 数据和 UWB 数据构成的原始制造物联数据包含的信息较为简单，可以将其归纳为一个三元组的数据形式，形式化表达为<ID, Location, Time>，其中 ID 表示 RFID 或 UWB 标签的唯一标识编码，Location 表示当前位置信息，Time 表示感知当前这条数据的时间信息。

1. RFID 读写设备和 UWB 定位设备采集到的数据具有的特点

与一般传感器采集到的数据相比，由 RFID 读写设备和 UWB 定位设备采集到的数据具有以下特点。

1) 流式性和海量性

为了尽可能采集到完整的、全面的生产状态数据，在车间会布置大量的 RFID 读写设备和 UWB 定位设备，这些设备会以毫秒为单位对生产要素的生产状态数据进行实时采集并以数据流的形式进行传输，从而产生海量的原始制造物联数据，为生产异常监测奠定了完备的数据基础。

2) 时空动态变化性和关联性

每条数据代表的是某个生产要素的当前状态，这个状态包含了其空间位置属性、时间属性和加工状态属性，生产要素随着生产加工的进行会产生新的制造物联数据，其所含的属性值随之也会发生动态改变。这些属性值不同的制造物联数据并不是完全独立的，它们之间存在时间和空间上的关联性。空间关联性，即生产要素空间位置的变迁，代表着加工流程的推进。时间关联性，即时间属性值的变化，代表着数据产生时间的不同。

3) 语义丰富性

原始制造物联数据本身包含了标识编码信息、位置信息和时间信息，根据实际生产过程的逻辑映射可以通过标识编码信息关联到标签标识的生产要素名称、编码和合格证号等基本属性信息，同时可从系统数据库中进一步溯源生产要素的历史生产信息记录等，利用这些静态属性信息和动态生产信息可以挖掘出更深层次的车间生产状态信息。

4) 不可靠性和异构性

车间现场密集部署的大量物联设备，再加上离散制造现场环境的复杂性，造成原始制造物联数据普遍存在冗余性、无效性以及漂移现象。由此，需要对其进行过滤和平滑等操作，以保证后续数据分析结果的有效性。同时，不同类型的物联设备采集到的数据虽然能被统一归纳为上述形式的三元组，但数据本身的具体组成存在差异，例如，RFID 数据中的位置信息为感知读写器的编码，而 UWB 采集到的原始数据中的位置信息为具体的坐标值，导致数据结构存在一定的差异性。

5) 数据集成性

为充分挖掘原始制造物联数据所含的丰富语义，除了需要深入分析数据本身间的关联性外，还需与企业上层信息管理系统中的生产计划和生产过程逻辑等信息相结合，才能发现不符合生产计划与生产逻辑的生产异常信息。

2. 三个不同信息粒度的生产事件

基于以上对于原始制造物联数据的特点分析，为有效利用原始制造物联数据，检测出离散制造过程中的生产异常。首先，需对海量的、不可靠的原始数据进行数据预处理操作，提高原始数据的可靠性。其次，需通过对具有关联性且语义丰富的原始制造物联数据进行映射分析，以得知某个标签标识生产要素的状态改变，即生产过程事件，并建立事件之间的时空逻辑关系，实现对实际生产过程的逻辑性描述，如图 12.2 所示。

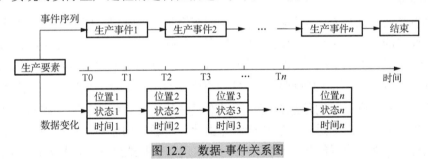

图 12.2　数据-事件关系图

但在实际生产过程中，不同层级的角色需要关注的信息层级也存在差异，例如，车间操作人员关注的是所处工位的生产状态，而车间管理人员更关注的则是生产计划的执行状态以及整个车间的生产状态。由此，通过原始事件、简单事件和复杂事件三个不同信息粒度的生产事件反映车间不同层级的生产状态，便于对生产过程的监控和生产异常的检测。

1) 原始事件

原始事件是信息粒度最小、不具备实际生产意义的事件，指物联设备在某一时刻采集到的某一物联标签的数据信息。原始事件是原始数据经过预处理后的事件信息，但其表达方式与原始数据的表达形式一致，记作 $PE(ID, Loc, T)$，其中 ID 为对象信息，Loc 为位置信息（RFID 读写设备或 UWB 坐标），T 为时间信息。在离散制造过程中，原始事件与原始数据同样存在海量性和流式性，且多数事件是不含价值的，因此需要对原始事件进行一定条件下的筛选和组合操作，以便于后续进行简单事件的提取。

2) 简单事件

简单事件是具备简单生产语义的事件，可用来反映生产要素的某一生产状态变化。简单事件是由一个或多个原始事件进行过滤、筛选等处理操作后提炼而得的，其存在可以有效忽略原始事件的海量性和流式性，使管理者可以快速了解生产要素的生产状态。针对离散制造过程的生产异常监测需求，归纳以下三类常用简单事件。

(1)进入事件(arrival event，AE)：用于表示某生产要素在某个时刻出现在某个物联设备的设定感知范围内，记作 $AE(id,l,t_s)$ ，其中 id 表示标签标识的生产要素编号，l 表示标识生产要素的区域位置信息，多个感知区域相同的 RFID 读写设备或某一段 UWB 坐标范围可对应同一位置信息，t_s 表示该生产要素在设定感知范围内第一次被感知的时刻。

(2)存在事件(occurrence event，OE)：用于表示某生产要素在某个时刻存在于某个物联设备的设定感知范围内，记作 $OE(id,l,t)$ ，其中 id 和 l 的含义与上述事件相同，t 表示某个时刻。存在事件反映的是某生产要素在某个时刻的位置信息。

(3)离开事件(disappearance event，DE)：用于表示某生产要素在某个时刻离开某个物联设备的设定感知范围，记作 $DE(id,l,t_e)$ ，其中 id 和 l 的含义与上述事件相同，t_e 表示生产要素最后一次在设定感知范围内被感知到的时刻，即离开该区域位置的时间。

通过上述三类简单事件可以描述大部分生产要素的生产状态，但并不足以描述复杂的离散制造过程和生产过程中具有时序关系与逻辑关系的异常事件，因此需进一步定义更高级别的复杂事件。

3) 复杂事件

复杂事件是由一系列简单事件根据生产过程逻辑制定的时序、因果和层次等逻辑关系聚合而成的，反映的是与某种逻辑规则相匹配的事件。基于以上定义，将复杂事件形式化地描述为 $CE(id,attr,e_c,t_s,t_e)$ ，其中，id 的含义同上，attr 表示事件的属性信息集合，包括生产要素类型、位置信息等，e_c 表示构成该复杂事件的事件集合，t_s 表示开始时间，t_e 则表示结束时间。复杂事件具备较高层级的信息粒度，可针对具体的生产业务流程制定规则，并通过符合业务逻辑的事件运算符对其进行描述和检测。由此，可通过构建不同规则的复杂事件来表示实际生产过程中可能会出现的各类异常事件，以实现离散制造过程生产异常的检测。

12.3 基于复杂事件处理的生产异常检测方法

在制造物联环境下的车间生产过程中，只有机器故障、订单变更等生产异常可以直接被发现，大多数生产异常则隐藏在 RFID 和 UWB 采集的制造物联数据中，需通过数据分析才可发现。为挖掘出制造过程中的生产异常信息，本节将针对由 RFID 流转数据以及 UWB 定位数据组成的制造物联数据，进行基于复杂事件处理的生产异常检测技术研究，根据生产过程对制造物联数据赋予语义，将其通过规则匹配转化为生产过程中的异常事件，实现车间生产异常的实时监测发现。

12.3.1 离散制造过程复杂事件处理

1. 离散制造过程复杂事件分析

从生产实践角度出发，离散制造过程复杂事件可具体分为生产常规事件和异常事件。在制品作为离散制造车间的核心生产要素，其加工流转贯穿着整个生产过程，离散制造车间中所有生产要素发生的异常最终都能映射到生产过程中与在制品相关的复杂事件上，通过检测出其中的异常事件可达到生产异常检测的目的。在生产过程中，在制品主要通过 RFID 和 UWB 进行标识感知，如图 12.3 所示为在制品在某道工序的简单事件采集模型。

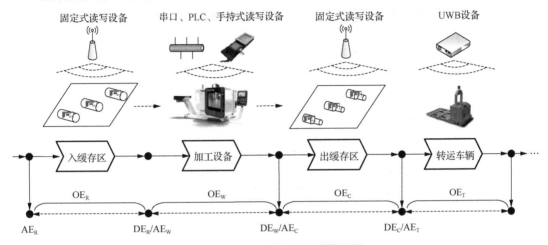

图 12.3　在制品简单事件采集模型

在图 12.3 中，AE_R 表示在制品进入工位入缓存区事件；OE_R 表示在制品存在于工位入缓存区的(排队等待加工)事件；DE_R 表示在制品离开工位入缓存区事件；AE_W 表示在制品进入工位加工区(开始加工)事件；OE_W 表示在制品存在于工位加工区的(在加工)事件；DE_W 表示在制品离开工位加工区(结束加工)事件；AE_C 表示在制品进入工位出缓存区事件；OE_C 表示在制品存在于工位出缓存区的(排队等待转运)事件；DE_C 表示在制品离开工位出缓存区事件；AE_T 表示在制品进入转运车辆(开始转运)事件；OE_T 表示在制品存在于转运车辆上的(在转运)事件。

根据上述采集模型的描述，将在制品在生产过程中可能发生的异常事件概括分为：①与生产业务逻辑有关的异常事件，如某个在制品的生产过程与计划不符等；②与生产过程时间有关的异常事件，如在制品在某处停留的时间超过计划时间等。基于上述分析，结合实际生产业务逻辑与生产过程时间，以在制品为对象，将需要监控的异常事件归纳成表 12.1，并对其进行相关定义和描述。

表 12.1　在制品复杂事件(异常事件)

复杂事件(异常事件)	事件描述	所需简单事件	相关物联设备
缓存区堵塞事件	工位入(出)缓存区中存放的在制品数量超出缓存区最大容量	OE_R 或 OE_C	RFID 固定式读写设备
加工超时事件	在制品在工位加工区进行某工序的加工时长超出计划最长加工时间	AE_W、DE_W 或 OE_W	RFID 手持式读写设备
加工(转运)排队超时事件	在制品在工位入(出)缓存区排队等待加工(转运)的时间超出计划最长等待时间	AE_R、DE_R、OE_R 或 AE_C、DE_C、OE_C	RFID 固定式读写设备
转运异常事件	在制品未在计划时间内被配送到工位入缓存区进行某道工序加工	AE_T、OE_T	UWB 定位设备
加工未完成事件	在制品在工位加工区进行某工序的加工时间小于计划最短加工时间	AE_W、DE_W	RFID 手持式读写设备

2. 复杂事件处理流程

为从原始制造物联数据中挖掘出表 12.1 中所罗列的异常事件,达到生产异常检测的目的,构建了如图 12.4 所示的复杂事件处理流程,将原始数据作为输入,依次通过数据预处理及事件处理操作转换为原始事件、简单事件以及最终的复杂事件。

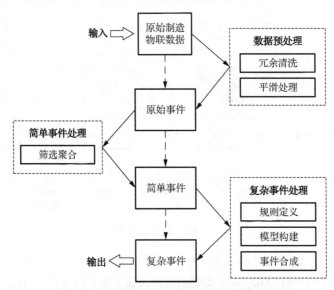

图 12.4　面向离散制造过程的复杂事件处理流程

原始制造物联数据普遍存在漂移、冗余和错误等问题。为了保证数据的有效性和可靠性,使其可真实准确地反映车间的实时生产状态,首先对数据分别进行过滤和平滑操作。由于车间人员更感兴趣的是生产要素何时进入某地、何时离某地以及停留时间等信息,采用简单事件处理对信息进行筛选和聚合,遵守一定时间或空间间隔条件筛选原始事件,对无用的原始事件进行删除,将关联的原始事件进行整合,使不含语义的原始事件转化成为具有简单语义且格式统一的简单事件,作为下一步处理过程的输入事件信息。

复杂事件处理模块根据已定义的事件运算符,结合实际生产过程的异常监测需求,首先,对目标复杂事件进行规则定义,并通过构建复杂事件模型形式化地表达各个目标复杂事件的规则;其次,通过事件描述语言解析复杂事件模型,将其转化为一系列与实际业务逻辑相匹配的条件表达式,存储于规则库中;最后,当简单事件到达时,根据简单事件之间的空间、因果和时序关系,与规则库中的条件表达式进行匹配,将简单事件聚合成为目标复杂事件并推送至上层应用,以便进行更深层次的分析和管理。

12.3.2　制造物联数据预处理方法

原始物联制造数据的预处理是高效进行事件处理的前提,为了有效处理存在各种问题的数据,首先对其成因进行分析:对于 RFID 数据,通常存在的是数据冗余读和漏读缺陷,分别是由标签在读写设备感知区域内的长时间停留、多个读写设备感知区域交叉、车间现场金属物件对 RFID 信号的反射干扰以及大量标签同时进入或离开感知区域而导致的,目前随着读写设备硬件的升级,脏读和漏读发生的概率已大为降低,在此不进行重点研究;而对于 UWB

数据，主要存在的是干扰漂移问题，离散制造现场复杂的生产环境是主要成因，且无法避免。这些问题数据不仅降低了复杂事件处理结果的有效性，还占据了大量的系统存储资源。

1. 数据冗余清洗

RFID 冗余数据一般包括标签冗余和读写器冗余。标签冗余指 RFID 标签长时间存在于某一读写设备的设定感知范围中，读写设备自发地、不间断地读取标签数据信息，导致大量重复、无用数据的产生。在车间实际生产中，在制品大部分时间都处于静止状态，如排队等待加工、等待转运以及库房存放等状态，因此标签冗余是一个较为普遍的现象。若 RFID 标签在某读写设备的设定感知范围内的停留时间为 $[T, T+\Delta t]$，从事件定义的角度出发，只有 T 时刻以及 $T+\Delta t$ 时刻的标签数据存在生产过程语义信息，其余数据均视为冗余数据。RFID 读写设备的感知范围受周围环境的干扰存在一定远近距离上的波动，需对其感知范围进行约束限定，当标签出现在所设定的感知范围外时，说明标签距离该读写设备较远，可视为冗余数据。由此，针对标签数据冗余，在传统布隆过滤器中引入时间和距离约束，对冗余数据进行过滤清洗，具体过程如图 12.5 所示。

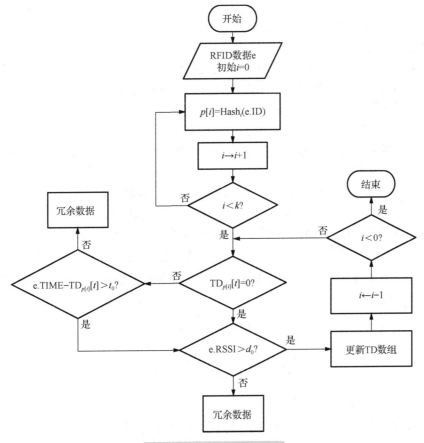

图 12.5　数据冗余清洗过程

假设存在标签 e 被某读写设备感知，首先，将标签 e 的感知信息从原来的三元组进行扩展，增加信号感知强度属性，即 RSSI 值，并将标签 e 的 ID 进行 k 次独立的哈希函数映射，将其依次对应至一个长度为 m 的二维数组 TD 的不同位置中,TD 数组的第一列存放标签的时间信息,初始化值为 0,第二列存放标签的 RSSI 值,初始化值为 d_0。使用哈希函数映射取代传统按主键遍历数据列表查询的方式,可有效提高数据的清洗效率。然后,依次对标签 e 在 TD 数组中对应的信息进行数据冗余性判断,若标签 e 在 TD 数组中对应的第 $p[i]$ 个位置的时间戳为 0,且标签 e 的 RSSI 值大于阈值 d_0,则说明标签 e 第一次进入该读写设备的设定感知范围内,并不是冗余数据,此时用标签 e 的时间信息和 RSSI 值更新 TD 数组中对应位置的时间信息和 RSSI 值。若标签 e 在 TD 数组中对应的第 $p[i]$ 个位置的时间戳信息不为 0,则对标签 e 的时间信息与第 $p[i]$ 个位置的时间信息进行比较,若差值小于设定阈值 t_0,则说明标签 e 在短时间内已被该读写设备感知过,为冗余数据。若两者的差值大于设定阈值 t_0,继续判断标签 e 的 RSSI 值是否大于 d_0,如果是,那么说明在一定时间间隔内标签 e 未存在于该读写设备所设定的感知范围内,并非冗余数据,此时同样需要对 TD 数组进行更新。如果 e.RSSI $\leqslant d_0$,则说明标签 e 已经远离该读写设备,可将其视为冗余数据。

读写器冗余指的是标签在同一时刻被不同感知区域的读写设备所感知,在实际离散制造车间的读写设备部署中,会尽可能地避免负责不同职能的读写设备之间存在覆盖区域重复交叉,由此可基本忽略此类数据的存在。

2. 数据平滑处理

针对 UWB 数据中存在的不规则扰动、随机漂移的问题,采用中值滤波对原始数据进行平滑处理。中值滤波通过数据序列中某漂移数据点周围各数据点的中值代替该漂移数据点的值,从而消除漂移现象,使数据轨迹趋于平滑,其具体实现方式为设定一个大小为 $2k+1$ 的窗口,利用窗口在数据序列上的滑动来限定数据领域范围。由于 UWB 定位数据为二维坐标,需对两个维度上的数据分别进行中值算法,最后综合得到二维定位数据。设漂移数据点坐标为 (x_i, y_i),则其平滑处理过程如下:

$$\begin{cases} x_i = \text{sort}(x_{i-k}, x_{i-k+1}, \cdots, x_i, \cdots, x_{i+k}).\text{middle} \\ y_i = \text{sort}(y_{i-k}, y_{i-k+1}, \cdots, y_i, \cdots, y_{i+k}).\text{middle} \end{cases} \tag{12.1}$$

通过滑动窗口截取 (x_i, y_i) 前后一共 $2k+1$ 组坐标数据,并使用 sort 函数分别对这 $2k+1$ 组的 x 坐标、y 坐标进行快速排序,将计算后的结果重新进行组合,即为平滑处理后的 (x_i, y_i) 坐标值。考虑到 UWB 定位数据中还存在着标签移动速度因素方面的影响,需增加速度约束对其进行进一步的处理:

$$V = \left| \frac{P_t - P_{t-1}}{\Delta t} \right| \tag{12.2}$$

$$P_t = \begin{cases} P_{t-1} + \dfrac{v_{\max}[P_t - P_{t-1}]}{V}, & v_{\max} > V \\ P_t, & v_{\max} \leqslant V \end{cases} \tag{12.3}$$

其中,P_t 表示 t 时刻的坐标数据;Δt 表示 t 时刻与 $t-1$ 时刻之间的时间差;$v_{\max}$ 表示 UWB 标签的最大移动速度。

12.3.3　基于复杂事件处理的异常事件检测

1. 离散制造过程异常事件模型构建

复杂事件处理方法的核心在于按照实际业务需求，通过事件逻辑运算符，将各类已存在的简单事件聚合成为目标复杂事件。根据离散制造过程的实际业务逻辑需求，总结归纳了七类事件逻辑运算符，这七类事件逻辑运算符足以清晰地描述生产过程中由标签、物联设备结合业务逻辑需求可能产生的复杂事件语义规则。具体定义如下。

逻辑与（AND），操作符记作 $\wedge$，形式化表达为 $A \wedge B \wedge C \wedge \cdots$ 或 $\text{AND}(A,B,C,\cdots)$，表示当 A、B 和 C 等所有子事件都发生时，复杂事件（$\text{AND}(A,B,C,\cdots)$）成立，且与子事件之间的时间顺序无关。

逻辑或（OR），操作符记作 $\vee$，形式化表达为 $A \vee B \vee C \vee \cdots$ 或 $\text{OR}(A,B,C,\cdots)$，表示只要 A、B 和 C 等所有子事件中任意一个发生，则复杂事件（$\text{OR}(A,B,C,\cdots)$）成立。

逻辑非（NOT），操作符记作 $\neg$，形式化表达为 $\neg A$ 或 $\text{NOT}(A)$，若子事件 A 没有发生，则复杂事件 $\text{NOT}(A)$ 成立。在逻辑非单独使用的情况下，一般不存在与实际生产逻辑符合的语义，通常需结合其他运算符组合使用。

属性，操作符记作 X_S，表示事件 X 的属性约束，下标 S 由属性表达式和逻辑运算符组成，即复杂事件 X_S 的成立，需建立在属性约束 S 都满足的基础上。此处的逻辑运算符指的是 AND、OR 和 NOT。事件属性通常包括标签编码 e.id、事件发生区域 e.l、事件发生时间点 e.t 或时间区间 e.T（$T = t_e - t_s$）和标签对象 e.type 等基本属性信息。通常通过属性约束可以对单个目标事件进行定制使用和检测。

集合，操作符记作 C，形式化表达为 $C(A, \text{num})$，其中 num 为正整数，表示子事件 A 重复发生了 num 次时，复杂事件（$C(A, \text{num})$）成立。集合运算符通常用于清点某一个范围或某一段时间内某类事件的数量总和，如库存盘点等。

顺序，操作符记作 $\rightarrow$，形式化表达为 $A \rightarrow B \rightarrow \cdots$，表示子事件之间的发生时间具有前后顺序关系，子事件 B 发生在子事件 A 之后，依次类推，则复杂事件（$A \rightarrow B \rightarrow \cdots$）成立。顺序运算符一般情况下可用于约束生产流程的时间顺序关系。

时间约束，操作符记作 X_T，表示事件 X 发生的时间范围，T 表示时间窗，即时间间隔 $[T_1, T_2]$，表示子事件 X 需在 $[T_1, T_2]$ 内发生。

通过上述七类事件逻辑运算符的不同组合，可将简单事件聚合成为表 12.1 中的复杂事件。

1）入（出）缓存区堵塞事件 CE_1

假设工位 WS01 入缓存区的容量大小为 $N_{\max}$，定义如果在同一时刻 WS01 入缓存区中正在排队加工的在制品数量大于 $N_{\max}$，表明该工位入缓存区发生阻塞事件 CE_1，形式化表达为

$$\text{CE}_1 = C(\text{OE}_{R(e.type=WIP) \wedge (e.l=WS01)}, N) \tag{12.4}$$

其中，$N > N_{\max}$；$\text{OE}_{R(e.type=WIP) \wedge (e.l=WS01)}$ 表示标签标识对象为在制品类型的实物在工位 WS01 入缓存区的存在事件；$C(\text{OE}_{R(e.type=WIP) \wedge (e.l=WS01)}, N)$ 表示 N 个在制品在工位 WS01 入缓存区的存在事件。根据上述描述，该类异常事件的事件图模型如图 12.6 所示。

由模型可知，在制品入缓存区堵塞事件的聚合原理为：① $\text{OE}_R(\text{id}_1, l, t)$、$\text{OE}_R(\text{id}_2, l, t)$、$\cdots$、

$OE_R(id_N,l,t)$ 简单事件(入缓存区存在事件)发生，其各自的事件值视为 TRUE；②对上述所有简单事件进行"∧"运算，聚合后的事件值为 TRUE，则入缓存区堵塞事件 CE_1 成立。在制品的出缓存区堵塞事件同理，在此不作重复赘述。

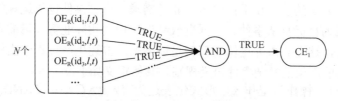

图 12.6　入缓存区堵塞事件模型

2) 加工超时事件 CE_2

假设在制品 wip01 在工位 WS01 加工区上进行某工序加工的计划最长加工时间为 T_{max}，定义如果在制品 wip01 在工位 WS01 加工区上的加工时间超过 T_{max}，表明在制品发生了加工超时事件 CE_2，形式化表达为

$$CE_2 = (AE_{W(e.id=wip01)\wedge(e.l=WS01)} \wedge \neg DE_{W(e.id=wip01)\wedge(e.l=WS01)})_{[0,T_{max}]} \tag{12.5}$$

其中，$AE_{W(e.id=wip01)\wedge(e.l=WS01)}$ 表示标识对象编号为 wip01 的在制品进入工位 WS01 加工区(开始加工)事件；$DE_{W(e.id=wip01)\wedge(e.l=WS01)}$ 表示在制品离开工位 WS01 加工区(结束加工)事件；CE_2 表示在时间间隔 $[0,T_{max}]$ 内，工位 WS01 加工区发生了在制品进入(开始加工)事件，但并没有发生在制品离开(结束加工)事件。根据上述描述，该类异常事件的事件图模型如图 12.7 所示。

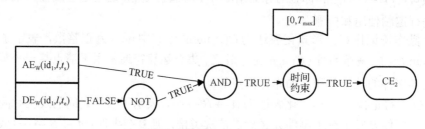

图 12.7　加工超时事件模型

由模型可知，在制品加工超时事件的聚合原理为：① $AE_W(id_1,l,t_s)$ 简单事件(进入工位加工区事件)发生，其事件值为 TRUE；② $DE_W(id_1,l,t_e)$ 简单事件(离开工位加工区事件)未发生，事件值为 FALSE，对其进行"¬"运算后变为 TRUE；③将两个简单事件进行"∧"运算，聚合后的事件值为 TRUE；④若上述简单事件满足时间约束运算符 $[0,T_{max}]$，则在制品加工超时事件 CE_2 成立。

3) 加工(转运)排队超时事件 CE_3

假设在制品 wip01 在工位 WS01 入缓存区排队加工的计划最长等待时间为 T_{max}，定义如果在制品 wip01 在工位 WS01 入缓存区上的排队等待时间超过 T_{max}，表明在制品发生了加工排队超时事件 CE_3，形式化表达为

$$CE_3 = (AE_{R(e.id=wip01)\wedge(e.l=WS01)} \wedge \neg DE_{R(e.id=wip01)\wedge(e.l=WS01)})_{[0,T_{max}]} \tag{12.6}$$

其中，$AE_{R(e.id=wip01)\wedge(e.l=WS01)}$ 表示标识对象编号为 wip01 的在制品进入工位 WS01 入缓存区(开

始排队) 事件；$DE_{R(e.id=wip01) \wedge (e.l=WS01)}$ 表示在制品离开工位 WS01 入缓存区 (结束排队) 事件；CE_3 表示在时间区间 $[0, T_{max}]$ 内，工位 WS01 入缓存区发生了在制品进入 (开始排队) 事件，但并没有发生在制品离开 (结束排队) 事件。由于加工 (转运) 排队超时事件的事件图模型与加工超时事件的事件图模型相似，在此不作重复描述。

4) 转运异常事件 CE_4

假设转运车辆 AGV01 运载在制品 wip01 从某一工位转运到另一工位的计划转运时间为 T_0，定义为在制品 wip01 在转运车辆 AGV01 上的存在时间超过 T_0，表明在制品发生了转运异常事件 CE_4，形式化表达为

$$CE_4 = (AE_{T(e.id=wip01) \wedge (e.l=AGV01)} \wedge OE_{T(e.id=wip01) \wedge (e.l=AGV01)})_{[T > T_0]} \tag{12.7}$$

其中，$AE_{T(e.id=wip01) \wedge (e.l=AGV01)}$ 表示标识对象编号为 wip01 的在制品进入转运车辆 AGV01 (开始转运) 事件；$OE_{T(e.id=wip01) \wedge (e.l=AGV01)}$ 表示在制品 wip01 在转运车辆 AGV01 的存在事件，即在制品处于转运过程中；CE_4 表示在制品 wip01 在转运车辆 AGV01 上的存在事件发生的持续时间大于 T_0。根据上述描述，该类异常事件的事件图模型如图 12.8 所示。

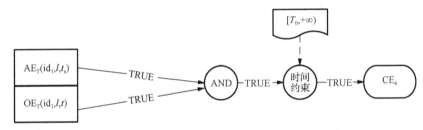

图 12.8　转运异常事件模型

由模型可知，在制品转运异常事件的聚合原理为：① $AE_T(id_1, l, t_s)$ 简单事件 (开始转运事件) 发生，其事件值为 TRUE；② $OE_T(id_1, l, t)$ 简单事件 (转运车辆存在事件) 发生，其事件值为 TRUE；③对两者进行 "$\wedge$" 运算，使聚合后的复杂事件的事件值为 TRUE；④若 t_s 和 t 满足时间约束运算符 $[T_0, +\infty)$，则在制品转运异常事件的事件值为 TRUE，该异常事件成立。

5) 加工未完成事件 CE_5

假设在制品 wip01 在工位 WS01 加工区上进行某工序加工的计划最短加工时间为 T_{min}，定义如果在制品 wip01 在工位 WS01 加工区上的加工时间小于 T_{min}，表明在制品发生了加工未完成事件 CE_5，形式化表达为

$$CE_5 = (AE_{W(e.id=wip01) \wedge (e.l=WS01)} \wedge DE_{W(e.id=wip01) \wedge (e.l=WS01)})_{[0, T_{min}]} \tag{12.8}$$

其中，$AE_{W(e.id=wip01) \wedge (e.l=WS01)}$ 表示标识对象编号为 wip01 的在制品进入工位 WS01 加工区 (开始加工) 事件；$DE_{W(e.id=wip01) \wedge (e.l=WS01)}$ 表示在制品离开工位 WS01 加工区 (结束加工) 事件；CE_5 表示在时间间隔 $[0, T_{min}]$ 内，工位 WS01 加工区发生了在制品进入 (开始加工) 事件和离开 (结束加工) 事件。该类异常事件的事件图模型如图 12.9 所示。

由模型可知，在制品加工未完成事件的聚合原理为：① $AE_W(id_1, l, t_s)$ 简单事件 (进入工位加工区事件) 发生，其事件值为 TRUE；② $DE_W(id_1, l, t_e)$ 简单事件 (离开工位加工区事件) 发生，

事件值为 TRUE；③将两个简单事件进行"∧"运算，聚合后的事件值为 TRUE；④若 t_s 和 t_e 满足时间约束运算符 $[0, T_{min}]$，则在制品加工未完成事件 CE_5 成立。

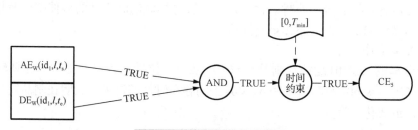

图 12.9　加工未完成事件模型

2. 基于复杂事件处理的离散制造过程异常事件检测

为实现离散制造过程中在制品异常事件的检测，针对上述已定义的复杂事件模型，分别编写其所对应的脚本。当简单事件到达时，根据脚本中定义的逻辑运算关系进行复杂事件的实时检测。考虑到用户定义事件时的便捷性，采用一种接近于自然语言、语法简单的类 SQL 语句作为复杂事件模型的脚本语言。

该语句主要由 Select、Where 和 Condition 三部分构成。Select 表示某个事件的发生，Select 后通常附有 As，用于进行属性的赋值；Where 表示对事件属性的约束条件，当满足约束条件时产生事件，不满足则不发生变化。其中，事件属性的约束条件采用文本方式存储，设置 SetCondition 函数解析文本，将文本中的每一个约束条件视为一个 if 语句，判断是否满足约束条件；Condition 用于描述事件间的逻辑运算关系。通过上述语句即可构建所需的复杂事件模型，步骤如下：首先利用语法分析器将脚本语言翻译成可进行编译的语句，然后分别根据其中的 Condition 和 Where 语句建立基本的事件模型以及对事件模型添加相应的约束条件，最后根据 Select 进行复杂事件的输出。

为了便于后续复杂事件的检测，对文中归纳的七类复杂事件逻辑运算符进行统一的函数封装，由于函数实现逻辑运算符的过程之间存在相似性，以逻辑非和时间约束两种运算符的函数实现为例进行介绍，如图 12.10 所示。

```
NOT(E)
    {
    E₁;
    if(!E)
        {
        E₁.ts=getTime;
            if(SetCondition(E, file))
                {
                E₁.te=getTime;
                E₁.id=E.id;
                Return E₁;}
            }
    }
```

(a)

```
INTERVAL(E, T₁, T₂)
    {
    E₁;
    if(E & &|E.te−E.ts| <= T₂
        & &T₁ <= |E.te−E.ts|)
        {
        E₁.ts=getTime;
            if(SetCondition(E, file))
                {
                E₁.te=getTime;
                E₁.id=E.id;
                Return E₁;}
        } }
```

(b)

图 12.10　函数实现逻辑非伪代码与时间约束伪代码

图 12.10(a)所示为逻辑非的函数实现伪代码,表示当事件 E 不发生时,产生复杂事件 E_1,此时事件 E 的 id 即为事件 E_1 的 id,事件 E_1 的发生时间为当前时间;图 12.10(b)为时间约束运算符的函数实现伪代码,表示当输入事件 E 发生在时间间隔$[T_1, T_2]$内时,复杂事件 E_1 成立。

基本逻辑运算符封装完成后,对构建的离散制造过程中的各类异常事件模型进行具体描述,由于在制品异常事件组成逻辑之间的共通性,在此仅以在制品加工超时事件为例进行描述。对于在制品在工位 workstation01 的加工区进行加工时的超时事件的具体检测流程如图 12.11(a)所示,图 12.11(b)为该流程对应的类 SQL 语句。

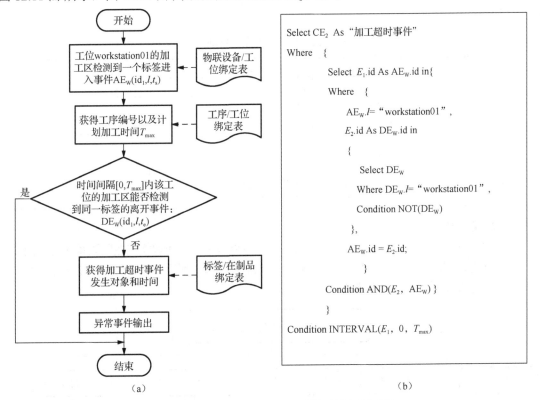

图 12.11　加工超时事件的具体检测流程与语句

将原始事件根据实际生产过程进行逻辑映射(标签与在制品绑定、物联设备与区域绑定)和筛选过滤成为具备语义的简单事件(进入事件、存在事件和离开事件),再通过已制定的复杂事件规则聚合后,可实时检测出与规则相匹配的异常事件。

12.4　基于制造物联的离散车间生产异常监测系统搭建

在上述介绍离散车间生产异常监测理论方法的基础上,本节将设计并开发基于制造物联的离散车间生产异常监测系统,详细介绍系统设计思路以及系统各个功能的实现。

12.4.1 系统设计

1. 系统开发及运行环境

为方便对生产异常监测原型系统的后期维护和功能扩展、降低对操作系统和运行环境的限制要求,本原型系统采用通用性较强的 B/S 架构进行设计及开发,并以 Java 作为主要开发语言,使原型系统具备一定的可移植性。将开发完成的系统部署在企业服务器上,车间管理人员和生产操作人员可使用同一局域网内的任一客户端对其进行访问和操作。该原型系统的具体开发及运行环境如表 12.2 所示。

表 12.2 系统开发及运行环境

开发环境	开发平台	Eclipse、Node.js
	编程语言	Java
	数据库	MySQL 5.7.1
	开发工具	Eclipse、WebStorm、IntelliJ IDEA 2017.2
运行环境	服务端	操作系统:Windows Server 2012 Web 服务器:Apache Tomcat 8.0 数据库:MySQL 5.7.1
	客户端	浏览器版本:Chrome 29 及以上

2. 系统功能设计

根据生产异常监测对制造物联技术的需求分析,对离散制造车间智能监控原型系统的功能模块进行了设计与规划,如图 12.12 所示,主要包含基础信息管理、配置管理、生产异常监测、生产过程可视化监控以及系统管理五大模块。

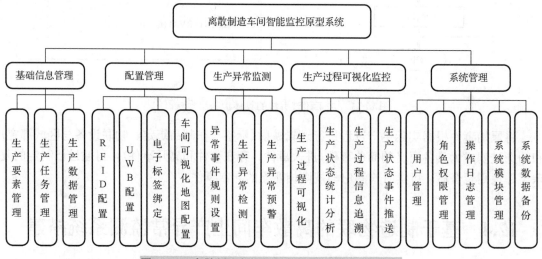

图 12.12 离散制造车间智能监控原型系统功能模块

1) 基础信息管理

基础信息管理模块给离散制造过程中的生产要素基本信息、生产任务基本信息以及生产过程信息提供统一的管理模式。其中,生产要素管理功能主要管理车间的物料、工装、转运

车辆和机床等实物的基本信息。生产任务管理功能则负责展示当前和历史生产任务的相关基础信息。生产数据管理功能负责管理在车间生产过程中采集到的生产要素相关动态生产过程数据。

2) 配置管理

配置管理模块主要负责对车间物联感知环境的软硬件进行配置，包括车间可视化地图配置、RFID 配置、UWB 配置以及电子标签绑定。RFID 配置功能用于实现 RFID 读写器与车间工位绑定关系以及读写器功率等基本属性配置。UWB 配置功能用于设置 UWB 基站的坐标位姿和所附有源标签等属性信息。电子标签绑定功能主要用于实现生产要素与 UWB、RFID 标签之间的绑定关系。车间可视化地图配置功能则指根据实际车间的工位布局情况，在系统中配置车间可视化地图，并将虚拟工位与实际工位通过逻辑对应关系绑定，为可视化监控提供环境条件。

3) 生产过程可视化监控

生产过程可视化监控主要负责将整个车间生产过程信息进行不同形式的可视化效果呈现，包括生产过程可视化、生产状态统计分析、生产过程信息追溯以及生产状态事件推送。生产过程可视化功能主要通过车间虚拟地图来实时展示实际车间的生产状况，如生产要素实时位置的可视化展示、工位生产信息的可视化展示等，使离散制造车间的整个生产过程高度透明化。生产状态统计分析功能主要负责以统计图表的形式展现车间生产进度、设备利用率以及线边库存消耗量等信息。生产过程信息追溯功能主要实现对产品历史制造过程信息的查询展示。生产状态事件推送负责将在制品何时进出工位等信息以及异常信息实时推送给相关的操作人员或管理人员。

4) 生产异常监测

生产异常监测模块是整个系统的核心功能，主要负责对生产过程中的生产异常进行规则设置、检测以及预警。异常事件规则设置功能主要根据生产任务的计划信息，对生产过程中在制品的相关事件进行时间、数量等信息的阈值设定，服务于后续的生产异常检测功能模块。生产异常检测功能负责根据异常事件规则，通过复杂事件处理模块将实时生产状态数据匹配成相应的异常事件，并在相关人员的系统界面上将检测到的异常事件信息进行事件消息推送。生产异常预警功能主要用于实现对生产异常影响程度的预测分析，包含生产任务剩余完成时间预测模型的训练数据与输入数据管理、预测模型的参数设置、预测结果的展示。

5) 系统管理

系统管理模块负责维护整个生产异常监测原型系统以高安全性、高保密性的方式进行正常运行，主要功能有：系统用户的登录账户、密码、职务角色等基本信息管理，用户所对应职务角色的功能权限分配设置，系统历史操作日志记录的查询与导出，系统功能模块的可扩展性管理以及系统数据的定期安全备份。

3. 系统数据库设计

根据上述规划的系统功能模块，遵循减少冗余、结构清晰、方便扩展等数据库的设计准则，对生产异常监测原型系统数据库的结构与字段进行了设计，如图 12.13 所示。

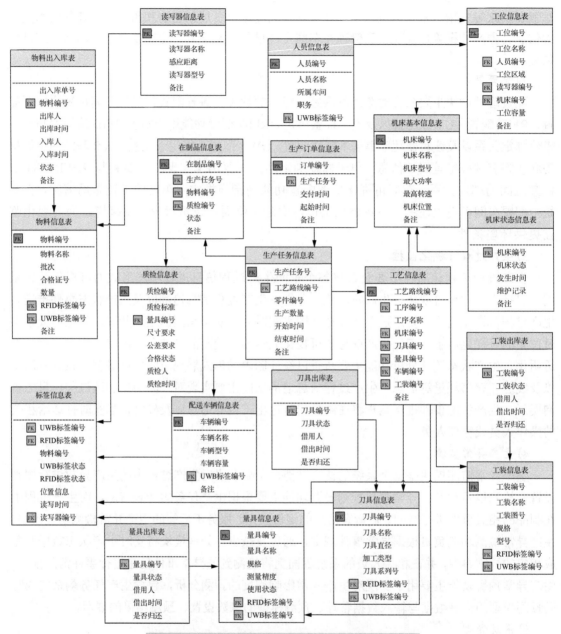

图 12.13　离散制造车间智能监控原型系统数据库设计

12.4.2　系统功能实现

结合上述设计的数据库关系表与功能模块,分别以 Eclipse 和 Node.js 为前后端开发平台环境进行原型系统各个功能模块的实现,并对原型系统的主要功能模块进行详细介绍。

1. 配置管理

配置管理模块可对车间虚拟三维地图进行创建与配置,根据实际车间布局情况,准确布置车间各个工位、读写器等实物的位置,并对其进行逻辑关联。单击车间可视化地图配置界面中的三维设备模型，包括机床、工作台、缓存区等，可在地图界面右侧选择模型并将其以拖拽方式放置到相应的位置，配置界面如图 12.14 所示。双击地图中的三维模型，进入单个设备模型配置界面，可对车间进行机床型号、RFID 读写设备和操作人员的配置，以此实现车间虚拟三维地图与实际车间的逻辑对应关系。

图 12.14　车间地图配置

UWB 配置界面如图 12.15 所示，其包括定位基站和标签两个部分配置功能，基站配置包括 IP 地址、工作状态、所在车间坐标、位姿(三维俯仰角度)和数据接口等信息的增删改查。标签配置指当前定位配置区域内可进行定位的 UWB 有源标签设置，包括标签编号、绑定时间、当前电量和预警阈值等信息的增添修改等操作，UWB 有源标签具备自动激活性能，添加完成后可直接在指定定位区域内使用。为满足生产过程数据的实时获取需求，需通过标签绑定功能将生产要素与 RFID 和 UWB 两类电子标签建立唯一对应的关联关系，管理生产要素编码、生产要素名称、RFID 标签编码、UWB 有源标签编码、数量和操作员等信息，界面如图 12.16 所示。

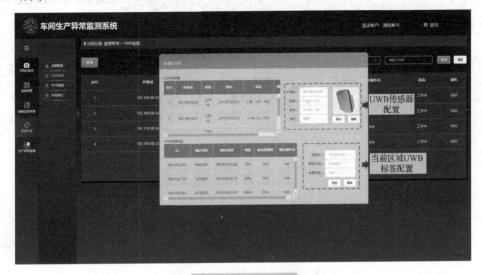

图 12.15　UWB 配置

图 12.16　标签绑定

2. 生产过程可视化监控

在车间虚拟三维地图完成各项配置后，系统根据实时获取到的各生产要素的实时位置和生产状态在三维地图中同步驱动对应的生产要素模型，实时动态地显示生产要素在实际车间中的位置变化，且可通过勾选图层选择当前显示在地图上的生产要素类型。用户可通过如图 12.17 所示的可视化监控界面全面掌握车间运行情况，界面包括车间生产进度、设备运行状态等统计信息的可视化展示，同时系统会根据用户的不同角色权限做相应的信息推送，以方便用户快速掌握所关心的生产信息，提前做好生产准备。

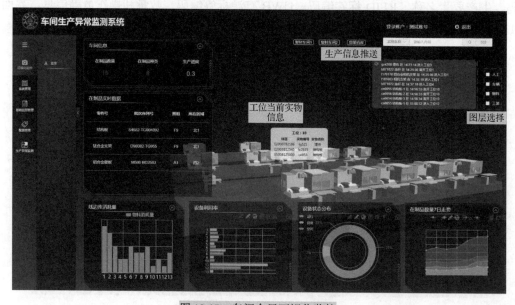

图 12.17　车间全局可视化监控

3. 生产异常监测

生产异常监测功能模块根据在生产过程中实时采集到的在制品状态信息，结合用户所制定的异常事件规则，检测当前车间是否存在生产异常。首先，在选择框中选择需要制定规则的在制品类型，通过"添加规则"，可对异常事件规则进行设置；其次，根据企业信息系统中的生产任务加工计划，在设置界面对在制品进行各类生产异常的阈值设置，如图 12.18 所添加的异常事件规则，当工位 1 的出缓存区所存有在制品数量大于 6 个时，当前生产过程发生缓存区堵塞事件；最后，通过"添加确认"将规则保存并交互传输至后台复杂事件处理模块。

图 12.18 异常事件规则设置

后台复杂事件处理模块会按照上述制定的规则对由物联设备采集到的在制品生产状态信息进行复杂事件处理，并过滤出其中的异常事件，生产异常监测系统前台会将异常信息以弹窗形式推送给相应的用户，如图 12.19 所示，以提示系统用户及时关注当前出现的生产异常。

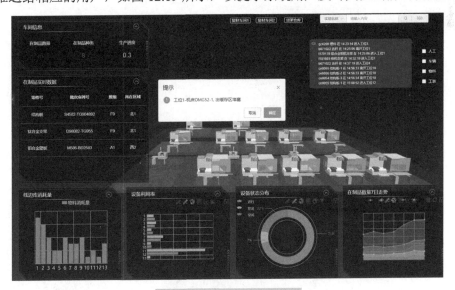

图 12.19 生产异常信息推送

思 考 题

12-1 简要概述基于制造物联的离散车间生产异常监测系统的基本架构。

12-2 与一般传感器采集到的数据相比，由 RFID 和 UWB 采集的数据有哪些特点？

12-3 什么是原始事件、简单事件和复杂事件？针对离散制造过程的生产异常监测需求，常用的三类简单事件是什么？

12-4 简述面向离散制造过程的复杂事件处理流程。

12-5 简述制造物联数据冗余清洗和平滑处理两种预处理方法的原理。

12-6 如何使用复杂事件处理技术实现离散制造过程异常事件检测？

第 13 章　基于 RFID 的离散制造车间实时定位

实时定位系统是对预定范围的对象进行定位与追踪，本书第二篇第 7 章讲述了实时定位技术相关的概念、实时定位通用方法等内容，通过前面的阅读和学习，读者对实时定位有了基本的了解。本章以第 7 章内容为基础，针对具体的离散制造车间设计开发了 RFID 实时定位系统，本章内容可以作为离散制造车间实时定位系统的一整套解决方案，根据生产要素的不同和定位精度需求的不同，设计不同定位精度的定位方法，从而灵活地实现对象定位，进而根据位置信息进行动态决策，提高生产效率。

13.1　离散制造车间 RFID 实时定位方法

本节介绍离散制造业 RFID 实时定位系统所采用的定位方法。在此之前需要对离散制造车间的定位对象进行分类，根据不同的定位要求采用不同的定位方法：初始定位、精确定位和盲区定位，下面进行详细的介绍。

13.1.1　定位对象分析

在离散制造车间有多种生产要素，其中一些需要被追踪与定位。

(1)在制品。在离散制造车间，在制品的管理比原材料和成品的管理复杂得多，原因为：①在制品根据不同的工艺安排，在不同的工作站、机床之间移动；②在制品经过不同的工作站时，其状态发生变化；③在离散制造车间，每个工作站的在制品缓存区容量有限，因此需要合理使用在制品缓存区；④根据生产要求不同，在制品在不同的工位中流转的数量不同。从以上四个方面可知，在制品的管理在车间具有重要作用，采用实时定位系统对在制品进行实时定位和追踪，可以实现在制品的合理分配和动态管理。

(2)刀具、量具、工装等生产要素。在离散制造车间，刀具、量具、工装等生产要素需要实时定位和追踪的原因是：这些生产要素通常在不同的工位间流动，且被多个工位同时需求，如果某个工人找不到合适的此类生产要素，往往会导致生产任务不能及时进行，影响生产效率；此外，这些生产要素是车间固有资产，有些是贵重资产，采用实时定位系统管理此类生产要素，可以减少车间的资产损失。

(3)AGV。在自动化程度较高的离散制造车间，通常会有 AGV，采用实时定位系统可以对 AGV 进行导航和定位，此时因为全车间都有了实时定位系统的部署，对 AGV 的定位和导航的成本会降低。

(4)车间人员。车间人员可以佩戴 RFID 标签设备，如 RFID 胸卡、RFID 手腕等，成为离散制造车间实时定位系统中的移动对象，通过对人员的定位监控，可以实现人员的有效管理。

在制造物联车间，所有的生产资料都进行了相关标签的标识，一般情况下固定生产资料如机床、工作台等生产要素位置固定，不需要专门的定位，而对于某些可以移动的生产资料，则需要进行专门的定位和信息管理，帮助工人实现车间对象的快速查找，提高生产效率。本系统的定位对象确定为在制品、刀具、量具、工装、AGV 以及车间人员。

13.1.2　RFID 设备部署与车间规划

RFID 读写器对标签的读写操作实际是通过天线与 RFID 标签进行通信的，因此在 RFID 实时定位系统中，RFID 天线是直接参与定位的设备。为了降低成本，本系统中一个 RFID 读写器将配置多个天线，用天线代替 RFID 读写器进行标签 RSSI 的采集。如图 13.1 所示，一个 RFID 读写器配置了 4 个天线，4 个天线可以根据接口不同进行区分识别，每个天线都有一个可识别范围，用点画线圆表示，因此每个天线都有一个逻辑可识别区域，把这些天线称为逻辑读写器。当生产要素通过不同天线所代表的识别范围时，即通过逻辑读写器的可识别区域时，可以根据逻辑读写器(天线)的位置和识别范围对生产要素进行定位，这样，一个 RFID 读写器变为 4 个逻辑 RFID 读写器，大大增大了可识别范围，降低了系统成本。因此，制造业 RFID 实时定位系统中的读写器指的是 RFID 天线形成的逻辑读写器，假设有 n 个 RFID 读写器，通过逻辑配置，可用的逻辑 RFID 读写器为 $4n$ 个。虽然 RFID 设备的价格在降低，但是 RFID 读写器的单价还是昂贵的，尤其是在离散制造车间进行大面积部署时，采用逻辑读写器(天线)可以大大降低部署成本。

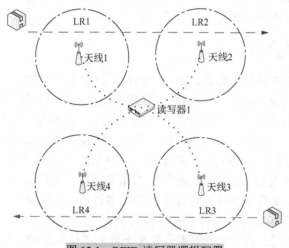

图 13.1　RFID 读写器逻辑配置

为了进一步降低系统实施成本，RFID 天线并没有在全车间全部范围覆盖，根据离散车间的特点和定位方法的不同，将天线部署在重要的工位、车间出入口等位置，RFID 标签部署在地面，作为参考地标标签以及 AGV 的定位导航。由此可以得知，车间根据是否被 RFID 天线识别分为两个区域：覆盖区和盲区。覆盖区是指当标签在此区域内运动时，至少可以被一个 RFID 天线检测识别到，盲区是指标签在此区域运动时，没有任何天线能够检测识别到。如图 13.2 所示，被 RFID 读写器覆盖的范围即图中圆圈覆盖区域，在此区域内，RFID 标签至少可以被一个 RFID 天线检测到，从而可以确定标签的位置信息，而图 13.2 中，区域 1～区域 7

内的 RFID 标签不能被任何读写器天线检测到，这些区域是未被 RFID 天线覆盖的区域，称为 RFID 覆盖盲区，因此，车间区域在逻辑上分为覆盖区和盲区，如式 (13.1) 所示：

$$R_{\text{workshop}} = \begin{cases} B = (B_k \mid k = 1, 2, \cdots) \\ C \end{cases} \tag{13.1}$$

其中，B 代表盲区；B_k 代表第 k 个盲区；C 代表覆盖区。

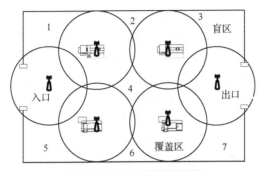

图 13.2　车间逻辑区域分类

显而易见，盲区和覆盖区所采用的定位方法不同，对于覆盖区，根据定位精度的不同定位方法可分为初始定位方法和精确定位方法，下面对这些定位方法进行介绍。

13.1.3　初始定位原理

初始定位指在离散制造车间 RFID 读写器覆盖的区域，RFID 标签在此区域活动时，读写器可以获取标签信息，从而实现对标签的定位。初始定位是确定待定位标签的区域位置信息，也就是对待定位标签进行范围确定，优点是定位快速，易于实现。其定位原理如图 13.3 所示。

初始定位的原理如下：读写器的识别区域设为

$$R = \{R_i \mid i = 1, 2, \cdots, n\} \tag{13.2}$$

其中，R_i 代表第 i 个读写器的识别区域；n 代表读写器的总数。当待定位标签在车间移动，可以被至少一个读写器检测到的时候，说明标签在这些读写器的共同覆盖区内，即标签在读写器的公共交叉覆盖区，其初始区域可以定位为

$$IR = R_{m1} \bigcap R_{m2} \bigcap \cdots \bigcap R_{mn} \tag{13.3}$$

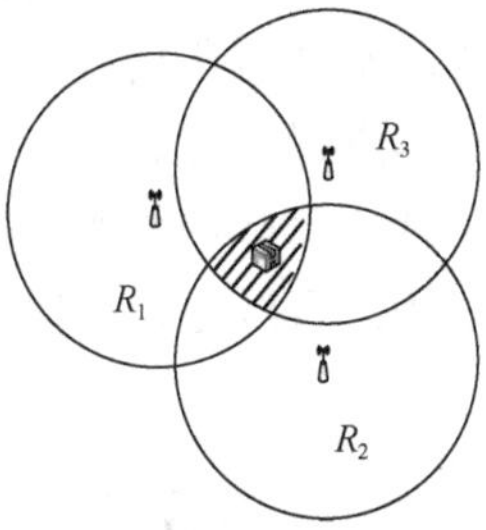

图 13.3　初始定位原理图

待定位标签的初始位置可以由 3 个读写器确定为

$$IR = R_1 \bigcap R_2 \bigcap R_3 \tag{13.4}$$

由以上可知，初始定位的精度为区域精度，当待定位标签只能被一个读写器检测识别到时，其初始位置可以定位为该读写器的识别区域，而待定位标签被多个读写器同时检测识别到时，其初始位置为读写器识别范围的交集。初始定位的定位精度取决于同时识别到待定位标签的读写器的数量，具有灵活、快速的特点。但当工人需要知道定位对象的具体坐标时，初始定位就显得力不从心。因此，需要更精确的定位方法，确定定位对象的坐标信息。

13.1.4　定位方法

1. 精确定位方法

精确定位的目标是坐标级别的定位,采用最常用的 RFID 定位方法——LANDMARC 定位方法。LANDMARC 定位方法的执行需要参考标签、读写器和待定位标签。LANDMARC 定位方法的定位原理和过程可参见第 7 章。

然而,当待定位标签只能被 1 个读写器识别到的时候,定位精度会受到影响,本书采用手持式读写器来提高定位精度。在实现了对待定位标签的初始定位之后,工人可以使用手持式读写器到初始定位区域,将手持式读写器作为一个固定 RFID 读写器,参与到 LANDMARC 定位方法中,实现精确定位。可见,手持式读写器参与精确定位的前提是手持式读写器的坐标位置已知,因此,精确定位之前,需要对手持式读写器进行定位,其定位采用的是参考标签对读写器的定位方法,手持式读写器可以收到参考标签的 RSSI 值,RSSI 值越大,说明该参考标签距离手持式读写器越近,根据此原理,选取 RSSI 值最大的 3 个参考标签,采用式(13.5)计算手持式读写器的坐标。定位原理如图 13.4 所示。

$$\begin{cases} x_0 = x_1 w_1 + x_2 w_2 + x_3 w_3 \\ y_0 = y_1 w_1 + y_2 w_2 + y_3 w_3 \end{cases} \tag{13.5}$$

其中,x_1、x_2、x_3 和 y_1、y_2、y_3 分别为定位位置的横、纵坐标;w_1、w_2、w_3 为各坐标点的权重。

此时手持式读写器的坐标已知,可以当作一个固定 RFID 读写器参与到 LANDMARC 定位过程中,实现精确定位过程。

图 13.4　手持式读写器自身
定位原理图

2. 盲区定位方法

盲区是不能被 RFID 天线检测识别的区域,标签在此区域内移动时,不会被任何固定式读写器天线检测到,此时可以采用手持式读写器进行定位。工人可以持手持式读写器在不同的盲区进行搜索,当在某一盲区内检测到标签时,认为该标签位于这一盲区,定位目的达到。盲区定位的突出优点是降低了系统成本。

13.2　基于实时定位的生产任务与信息推送

13.2.1　生产任务与信息推送需求分析

RFID 实时定位系统作用于生产车间时,管理人员可以实现车间生产状态的及时监控,获得车间生产要素的生产状态信息、位置信息、实时监控车间运行情况,针对突发状况进行生产动态调度。此时,生产任务的动态推送就起到了关键作用,利用生产任务动态推送系统可以将最新的生产任务传达给相应的工人,使工人及时地根据车间的状态进行生产。

与生产信息推送相对应的是生产信息的拉取,具体来说,是指车间制造人员可以使用 RFID 实时定位系统主动查询所需、所感兴趣的、在权限范围内的生产任务的进展情况、生产要素的位置信息,尤其在寻找某一需要的生产要素时,工人可以在 RFID 实时定位系统的客

户端上主动搜索该生产要素。显而易见，生产信息的推送和拉取在生产过程中发挥着不可取代的作用，它们之间是相互结合、相辅相成的关系，共同服务于制造过程，如图 13.5 所示。

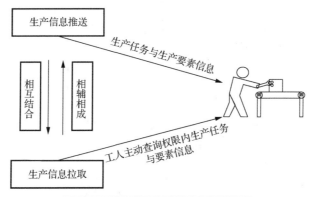

图 13.5　信息推送与信息拉取的关系

因此，可以总结出离散制造车间对于生产信息的推送的需求如下。

(1)基于需求的生产信息的查询。

基于需求的生产信息的查询是指生产人员可以根据自身需求，利用 RFID 实时定位系统查询相关生产要素的实时状态与位置，使得工人了解相关的生产任务进展情况，并及时调整自身的生产任务的进展，减少浪费。

(2)基于动态调度的生产任务与信息的推送。

管理人员根据 RFID 实时定位系统监控车间生产状态，遇到突发情况及时地调整生产安排，动态地进行生产调度，借助于生产信息推送系统将动态生产任务传达给车间生产人员，实现管理与生产的无缝连接。

13.2.2　生产任务与信息推送模型

生产任务与信息推送模型如图 13.6 所示，包括实时生产状态的监控、工人技术能力模型库的建立、动态生产任务的调度三者之间的匹配过程。实时生产状态是从 RFID 实时定位系统获得，可以明确当前车间的生产任务进展情况、机床运转情况、物料流转情况，以及对应的时间、地点等信息，生产任务是管理层在对车间生产状态监控的基础上动态安排的，工人的技术能力库是通过长期的制造数据建立的，通过三者之间的匹配，实现"在一定的生产状态条件下安排适当的工人完成适当的生产任务"。

由此定义生产任务推送信息 E：
$$E=(\text{RTS, Role, Task}) \tag{13.6}$$
其中，RTS 表示实时生产状态，可以进一步定义为
$$\text{RTS}=(\text{Machine state, Material state, Tool state, Measuring state, Location, time}) \tag{13.7}$$
其中，Machine state 表示机床的状态，Machine state $\in$ {运转，停止，故障}；Material state 表示工件的状态，Material state $\in$ {搬运，等待，加工}；Tool state 表示刀具的状态，Tool state $\in$ {库存，使用，损坏，丢失}；Measuring state 表示量具的状态，Measuring state $\in$ {库存，使用，损坏，丢失}。

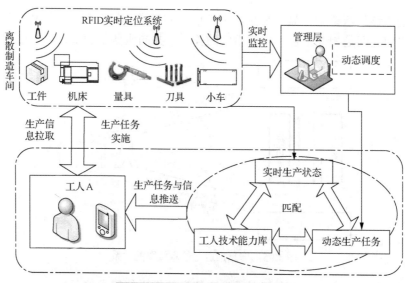

图 13.6　生产任务与信息推送模型

式(13.6)中，Role 表示当前生产活动的工人技能，进一步定义为

$$Role = (Role\_ID, Role\_Name, WS, Machine, Permission, Skill, Attitude) \quad (13.8)$$

其中，Role_Name 表示生产人员的姓名；WS 表示该工人所处的工作站；Machine 表示该工人负责的机床；Permission 表示该工人的权限；Skill 表示该工人的操作技能等级，且 Skill=$\{S_1, S_2, \cdots, S_n\}$，$S_n$ 表示某项技能的等级，n 表示车间所需技能总数，对特定的车间生产人员而言，所拥有的操作技能个数$\leqslant n$；Attitude 表示工人的工作态度。

式(13.6)中，Task 表示生产任务，进一步表示为

$$Task = (Task\_ID, Task\_Name, Resources, Quantity, Completion\_Date, Required\ Skill) \quad (13.9)$$

其中，Task_ID, Task_Name, Resources, Quantity, Completion_Date，Required Skill 分别表示生产任务的编号、名称、资源、质量要求、截止日期、所需技能。

13.2.3　匹配过程的实现

生产任务与信息的动态推送最关键的就是将实时、动态的生产任务推送给最合适的生产人员，即基于生产状态的生产任务和角色的匹配过程，描述如下。

在使用了 RFID 实时定位系统对车间生产状况进行实时监控以后很容易了解工人当前的生产状态，当安排生产任务时，挑选已经完成当前生产任务、机床运行良好的工人。在此基础上，将生产任务需求技能与工人的技能进行匹配。

假设车间有 m 个工人，对第 i 个工人来讲，其技能集定义为

$$Skill = \{S_{i1}, S_{i2}, \cdots, S_{in}\} \quad (13.10)$$

其中，S_{in} 表示第 i 个工人的第 n 个技能等级，$i \leqslant m$，n 为车间所需技能总数。

车间有 k 个生产任务，其中第 j 个生产任务对应的技术能力需求定义为

$$Required\ Skill = \{RS_{j1}, RS_{j2}, \cdots, RS_{jz}\} \quad (13.11)$$

其中，RS_{jz} 表示第 j 个生产任务的第 z 个技能需求，$j \in k$，z 为该任务需求技能总数，且 $z \leqslant n$。

为了实现将任务匹配给合适的生产人员,首先定义工人的第 p 个技能 S_{ip} 与生产任务的第 q 个技能要求匹配为

$$\text{Matching}(S_{ip}, \text{RS}_{jq}) = \begin{cases} 1, & S_{ip} \geqslant \text{RS}_{jq} \\ 0, & S_{ip} < \text{RS}_{jq} \end{cases} \tag{13.12}$$

其中, $i \in m$, $p \in n$, $j \in k$, $q \in z$ 。该公式表示当第 i 个工人的第 p 个技能等级大于等于第 j 个生产任务的第 q 个技能要求时,其匹配结果记为 1;当第 i 个工人的第 p 个技能等级小于第 j 个生产任务的第 q 个技能要求时,其匹配结果记为 0。

由此可以得到生产任务与生产人员匹配的计算步骤如下。

(1)将生产任务所需的每条技能需求与生产人员技能进行装箱匹配,如果存在第 q 个生产技能需求与第 p 个技能相匹配的情况,则继续下一步;如果没有任何的匹配技能,则结束匹配操作,该生产任务不能安排给此生产人员,表达式为

$$\sum_{q=1}^{z} \{\text{Matching}(S_{ip}, \text{RS}_{jq})\} = \begin{cases} 1, & 存在 S_{ip} \geqslant \text{RS}_{jq} \\ 0, & 不存在 S_{ip} \geqslant \text{RS}_{jq} \end{cases} \tag{13.13}$$

其中, $i \in m$, $p \in n$, $j \in k$, $q \in z$ 。

(2)如果存在第一步的继续,则第二步为:将生产人员的每条技能与生产任务的每条需求技能进行逐一比较,如果能够满足所有的生产任务的技能需求,则匹配个数为生产任务需求技能个数 z ;如果并不能满足所有的生产任务的技能需求,则匹配个数<生产任务需求技能个数 z ;如果存在满足 z 的生产人员集合,则进行第三步,否则结束匹配操作。表达式为

$$\begin{cases} \sum_{q=1}^{z} \sum_{p=1}^{n} \{\text{Matching}(S_{ip}, \text{RS}_{jq})\} = z \\ \sum_{q=1}^{z} \sum_{p=1}^{n} \{\text{Matching}(S_{ip}, \text{RS}_{jq})\} < z \end{cases} \tag{13.14}$$

其中, $i \in m$, $p \in n$, $j \in k$, $q \in z$ 。

(3)进行到第三步时已经匹配出符合生产任务的生产人员集合,由于一个生产任务只能由一个生产人员执行,所以可以对生产技能要求进行重要性排序,按照技能的重要性比较工人对应技能的满足程度,程度越高,则越适合承担此生产任务。假设第 q 个生产技能最影响产品质量,因此第 q 个技能为最主要技能,比较匹配的生产人员集合对第 q 个技能的符合程度,假设第 i 个生产人员比其余生产人员的符合程度高,则第 i 个生产人员为最符合的人员,匹配过程结束;否则,比较次重要生产技能的符合程度,以此类推。如果重要的技能比较结束之后,符合的生产人员还以集合的形式存在,则随机分配生产任务,匹配过程结束。

13.3　离散制造车间实时定位系统

在上述介绍基于 RFID 的离散制造车间实时定位与信息推送方法的基础上,本节将设计并开发离散制造车间实时定位系统,详细介绍系统开发/运行环境以及系统关键功能的实现。

13.3.1　离散制造车间实时定位系统的开发环境

1. 系统开发环境和运行环境

1) 系统开发环境

离散制造车间实时定位系统为了满足不同操作系统客户端的访问需求,在 Microsoft.NET 平台下,开发了基于 C/S 软件体系结构的系统;Microsoft.NET 平台具有数据库访问便捷高效、开发成本低等特性,具有统一的集成开发环境,支持 Visual Basic、Visual C++、Visual C#、Java 等多种语言混合编程,服务器发布创建的 ASP.NET Web 服务程序后,客户端只需添加 Web 服务应用,便可调用封装的 Web Service 方法,实现数据的跨平台访问。

开发工具:Microsoft Visual Studio 2008。

编程语言:C# / C++ / Java。

开发平台工具:Microsoft.NET/Eclipse。

2) 系统运行环境

(1) 操作系统。

服务器系统:Windows 7。

客户端 PC 系统:Windows 7,并安装.NET Framework 4.0 组件。

手持式终端系统:Windows CE 6.0/Android。

(2) 服务器。

数据库服务器:Oracle 9i。

Web 服务器:IIS6.0。

2. RFID 实时定位系统硬件设备

离散制造车间实时定位系统的数据采集硬件主要包括固定式读写器、手持式 RFID 终端以及 RFID 标签等。

远望谷 XC-TF8415-C03 抗金属标签符合 ISO/IEC 18000-6C 协议与 EPCglobal Class 1 Gen 2 协议,支持密集读写器模式,工作频率为 920～925MHz,EPC 为 240 位,TID 编码为 64 位,用户数据区为 512 位,数据擦写 10 万次,支持 32 位杀死命令,灵敏度高,支持多标签读取,可触发警报,能快速、可靠检测被标识对象。实物图如图 13.7(a)所示。

 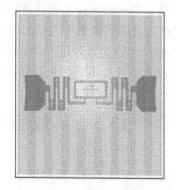

(a) XC-TF8415-C03抗金属标签　　　　　　　(b) XC-TF8029-A-C-6C超高频标签

图 13.7　远望谷抗金属标签和超高频标签的实物图

远望谷 XC-TF8029-A-C-6C 超高频标签支持 EPCglobal Class 1 Gen 2 协议与 ISO/IEC 18000-6C 协议，工作频率为 840～960MHz，全向天线设计，支持密集读取模式，读取距离为 0～8m，写入距离为 0～4m，EPC 为 128 位，TID 编码为 48 位的序列化编码，擦写次数为 10 万次，支持多标签读取。实物图如图 13.7(b) 所示。

XC-RF807 读写器是远望谷公司针对 ISO/IEC 18000-6C 协议而开发的 RFID 固定式读写器，标签回波速率为 40～640kbit/s(可通过上位机软件设置)。读写器可以通过网口直接与 PC 双向通信，读写器工作频率为 840～845MHz、920～925MHz，定频或跳频模式可选，RF 输出功率为 12～36dBm(±1dBm) 可调，步进 3dBm(dBm 为分贝毫瓦)。提供 4 个软件可控的天线接口，可灵活连接天线组成扫描通道，在 XC-AF26 天线下测试，连续读标签距离为 0～4m，连续写标签距离为 0～2m。实物图如图 13.8(a) 所示。远望谷 XC-AF26 天线是一款高性能超高频 RFID 天线，其工作频率为 902～928MHz，通过同轴电缆直接与读写器相连，具有良好的方向性，高效地读取或写入 RFID 标签数据。XC-AF26 为高增益、低驻波比的线极化天线，天线的 RFID 读取范围呈直线状，读写距离较远，天线罩采用 ASA 工程塑料。远望谷此型号的超高频 RFID 天线产品具有结构牢固、防护等级高、密封性能可靠以及使用寿命长等优势。实物图如图 13.8(b) 所示。

手持式 RFID 读写器选用西门子 RF310M 读写器，该读写器的工作频率为 13.56MHz，最大感知范围可以达到 0.8m，具有单/多标签通信两种工作方式，抗干扰能力强，能够适用于车间工业现场等复杂领域，读写器搭载了 Windows CE4.0 操作系统，具有良好的人机交互界面，并集成了 Wi-Fi 模块。实物图如图 13.8(c) 所示。

(a)远望谷XC-RF807读写器

(b)远望谷XC-AF26天线

(c)西门子RF310M读写器

图 13.8　读写器和天线实物图

13.3.2　离散制造车间实时定位系统的实现

对于设计并开发的离散制造车间定位感知系统，本节主要详细介绍系统关键功能模块的实现情况。

1. 系统管理模块

系统管理模块作为系统的基础功能模块，是系统各个功能协作的枢纽，负责统筹管理用户角色配置、登录权限配置、数据备份与恢复、操作日志管理、数据安全性保障等功能，系统管理员拥有最高的访问权限，负责为不同的用户分配不同的角色，设定其登录权限并匹配相对应的功能；为保证系统的安全性，用户需凭借设定的用户名和密码才能登录系统。

2. 读写器配置

RFID 读写器设备需要完成功能配置，才能保证数据采集的顺利进行，XC-RF807 读写器的网络配置遵循 TCP/IP，具有网络接口 TCP、串行接口 COM 和 USB 接口 USB 三种通信模式，选择串口模式作为通信端口，配置读写器 IP 地址；通过配置读写器的功率大小，调节读写器的读写距离，以满足实际需要；读写器支持 ISO/IEC 18000-6B 和 ISO 18000-6C 两种标签通信协议，根据系统选用的标签，配置的读写器应满足 ISO/IEC 18000-6C 通信协议；配置的天线接口支持在 1#、2#、3#、4#天线间相互切换，灵活组成扫描通道；读写器跳频方案采用默认设置即可；读写器支持循环读写和单次读写，配置读写器为循环读写工作模式。

系统读写器配置界面如图 13.9 所示。

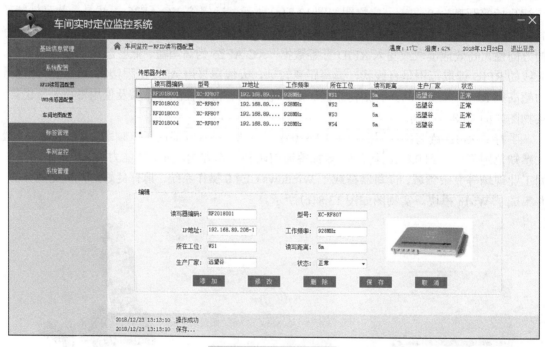

图 13.9　读写器配置界面

3. 物料的定位

实时定位系统的对象包括人员、物料、工装、AGV 等，离散制造多为典型的混流生产，车间零件型号繁多，加工工艺复杂，不同型号零件的加工工艺多有相似，物料的流转相当复杂，容易出现误操作等现象，这里以物料的实时定位为例，介绍实时定位系统的实时定位。

物料的定位主要包括对物料的实时跟踪和历史追溯，实时跟踪是对物料进行实时定位，当某一工位的固定 RFID 读写器检测到物料已进入该工序的未加工区域时，读写器将主动请求获取这批物料的基本属性信息以及当前的工序内容，并确认这批物料的历史工艺参数与当前工序的一致性；历史追溯是对物料进行历史位置查询，并与每道工序的加工时间、加工工人、质检时间等信息进行绑定。PC 端与手持式终端的 ASP.NET 程序均是通过服务器发布的 Web 服务，通过服务的方法获取目标对象的位置信息。

PC 端物料的定位界面如图 13.10 所示。

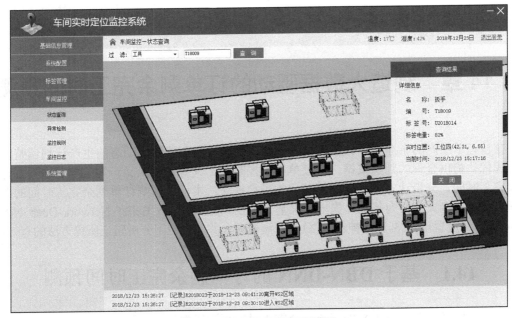

图 13.10 PC 端物料定位界面

4．Web 服务感知推送

离散制造车间实时定位系统的"感知"体现在系统 Web 服务的感知推送上，服务感知推送的流程如下：手持式读写器附着有 RFID 标签，当与工位绑定的固定式读写器检测到手持式终端进入该工位的逻辑区域时，便立即向上位机服务器发送定位报告，通知服务器手持式终端已经进入了有效的逻辑区域，接着服务器向手持式终端发送定位通知，同时启动 Web 服务广播模式，手持式终端接收到定位通知，可选择是否接收 Web 服务；当固定式读写器定位到手持式终端离开了当前的逻辑区域时，此固定式读写器会通知 Web 服务器关闭服务推送进程。

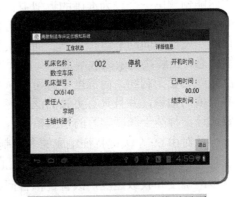

图 13.11 手持式终端服务推送界面

手持式终端服务推送界面如图 13.11 所示，服务内容主要包括机床名称、机床型号、责任人、主轴转速等当前工位状态以及开机时间、已用时间和结束时间等工位信息。

思 考 题

13-1 离散制造车间 RFID 实时定位方法有哪些？

13-2 离散制造车间对于生产信息的推送需求是什么？

13-3 什么是基于 RFID 的初始定位？其定位原理是什么？

13-4 如何利用 RFID 技术实现精确定位？

第 14 章 制造大数据驱动的订单剩余完工时间预测

在按订单生产的企业中，订单剩余完工时间的准确预测能够为动态的生产计划调整、生产过程优化提供合理的判别依据，对订单产品按时完工具有重要意义。为了准确地预测订单剩余完工时间，分析动态生产环境下车间的运行规律，本章以影响订单剩余完工时间的关键特征组成的制造大数据为基础，提出一种基于 DBN-DNN（Deep Belief Network-Deep Neural Network，深度置信网络-深度神经网络）的预测模型，并通过应用分析验证所提方法的有效性。

14.1 基于 DBN-DNN 的订单剩余完工时间预测

本节介绍基于 DBN-DNN 的订单剩余完工时间预测模型构建方法。

14.1.1 订单剩余完工时间预测模型设计

相关学者以订单组成和车间实时生产状态数据为输入，使用神经网络预测订单剩余完工时间或相似目标。当以神经网络预测订单剩余完工时间，输入数据不完整或者存在噪声值时，依然能预测出一个较为准确的近似值；在预测过程中，不需要关心输入特征与预测目标之间的复杂因果联系；当训练结束之后，可以将对应的实时生产状态数据输入模型中，实现实时预测，发现车间动态运行规律。而浅层神经网络适应复杂映射的能力较差，难以有效提取特征信息，在解决复杂离散制造车间的预测问题时，预测结果准确度不高，易出现过拟合问题，泛化能力受到制约。而深度学习可以从大规模、低价值密度的样本中提取高水平特征，获取有价值的知识，并且具有更强的泛化能力，对处理大数据问题具有更优越的性能，因此有必要设计一种基于深度学习的预测模型。

针对由 69 个关键特征组成的多源制造数据，本章提出一种基于 DBN-DNN 的订单剩余完工时间预测方法。该方法通过构建 ReLU 激活的 DBN 模型来初始化 DNN 权重和偏置，提升模型准确度和收敛速度，改善过拟合问题；为了进一步提高模型的泛化能力，避免预测模型在训练集和测试集上的预测精度相差较大的问题，在回归预测模型中加入 Dropout 层和 L2 正则项。如图 14.1 所示，I 表示输入层，h_1 表示第 1 层隐含层，h_{hl-1} 表示第 hl−1 层隐含层，h_{hl} 表示第 hl 层隐含层，具体操作步骤如下。

步骤 1 为了消除数据特征的单位限制，便于比较和加权不同量级或单位的数据，采用最大-最小归一化方法对所有数据特征进行归一化处理。一方面可以加快模型收敛速度，另一方面能够提升模型的预测精度。采用式 (14.1) 所示的最大-最小归一化方法，将原始数据集进行线性变化，使结果落到[0, 1]区间，即

$$X' = \frac{X - X_{\min}}{X_{\max} - X_{\min}} \tag{14.1}$$

其中，$X_{\max}$ 和 $X_{\min}$ 分别表示原始数据集中某一特征的最大值和最小值。

　　步骤 2　随机选取原始数据集的 70%作为训练集，其余作为测试集。

　　步骤 3　使用训练集数据训练首个受限玻尔兹曼机，然后将第一个受限玻尔兹曼机的输出作为第二个玻尔兹曼机的输入训练第二个玻尔兹曼机，…，依次类推，完成所有受限玻尔兹曼机的训练。所有受限玻尔兹曼机构成一个完整的 DBN，完成 DBN 的训练。

　　步骤 4　以 DBN 的权重(W')和偏置(b')初始化 DNN 对应层的权重(W)和偏置(b)，通过 BP 算法训练 DNN，微调 DBN 相应层的参数，提高模型预测性能。

　　步骤 5　将测试集输入 DBN-DNN 预测模型中，验证模型是否发生过拟合问题，测试预测模型的准确度和适用性。

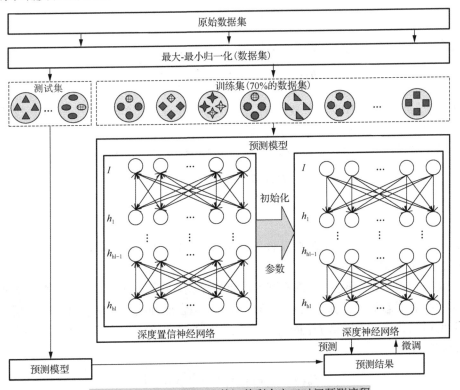

图 14.1　基于 DBN-DNN 的订单剩余完工时间预测流程

14.1.2　基于 DBN-DNN 的订单剩余完工时间预测模型

1. 基于 DBN 的预测模型参数初始化

　　DBN 由若干个受限玻尔兹曼机(restricted Boltzmann machine，RBM)堆叠组成，一个 RBM 由一层可见层和一层隐含层构成。假设某个 RBM 的可见层有 V 个神经元，与输入数据维数一致，隐含层有 H 个神经元，该层神经元个数需要手动设置。与前反馈神经网络不同，可见层神经元和隐含层神经元之间为双向全连接，可见层神经元状态可以作用于隐含层，隐含层神经元状态也能影响可见层。而可见层神经元之间、隐含层神经元之间不存在内部连接，也就是说每层神经元内部是相互独立的。在 RBM 结构中有五个重要参数，分别是可见层神经元个数 V、隐含层神经元个数 H、连接权重矩阵 W'、隐含层的偏置系数 b'、可见层的偏置系数 a'，具体结构如图 14.2 所示。

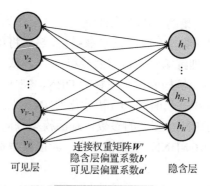

图 14.2　RBM 结构

对给定状态 (v, h)，能量函数的定义如式 (14.2) 所示：

$$E_\theta(v, h) = -\sum_{i=1}^{V} a_i' v_i - \sum_{j=1}^{H} b_j' h_j - \sum_{i=1}^{V} \sum_{j=1}^{H} v_i W_{i,j}' h_j \tag{14.2}$$

其中，$\theta = \{W', a', b'\}$ 是 RBM 的参数；$W_{i,j}'$ 表示可见单元 i 与隐单元 j 之间的连接权重；a_i' 表示可见单元 i 的偏置；b_j' 表示隐单元 j 的偏置。

基于以上能量函数，给定状态 (v, h) 的联合概率分布如式 (14.3) 所示：

$$P_\theta(v, h) = \frac{1}{Z_\theta} e^{-E_\theta(v, h)} \tag{14.3}$$

$$Z_\theta = \sum_{v, h} e^{-E_\theta(v, h)} \tag{14.4}$$

其中，Z_θ 表示配分函数。在 RBM 条件下，Z_θ 已经被证明是难解的，意味着联合概率分布 $P_\theta(v, h)$ 也是难以评估的。

由于 RBM 层间相互连接、层内不连接的特殊结构，即已知可见层神经元的状态时，隐含层神经元的激活状态是相互独立的，同理，当已知隐含层神经元的状态时，可见层神经元的激活状态也相互独立，所以第 j 个隐含层神经元和第 i 个可见层神经元的激活概率如式 (14.5) 和式 (14.6) 所示：

$$P_\theta(h_j = 1 | v) = \sigma\left(b_j' + \sum_{i=1}^{H} v_i W_{i,j}'\right) \tag{14.5}$$

$$P_\theta(v_i = 1 | h) = \sigma\left(a_i' + \sum_{j=1}^{V} h_j W_{j,i}'\right) \tag{14.6}$$

其中，$\sigma(\ )$ 表示激活函数。

传统的激活函数有 Sigmoid 函数和 Tanh 函数，但两者的导数值都在 $(0,1)$ 内，当进行多层反向传播时，误差梯度会不断衰减，容易出现梯度消失，模型学习效率较低，同时还会丢失数据中的一些信息。本书采用 ReLU 激活函数训练 RBM，如式 (14.7) 所示，一方面能克服梯度消失，极大可能地保留数据信息；另一方面该激活函数会使一些输出为 0，使网络具有稀疏性，缓解过拟合问题。

$$f(x) = \begin{cases} x, & x \geq 0 \\ 0, & x < 0 \end{cases} \tag{14.7}$$

虽然 $P_\theta(v, h)$ 难以求解，2002 年 Hinton 等提出了对比散度 (contrastive divergence，CD) 算

法，加快了 RBM 训练学习。在 RBM 训练过程中，实际上就是对 $\mathbf{W}'$、$\mathbf{b}'$ 和 $\mathbf{a}'$ 不断寻优，直至获得合适的参数。通过 CD 算法对 RBM 进行训练，各个参数的更新规则如式(14.8)～式(14.10)所示：

$$\mathbf{W}' = \mathbf{W}' + \rho(\mathbf{h}\mathbf{v}^{\mathrm{T}} - \mathbf{h}'(\mathbf{v}')^{\mathrm{T}}) \tag{14.8}$$

$$\mathbf{b}' = \mathbf{b}' + \rho(\mathbf{h} - \mathbf{h}') \tag{14.9}$$

$$\mathbf{a}' = \mathbf{a}' + \rho(\mathbf{v} - \mathbf{v}') \tag{14.10}$$

其中，$\mathbf{v}'$ 表示可见层 $\mathbf{v}$ 的重构；$\mathbf{h}'$ 表示重构 $\mathbf{v}'$ 所得的隐含层；ρ 表示学习效率。

　　DBN 的训练过程就是采用贪心逐层训练，训练过程如图 14.3 所示。首先训练第一个 RBM，将数据输入 RBM 中，初始化该层网络对应的权重和偏置，通过学习训练更新权重和偏置，完成第一个 RBM 的训练；其次训练第二个 RBM，以第一个 RBM 的输出作为第二个 RBM 的输入，类似第一步更新权重和偏置，完成第二个 RBM 的训练，依次类推，直至所有 RBM 训练结束。将已经训练好的 RBM 按规则堆叠起来，形成 DBN。

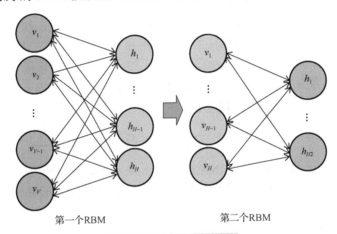

图 14.3　DBN 的训练过程

2. 基于 DNN 的订单剩余完工时间预测

　　在 DBN 的训练过程中，全程没有标签数据参与，属于一种无监督学习模式，能够不断学习输入数据特征，为 DNN 提供了合理的初始训练参数。在 DBN 完成训练之后，将 DBN 参数作为 DNN 对应层的初始参数，DNN 最后一层网络参数随机给定，与其他层不同，该层的主要任务是利用前面网络提取的特征完成订单剩余完工时间预测，如图 14.4 所示。

　　在训练过程中，预测值和实际值有一定的差距，使用 BP 算法对网络参数进行微调，能够提高预测的准确度。本书对整个网络的参数进行调优，加快网络训练速度，脱离只对最后一层网络参数调整而陷入局

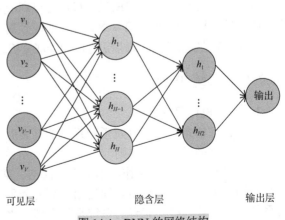

图 14.4　DNN 的网络结构

部最优解的困境。在订单剩余完工时间预测过程中主要分为两个阶段。

第一阶段：将 69 个关键特征组成的历史数据输入第一个 RBM 中，依次迭代训练，以确定 DNN 各层的初始参数，此过程不需要数据对应的标签。

第二阶段：以数据标签和网络预测值之间的误差作为原始损失函数，如式(14.11)所示，使用 Adam 优化器不断优化 DNN 参数，实现订单剩余完工时间的精准预测。

$$\text{Loss}_0 = \frac{1}{\text{lm}} \sum_{i=1}^{\text{lm}} (y_i^{\text{real}} - y_i^{\text{pred}})^2 \tag{14.11}$$

其中，lm 表示训练一次的样本数。

在训练神经网络的过程中，不可避免地会发生过拟合现象，这导致网络在训练集上的表现力极强，而在测试集上的表现力较弱。由奥卡姆剃刀定律可知，模型越复杂，越容易过拟合。为了降低 DNN 的复杂度，改善 DNN 的过拟合现象，加入 Dropout 层和 L2 正则项。

(1)Dropout 是指在 DNN 的训练过程中，将指定层神经元按照一定的概率短暂性地从网络中丢失。Dropout 一方面能够简化神经网络结构，减少训练时间；另一方面每个神经元都以一定的概率出现，使得不能保证相同的两个神经元每次都同时出现，权值更新不再依赖于固定关系神经元的共同作用，改善了 DNN 的过拟合现象。

(2)L2 正则项是在原始损失函数 Loss_0 的基础上加一个正则项，即各层权重 W^k 的平方和，使在显著减少目标值方向上的参数保留相对完好，无助于目标值方向上的参数在训练过程中因正则项而衰减。具体形式如式(14.12)所示：

$$\text{Loss} = \text{Loss}_0 + \lambda \sum_{k=1}^{\text{ls}-1} W^k = \frac{1}{\text{lm}} \sum_{i=1}^{\text{lm}} (y_i^{\text{real}} - y_i^{\text{pred}})^2 + \lambda \sum_{k=1}^{\text{ls}-1} \sum_{j=1}^{\text{ln}} \sum_{j'=1}^{\text{ln}'} (W_{j,j'}^k)^2 \tag{14.12}$$

其中，Loss 表示损失函数；ls 表示 DNN 层数；ln 表示第 k 层特征数；ln′ 表示第 $k+1$ 层特征数；$W_{j,j'}^k$ 表示第 k 层的第 j 个神经元与第 $k+1$ 层第 j' 个神经元的连接权重；λ 表示正则化系数。

14.2　大数据驱动的订单剩余完工时间预测系统搭建

14.1 节主要介绍了基于 DBN-DNN 的订单剩余完工时间预测方法。在上述介绍的基础上，本节将设计并开发大数据驱动的订单剩余完工时间预测系统，详细介绍系统设计思想、开发/运行环境以及系统各个功能的实现，最后进行应用验证分析。

14.2.1　系统设计

1. 系统设计思想

在进行订单剩余完工时间预测系统的开发时，应该考虑系统的实际应用需求和未来应用趋势，需要遵循以下设计原则。

(1)易操作性。系统操作界面美观、简洁、菜单功能明确，方便使用者的理解和操作。系统给使用者分配不同的权限，简化用户查看界面，便于权限范围内的子界面切换。针对不同的系统功能模块，提供完善的系统帮助文档，提高系统的可操作性。

(2)稳定性。系统稳定运行是系统运用并指导车间生产的基础。将训练好的订单剩余完工时间预测模型应用于系统中，通过实时数据的不断输入实现订单剩余完工时间实时预测，输入数据量较大，监控车间的运行时间长。这要求系统具有较强的稳定性，保证系统正常运行，能够准确地监控车间运行情况。

(3)集成性。订单剩余完工时间预测系统是企业信息管理系统的一部分，与信息管理系统的其他分支有着紧密联系，如 MES 和 ERP。为了实现与企业现有的信息管理系统互联互通，更好地完成制造车间的规律挖掘，应该设计统一的数据接口，实现与其他分支系统的集成。

(4)可维护性。订单剩余完工时间预测系统的可维护性是指系统恢复原有状态、提高其性能的难易程度。一方面系统出现问题后，恢复到原有状态容易、成本较低；另一方面当系统对现有功能改造升级时，容易操作，可扩展性强。

2. 系统开发环境及运行环境

订单剩余完工时间预测系统是基于 B/S 架构设计和开发的，能够满足不同用户的访问需求，并具有易操作、稳定性强、集成方便、维护升级简单/廉价等特点。系统主要分为数据支撑、应用服务开发、用户界面开发三部分，层次结构如图 14.5 所示。数据支撑为整个系统提供预处理后的在制品数据、物料数据、工装数据、机床数据等制造数据；应用服务开发通过直接或间接的方式调用数据库数据，并实现各个功能逻辑，服务于用户界面展示；用户界面开发帮助使用者实时监控车间的生产情况，并了解车间的未来生产规律。

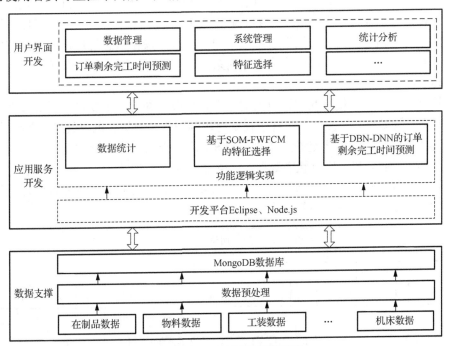

图 14.5　系统开发的层次结构

系统环境包括系统开发环境和运行环境，其中开发环境见表 14.1，运行环境包括服务器运行环境和客户端运行环境两类，见表 14.2。

表 14.1 系统开发环境

开发工具	编程语言	开发平台	数据库
Eclipse、WebStrom、IntelliJ IDEA 2017.2	Java	Eclipse、Node.js	MongoDB 数据库

表 14.2 系统运行环境

	服务器	客户端
相关要求	操作系统：Windows Server 2012 Web 服务器：Apache Tomcat 8.0	浏览器：Chrome29 及以上

3. 系统功能设计

结合订单剩余完工时间预测的应用需求，根据离散制造车间订单剩余完工时间预测体系架构，设计该系统的功能模块，主要包括系统管理、数据管理、统计分析、特征选择、订单剩余完工时间预测五个功能模块，详细功能如图 14.6 所示。

1)系统管理

系统管理是订单剩余完工时间预测系统的基本功能，为维护系统正常运行提供保障，主要包括用户管理、个人信息管理、操作日志管理，其中用户管理和操作日志管理仅对管理员可见，非管理员可以通过个人信息管理界面修改个人信息。用户管理一方面可以新增、删除用户或者修改用户信息，另一方面可以修改用户的权限。操作日志管理记录着系统的日常使用信息，在发生系统异常时，可以快速定位到系统异常原因，便于系统修复。

2)数据管理

数据管理主要为了方便车间制造数据的查询、修改、补充，主要包括历史数据统计、实时数据、制造资源数据。历史数据统计子模块对车间在制品数据、机床数据、产品质量数据、扰动数据等各类信息进行统计/管理，方便查看车间历史运行情况；实时数据子模块用于查看在制品实时加工数据、机床实时状态数据、订单生产进度数据等，以了解车间实时生产情况；制造资源数据子模块用于对车间检测设备、工艺装备、机床等制造资源进行管理，能够查看制造资源类型、数量及工作状态等。

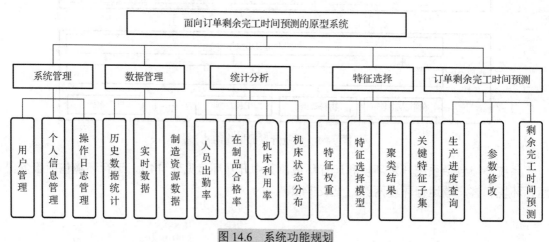

图 14.6 系统功能规划

3) 统计分析

统计分析主要对采集到的车间数据进行统计分析，直观地显示车间生产状况，便于管理人员了解车间的整个运行情况，主要包括人员出勤率、在制品合格率、机床利用率、机床状态分布等九类数据的统计分析。通过对这些信息的统计分析和可视化展示，便于查看车间运行规律，提高使用者对数据的理解力，同时统计分析结论简单明了，能够节约了解车间运行情况的时间成本。

4) 特征选择

特征选择是指对订单剩余完工时间预测的高维影响因素进行特征代表选择，主要包括特征权重、特征选择模型、聚类结果、关键特征子集四个子功能模块。①特征权重子模块通过调用 Python 程序，计算该特征对订单剩余完工时间的重要程度，得到权重值。②特征选择模型子模块通过将所选的候选特征集输入特征选择模型中，调用 Python 程序，构建特征选择模型。③聚类结果子模块能够显示 CH 和 SC 指标值，说明聚类效果的好坏。④关键特征子集子模块显示所选的关键特征子集具有哪些类型。

5) 订单剩余完工时间预测

订单剩余完工时间预测指在特征选择的基础上，以关键特征子集构成的实时制造数据为输入，预测订单的剩余完工时间，主要包括生产进度查询、参数修改、剩余完工时间预测三个子功能模块，其中生产进度查询界面能够查询订单中现在订单已经完成的在制品数量以及完成的百分比；参数修改子模块可以人为修改模型参数，然后重新构建预测模型；剩余完工时间预测子模块能够根据车间实时状态数据，调用程序，获得某一订单的剩余完工时间，并显示预测结果。

14.2.2　系统功能实现

结合上述系统设计，本节对原型系统的主要功能模块进行详细介绍，并对提出的订单剩余完工时间预测方法进行实际应用验证。

1. 数据管理

数据管理包括对人员、机床、物料、工装、在制品等生产要素信息进行新增、查询、修改。通过历史数据统计子模块中的人员历史数据能够查看人员所在部门、职位、工龄、历史出勤率、加工产品合格率，可以根据用户职位或者用户部门进行信息查询；通过机床历史数据表能够查看历史加工合格率、利用率、上次维修时间和故障次数，同样可以根据机床编号进行信息查询；还包括与零件相关的零件材料、毛料尺寸、成品尺寸等数据，与产品质量相关的合格率、报废率、返修率等数据。通过实时数据子模块能够更加方便地了解车间的运行情况。下面介绍其部分功能，在制品实时数据包括在制品名称、编号、加工机床、加工工序、在制品状态；机床实时数据包括机床编号、机床状态、当前加工零件、持续加工时长和主轴转速；订单实时生产进度包括订单号、优先级、订单交货期、实时进度、物料信息等。除上述数据之外，还有制造资源数据，主要包括检测设备、工艺装备、机床等制造资源的固有数据，便于查看制造资源类型、数量及使用状态，部分数据如图 14.7 所示。

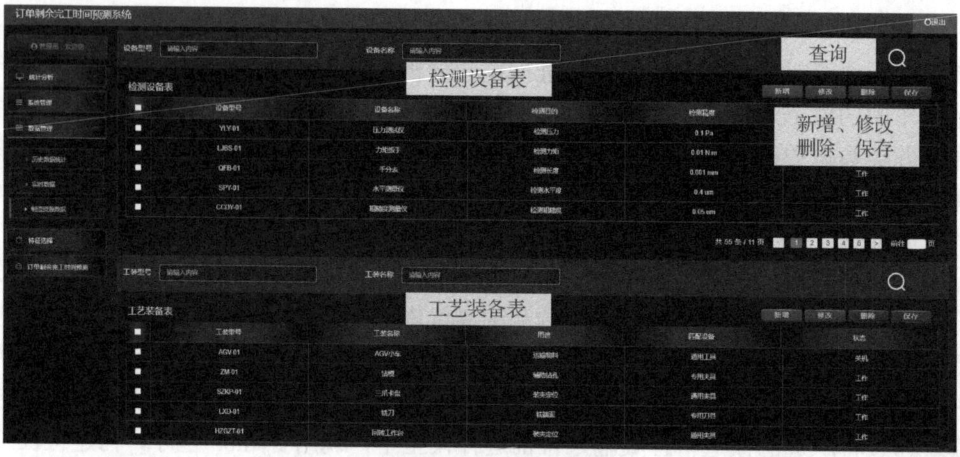

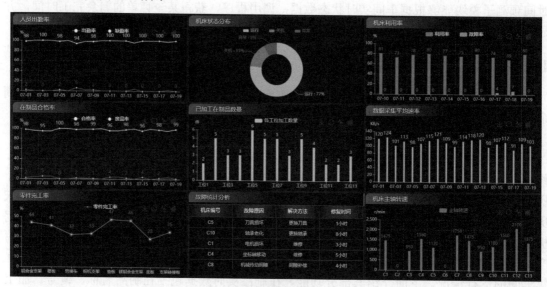

图 14.7　制造资源数据

2．统计分析

统计分析主要包括人员出勤率、机床状态分布、机床利用率、在制品合格率、已加工在制品数量、数据采集平均速率、零件完工率、故障统计分析、机床主轴转速九类信息的数据统计。该界面是系统的主界面，当用户登录进入系统时，直接进入该界面。界面中以折线图、柱状图、饼状图等简单明了地显示车间运行情况，方便用户了解车间的实际情况，以实现及时管理车间，如图 14.8 所示。

图 14.8　统计分析

3．特征选择

在用户端构建特征选择模型并选择订单剩余完工时间预测的关键特征代表，如图 14.9 所示。特征选择主要分为四部分：特征权重、特征选择模型、聚类结果、关键特征子集。特征权重子模块用于选择特征类型，然后单击"查询"按钮，系统自动获取该特征的特征权重。特征选择模型中首先给出 SOM-FWFCM 的建议参数，单击"运行"图标，可以看到特征选择模型的聚类结果和所选择的关键特征子集。若用户需要修改参数，单击"参数修改"图标，能够修改 SOM-FWFCM 的相关参数，然后单击"运行"图标，可以得到新的聚类结果和关键特征子集。

图 14.9　特征选择

4. 订单剩余完工时间预测

在用户端构建预测模型并预测订单剩余完工时间，如图 14.10 所示。主要分为三部分：生产进度查询、参数修改、剩余完工时间预测。生产进度查询子模块可以根据订单编号查询某个订单的当前进度百分比以及已完成数量。如果不需要修改参数，直接使用默认参数，单击"预测"图标，以实时数据为输入，基于 DBN-DNN 模型预测订单剩余完工时间。如果需要修改参数，单击"参数修改"图标，出现参数修改界面，如图 14.11 所示，能够修改 DBN-DNN 的相关参数，单击"模型训练"按钮，即可以根据当前参数训练模型，以实现订单剩余完工时间预测。订单剩余完工时间实时预测以当前相应的生产状态数据为输入，以折线图的形式展示订单还需要多长时间完成加工，同时在界面中显示当前时刻订单的实际加工进度。

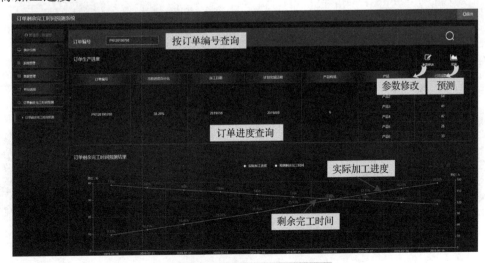

图 14.10　订单剩余完工时间预测

第一阶段	网络结构	学习率	批尺寸	迭代次数
DBN	69-40-25	0.0001	128	10

第二阶段	网络结构	学习率	批尺寸	迭代次数	L2正则系数	dropout丢弃率
DNN	69-40-25-1	0.001	128	300	0.001-0.001-0.001	0.05

图 14.11　DBN-DNN 参数修改

14.2.3　应用验证分析

本节结合某航天机加车间，对所提出的关键技术和设计开发的系统进行应用验证，物联感知设备部署和车间现场如图 14.12 所示。该车间共有 13 个工位，能够加工 8 种零件。为了准确获取车间运行状态数据，为订单剩余完工时间预测提供数据基础，采用以下方法。

（1）在车间入/出口、各工位入/出缓存区、加工区域都部署了 RFID 读写器和 RFID 天线，并调整各天线功率，避免天线之间相互干扰，保证数据的准确性。

（2）在车间四周部署 UWB 传感器，每组使用 4 个 Ubisense，覆盖范围为 35m×35m，为了覆盖整个制造车间和保证定位准确度，每组再增添两个传感器，部署 2 组共 12 个传感器。

（3）直接使用数控系统厂商提供的数据采集软件采集机床运行状态数据，一般采用 PLC 或以太网的方式进行采集，便于采集数控机床数据。

图 14.12　物联感知设备部署和车间现场

在上述数据采集方式完善、数据准确充足的离散制造车间中，应用本章设计开发的系统，能够改善车间的以下三个方面。

(1)提供了充足的制造数据，为后续分析提供了数据基础，以往都采用人工手动记录数据，实时性、准确性差，数据量仅有数百条/天至数千条/天，而现在通过制造物联技术主动感知和获取生产过程数据，能够实时精准采集，数据量大于 10 万条/天。

(2)提高了透明化生产水平，以往由工位负责人监控本工位的生产过程，生产过程不透明、可视化程度低，而现在能够对人员、设备、在制品等 7 种生产要素进行实时监控，覆盖范围占整个车间的 90%以上。

(3)提升了预测订单剩余完工时间的准确度，以往通常以人员经验进行预测，取决于人员经验，具有主观性，而现在通过车间历史数据挖掘车间运行规律，以实时数据为输入，能够对订单剩余完工时间进行实时精准地预测。

思　考　题

14-1　简述最大、最小归一化方法的原理。

14-2　深度学习相对于浅层神经网络的优势是什么？

14-3　简要介绍 DBN 的网络结构及其训练过程。

14-4　在模型中添加 Dropout 层和 L2 正则化的目的是什么？

第 15 章　基于制造物联的车间物流动态优化

在实际生产过程中，按时按需的物料及流转是制造系统稳定运行的基本保障，车间物流相关异常行为频发、动态决策频率高、执行物流优化方案的实时性强，且车间物流与各类异常行为紧密关联，是影响生产进度的关键因素。本章主要描述一种以生产异常为触发、以实时生产数据为驱动的车间物流动态优化方法，并通过制造物联环境下的应用实例验证方法的有效性。

15.1　制造物联驱动的车间物流优化问题描述

车间物流是指在生产过程中发生的物流活动，旨在根据生产需求进行精准的物料及在制品配送，以追求更大的生产能力和更高的运行稳定性，是生产活动有序进行的前提和保障。在多品种、变批量生产的离散制造车间中，生产过程的多变性增加了车间物流决策的复杂程度，物料的消耗速率、实时的生产状态、AGV 的位置信息等均对车间物流优化具有重要的影响，由于对影响因素考虑的不充分性，目前物流系统存在着配送精度和效率低、灵活性和响应能力差、配送与生产不同步等典型问题。本章以制造物联提供的实时生产信息为基础，提出一种动态和不确定生产环境下的车间物流优化方法，目的是在合适的时间将合理数量的物料以较小的成本配送至正确的工位，来满足实时的生产需求，并对产生的异常行为做出及时响应。

制造物联驱动的车间物流动态优化问题描述如下。

(1) 在一个车间物流网络 $G = (W, A, C)$ 中，存在一组节点 $W = \{w_0, w_1, \cdots, w_N\}$，其中包含 N 个工位 $(w_1, w_2, \cdots, w_N)$ 和 1 个配送中心 (w_0)。每个工位具有一个预先设置好最小及最大容量阈值的缓存区。$A = \{(w_i, w_j) | i \neq j, w_i, w_j \in W\}$ 为任意两个节点 w_i 和 w_j 之间的连接路线，$C = (C_{ij})$ 为配送成本矩阵，用于表示任意两个节点 w_i 和 w_j 之间的配送成本。

(2) 一项配送任务由 m 个 AGV 完成，每次配送都为一个闭环过程，由配送中心出发，完成任务后再返回配送中心，因工位间的在制品转运距离较短，且频率相对固定，在此不做考虑。

(3) 在任意一个 AGV k 的一次配送任务中，同一个工位只能被配送一次。

(4) 任意一个 AGV k 的一次配送任务的总量不能超过车辆的最大承载能力 Q。

(5) 为了保证每个工位的稳定运行及正常生产，每个工位的需求物料需要在规定的时间窗范围内完成。

(6) 每个工位使用 RFID 实时监测物料消耗、剩余量，AGV 被 UWB 标识，能够被实时定位和追踪，并能通过主机实时控制。

在上述条件下，需要根据实时生产需求，制订合理的配送计划，使得 AGV 在满足所有约

束条件的前提下，以较小的配送成本按时按需完成配送任务，保证生产过程的稳定运行，并能够根据制造物联监测的实时异常行为信息，做出快速的决策与调整。

15.2　车间物流动态优化数学模型

15.2.1　生产过程中的不确定性分析

生产过程中存在生产时间波动、配送道路阻塞、配送 AGV 故障等不确定因素，对车间物流优化方案的制定和执行具有重要的影响，因此需要将上述不确定性影响因素考虑在内，分别从车间物流优化方案的规划和执行阶段进行考虑和处理，具体描述如下。

在车间物流优化方案规划阶段，需要考虑各工位需求物料的数量和时间，而人员操作熟练度、生产准备时间、工件装夹稳定性等带来的加工时间波动问题直接影响着工位缓存区中物料消耗速率的不确定性，也是造成物料需求时间不确定性的直接原因，在这里以模糊时间窗来表达第 i 个工位的不确定需求时间。

模糊时间窗描述的是不确定生产环境下对物料配送时间 t_i 的满意度 $A(t_i)$（$0 \leq A(t_i) \leq 1$），如图 15.1 所示。

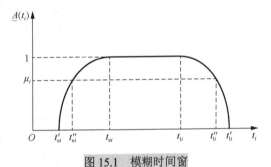

图 15.1　模糊时间窗

在图 15.1 中，$[t_{ei}, t_{li}]$ 为稳定生产环境下第 i 个工位的预期物流服务时间范围，当第 i 个工位在 $[t_{ei}, t_{li}]$ 期间接收到需求的物料时，该工位获得最大的满意度（$A(t_i) = 1$），时间区间 $[t'_{ei}, t'_{li}]$ 为根据生产状态设定的可接受范围，当服务时间不在区间 $[t'_{ei}, t'_{li}]$ 内时是不被允许的，此时满意度 $A(t_i) = 0$，见式（15.1）。在实际生产过程中，第 i 个工位中各类不确定性因素带来的物料消耗速率往往不会出现剧烈的波动，因此需要设置相应的最小满意度 μ_i，模糊时间窗的界限值由该工位 RFID 实时感知模块采集的物料消耗速率 r_i 来设定。

$$A(t_i) = \begin{cases} 0, & t_i < t'_{ei} \\ \left(\dfrac{t_i - t'_{ei}}{t_{ei} - t'_{ei}}\right)^{\alpha}, & t'_{ei} \leq t_i < t_{ei} \\ 1, & t_{ei} \leq t_i \leq t_{li} \\ \left(\dfrac{t'_{li} - t_i}{t'_{li} - t_{li}}\right)^{\beta}, & t_{li} < t_i \leq t'_{li} \\ 0, & t_i < t'_{li} \end{cases} \tag{15.1}$$

在车间物流优化方案执行阶段，设备故障、AGV 突发异常和运输通道临时堵塞等异常行为将直接决定优化方案执行的准确性，当产生上述行为时，初始规划的车间物流优化方案需要实时做出局部或全局调整。制造物联系统为上述异常行为提供了动态监测手段，并在车间全息地图中进行实时显示，因此当发现设备故障时，应及时删除该配送节点，通过对配送路线进行重新规划来避免浪费，当 AGV 突发异常时，可在车间全息地图中寻找距离该 AGV 最近的可用 AGV 继续本次配送任务，车间通道的临时堵塞问题相对复杂，通过图 15.2 进行说明。

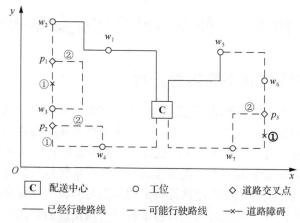

图 15.2　扰动环境下的配送路径示意图

在制造车间中，AGV 并不能自由地穿梭在车间中，而必须在与 x 轴或 y 轴平行的通道中行驶，如图 15.2 所示，路线一"w_0（即 **C**）—w_1—w_2—w_3—w_4—w_0"和路线二"w_0—w_5—w_6—w_7—w_0"为两条物料配送路径,可知任意两个节点 w_i 和 w_j 之间的距离 d_{ij} 并非 w_i 和 w_j 的直线距离。为了方便描述车间环境的动态特性，在此引入"关键点"的概念来描述车间运输通道上的重要节点，"关键点"不仅包括仓库和工位节点，还包括车间路网上存在的交叉节点，当 AGV 在配送过程中经过一个"关键点"时，可根据车间全息地图显示的最新信息动态判断是否需要调整执行方案并调整配送策略，如在路线一上，AGV 已经完成了 w_1 和 w_2 的配送，继续前往 w_3，道路交叉点 p_1 是 w_2 和 w_3 之间最短路径上的一个关键点，当 AGV 到达 p_1 时，车间全息地图中显示最短路径①存在堵塞情况，那么将选择次短路径②或者更新配送策略。假设 w_i 和 w_j 之间存在 $S_{ij}(S_{ij} \geqslant 1)$ 条可行路径，除了两个端点 w_i 与 w_j 之外，每条路径还包含 $h(h \geqslant 0)$ 个关键点，由 d_{ij}^s 表示 w_i 和 w_j 之间的第 s 条路径的长度，由 l_{ab}^s 表示相邻两个关键节点 $(a$ 与 $b)$ 之间的长度，那么动态生产环境下的 w_i 与 w_j 之间的距离 d_{ij} 按照式(15.2)和式(15.3)计算：

$$d_{ij} = \min\left\{d_{ij}^1, d_{ij}^2, \cdots, d_{ij}^s\right\} \tag{15.2}$$

$$d_{ij}^s = \theta_{i1}^s l_{i1}^s + \theta_{12}^s l_{12}^s + \cdots + \theta_{hj}^s l_{hj}^s \tag{15.3}$$

其中，θ_{ab}^s 为行驶系数，如果第 s 条路径的 a 与 b 之间不存在堵塞，$\theta_{ab}^s = 1$，否则 $\theta_{ab}^s = \gamma$（γ 为一个极大的正数）。

15.2.2　车间物流动态优化数学模型的建立

针对上述问题描述，将制造物联驱动的车间物流实时优化划分为方案规划阶段和方案执行过程中的动态调整阶段，在建立实时感知环境下的车间物流动态优化模型前，首先将模型中涉及的参数及变量符号进行说明，见表 15.1。

表 15.1　数学模型中的参数及变量符号说明

参数及变量符号	详细说明
K	服务于车间工位的 AGV 集合，$K=\{1,2,\cdots,m\}$
M	工位节点集合，$M=\{1,2,\cdots,n\}$
N	包含工位与配送中心的节点集合，$N=\{0,1,2,\cdots,n\}$，"0"表示配送中心
$N_u^k(t)$	截止时间 t，AGV k 还未完成的配送工位节点集合(假设共有 e 个节点)，$k\in K$
F	一辆 AGV 的固定使用成本
C_{ij}	从节点 w_i 配送至 w_j 的运输成本，$i,j\in N$
t_{ij}	从节点 w_i 配送至 w_j 的行驶时间，$i,j\in N$
d_{ij}	从节点 w_i 配送至 w_j 的距离，$i,j\in N$
Q	一辆 AGV 的最大承载容量
q_i	第 i 个工位所需的物料数量，$i\in M$
Q_i^k	完成第 i 个工位的配送任务后 AGV k 剩余的承载容量，$i\in M$，$k\in K$
μ	配送时间的最小满意度
T	关于时间的一个极大的正数
t_i^k	AGV k 在节点 w_i 的开始服务时间，$i\in N$，$k\in K$
s_i^k	AGV k 在节点 w_i 的服务持续时间，$i\in N$，$k\in K$
x_{ij}^k	决策变量 $x_{ij}^k=\begin{cases}1, & \text{如果 AGV } k \text{ 从}w_i\text{行驶至}w_j \\ 0, & \text{其他情况}\end{cases}$，$i,j\in N$，$k\in K$
y_i^k	决策变量 $y_i^k=\begin{cases}1, & \text{如果 AGV } k \text{ 服务于节点}w_i \\ 0, & \text{其他情况}\end{cases}$，$i\in N$，$k\in K$

在车间物流规划阶段，建立的数学模型如下：

$$\min\left(\sum_{k=1}^{m}\sum_{j=1}^{n}Fx_{0j}^k+\sum_{k=1}^{m}\sum_{i=0}^{n}\sum_{j=0}^{n}C_{ij}x_{ij}^k\right) \tag{15.4}$$

s.t.

$$\sum_{i=1}^{n}q_iy_i^k\leqslant Q,\quad k\in K \tag{15.5}$$

$$\sum_{k=1}^{m}y_i^k=1,\quad i\in M \tag{15.6}$$

$$\sum_{k=1}^{m}\sum_{i=0}^{n}x_{ij}^k=1,\quad j\in M, i\neq j \tag{15.7}$$

$$\sum_{k=1}^{m}\sum_{j=0}^{n}x_{ij}^k=1,\quad i\in M, i\neq j \tag{15.8}$$

$$\sum_{k=1}^{m}\sum_{j=1}^{n}x_{0j}^k-\sum_{k=1}^{m}\sum_{i=1}^{n}x_{i0}^k=0 \tag{15.9}$$

$$\frac{\sum_{k=1}^{m}\sum_{i=1}^{n}A(t_i^k)y_i^k}{\sum_{k=1}^{m}\sum_{i=1}^{n}y_i^k}\geqslant\mu,\quad i\in M, k\in K \tag{15.10}$$

$$t_0^k = s_0^k = 0, \quad k \in K \tag{15.11}$$

$$t_i^k, s_i^k > 0, \quad i \in M, k \in K \tag{15.12}$$

$$t_i^k + s_i^k + t_{ij} + T(1 - x_{ij}^k) \leqslant t_j^k, \quad i, j \in N, i \neq j, k \in K \tag{15.13}$$

$$\sum_{i=1}^{n} x_{ij}^k = y_j^k, \quad j \in N, i \neq j, k \in K \tag{15.14}$$

$$\sum_{j=1}^{n} x_{ij}^k = y_i^k, \quad i \in N, i \neq j, k \in K \tag{15.15}$$

式(15.4)为目标模型,描述的是为完成配送任务而需要的配送成本最小化,由 AGV 固定使用成本和运输成本组成,式中 F 和 C_{ij} 可统一由时间或距离成本来表示,所以 C_{ij} 可以相应地由 t_{ij} 或 d_{ij} 替换。式(15.5)～式(15.15)为约束条件,其中式(15.5)指明同一辆 AGV 进行物料配送的累积量不能超过 AGV 的承载能力,式(15.6)确保在一次配送任务中一个工位只能由一辆 AGV 提供服务,式(15.7)和式(15.8)约束了所有需求物料的工位都必须被访问,且只能访问一次,式(15.9)指明任何一辆 AGV 的配送路线必须是一个闭环,从配送中心出发并最终返回配送中心,式(15.10)确保各工位的配送时间满足最小满意度要求,式(15.11)和式(15.12)定义了各个节点服务开始时间和结束时间的取值范围,式(15.13)描述了配送的时间序列关系,确保一辆 AGV 只能在结束前一工位的配送任务之后才能访问下一个工位,式(15.14)和式(15.15)反映了决策变量与辅助决策变量之间必要的关联关系。

在求解上述模型获得车间物流优化方案后,AGV 被分配相应的配送任务,当执行过程中发生通道阻碍、设备故障和 AGV 故障等异常时,相关的 AGV 则需要进行实时调整阶段的再优化,实现方案执行过程的在线调控。与初始规划阶段不同,执行阶段的方案调整可以转换为在确定 AGV 配送目标条件下的实时车间状态驱动的单车辆路径选择问题,考虑动态异常引起的配送时间延迟问题,将优化目标设定为最小化的配送成本和惩罚成本的加权和:

$$\min \left(\psi_1 \left(\sum_{i \in N_u^k(t)} \sum_{j \in N_u^k(t)} C_{ij} x_{ij}^k + C_{e0} \right) + \psi_2 \sum_{j \in N_u^k} P(t_j^k) \right) \tag{15.16}$$

其中,ψ_1 和 ψ_2 $(0 \leqslant \psi_1, \psi_2 \leqslant 1, \psi_1 + \psi_2 = 1)$ 分别为配送成本与惩罚成本的权重系数;C_{e0} 表示最后一个配送工位返回配送中心的运输成本;$P(t_j^k)$ 表示 AGV k 到达第 j 个工位的时间相对于第 j 个工位的时间窗的惩罚成本(若到达时间在时间窗内,惩罚成本为 0,若到达时间过早,惩罚成本为时间窗下限与到达时间的差值,若到达时间超出时间窗,惩罚成本设定为到达时间与时间窗上限的差值),考虑到时间可直接表达到达延迟情况,此处所有成本均由时间成本表示。

15.3　制造物联驱动的车间物流动态优化求解

针对生产过程中存在的不确定性和动态性,构建一种与数学模型对应的双阶段(初始规划与实时调整)优化机制,在初始规划阶段,根据已知的生产需求信息和当前运行状态数据,求解式(15.4)所述的目标模型,生成初始车间物流优化方案。在实时调整阶段,根据制造物联系统提供的实时信息,检测初始方案执行过程中是否存在异常以及存在何种异常,并对剩余的执行计划进行局部调整。

15.3.1　基于改进 ACO 的初始全局规划

针对 15.2 节描述的车间物流优化问题和建立的数学模型，采用一种改进的 ACO（Ant Colony Optimization，蚁群优化）算法进行求解，其中在选择概率中引入满意度因素和时间窗宽度的影响，以更快地搜索更优解；采用局部优化搜索方法改善各代解，以进一步缩短配送距离，并加快收敛速度；此外设计一种动态信息素更新策略，并将每条路径上的信息素动态限制在相应的区间内，以避免产生过早收敛现象。

1. 可行路径的构建

以一只蚂蚁个体（$k = 1, 2, \cdots, m'$，m' 为蚂蚁总数量）来模拟一辆 AGV 的配送过程，通过不重复访问工位节点构建可行路径，满足约束且已经被蚂蚁 k 访问的工位节点存储在禁忌表 Tabu_k 中，每一只蚂蚁通过考虑如下因素来选择路径上的下一个工位。

（1）在基础 ACO 算法中，蚂蚁 k 从工位 i 转移至工位 j 的概率为

$$\text{AP}_{ij}^k = \frac{(\tau_{ij})^{\gamma_1} (\eta_{ij})^{\gamma_2}}{\sum_{h \in M_i^k} (\tau_{ih})^{\gamma_1} (\eta_{ih})^{\gamma_2}} \tag{15.17}$$

其中，M_i^k 是下一步蚂蚁 k 可以选择的工位集合；τ_{ij} 是路径"工位 i—工位 j"上的信息素浓度；η_{ij} 是该路径的能见度，$\eta_{ij} = 1 / d_{ij}$；γ_1 和 γ_2 分别是信息素浓度和可见度的重要性因子。

（2）假设一辆 AGV 从工位 i 转移至工位 j 的时间为 t_j，如式（15.1）所示，如果 $t_j \in [t_{ei}, t_{li}]$，则完全能够满足工位 j 的时间需求，当配送执行过程中存在不确定性扰动时，需要获得尽可能高的满意度，因此，当选择下一工位 j 时，满意度越高，被选择的可能性则越大。基于满意度的工位选择概率 BP_{ij}^k 为

$$\text{BP}_{ij}^k = \frac{\underset{\sim}{A}(t_j)}{\sum_{h \in M_i^k} \underset{\sim}{A}(t_h)} \tag{15.18}$$

（3）工位 j 的物料需求期望时间窗为 $[t_{ej}, t_{lj}]$，当即将被访问的两个工位具有相近的 AP_{ij}^k 和 BP_{ij}^k 时，具有更短时间窗宽度的工位对物流服务的需求越迫切，因此，当选择下一工位 j 时，时间窗宽度越短，被选择的可能性越大。基于时间窗宽度的工位选择概率 CP_{ij}^k 为

$$\text{CP}_{ij}^k = \frac{1 / \text{Width}_j}{\sum_{h \in M_i^k} (1 / \text{Width}_h)} \tag{15.19}$$

其中，Width_j 是工位 j 的物料需求期望时间窗宽度，$\text{Width}_j = t_{lj} - t_{ej}$。

基于上述分析，结合 AP_{ij}^k、BP_{ij}^k 和 CP_{ij}^k，采用轮盘赌方法按照如下概率选择 AGV 服务的下一工位 j：

$$\text{TP}_{ij}^k = \bar{\omega}_1 \text{AP}_{ij}^k + \bar{\omega}_2 \text{BP}_{ij}^k + \bar{\omega}_3 \text{CP}_{ij}^k \tag{15.20}$$

其中，$\bar{\omega}_1$、$\bar{\omega}_2$ 和 $\bar{\omega}_3$ 为权重系数，$0 < \bar{\omega}_1, \bar{\omega}_2, \bar{\omega}_3 < 1$ 且 $\bar{\omega}_1 + \bar{\omega}_2 + \bar{\omega}_3 = 1$，可根据具体情况设定，考虑到每个影响因素的相对重要性，对取值范围做出以下限制：$0.5 \leqslant \bar{\omega}_1 < 1$，$0 < \bar{\omega}_3 < \bar{\omega}_2 < 0.5$。

当未访问工位的物料需求量不能满足该 AGV 的容量时，规划该 AGV 返回配送中心，按

照同样的规则规划其他 AGV 配送剩余任务。当访问了所有有物料需求的工位，且满足满意度要求时，完成一条可行路径的构建，记作 R。

2. 局部优化搜索

采用基于 2-opt 的局部优化搜索方法，可通过搜索邻域来改进可行解，以加快算法的收敛速度。2-opt 法通过对一辆 AGV 访问的部分工位节点的倒序变换来生成新的路径，如一条可行路径"0-3-2-7-0-1-5-0-4-6-0"，随机选择两个点："2"和"1"，令"2"之前的节点和"1"之后的节点保持不变按照原顺序编号添加到新解中，"2"与"1"之间的节点进行倒序变换后添加到新解中，由此可生成一条新路径"0-3-1-0-7-2-5-0-4-6-0"。加入该新解满足所有约束条件，则为可行解，通过与初始解进行对比，选择具有更优结果的路径作为未来考虑的候选解。

3. 信息素的更新

令当前最优路径为 R^*，其对应的优化目标值为 O^*，当获得一条新的可行路径 R 时，将其优化目标值 O 与 O^* 进行对比。

(1)如果 $O > O^*$，那么在更新信息素时，路径 R 上的所有节点连接线上的信息素都进行大量挥发，更新规则如下：

$$\tau_{ij}^{\text{new}} = (1-\rho)\tau_{ij}^{\text{old}} \tag{15.21}$$

其中，ρ 是信息素挥发因子；τ_{ij}^{new} 和 τ_{ij}^{old} 分别为连接线"w_i-w_j"上更新前与更新后的信息素浓度。

(2)如果 $O < O^*$，则路径 R 优于当前最优解 R^*，此时更新全局最优路径，令 $R^* = R$，路径 R 上的所有节点连接线上的信息素都进行少量挥发，更新规则如下：

$$\tau_{ij}^{\text{new}} = (1-\rho)\tau_{ij}^{\text{old}} + \Delta\tau_{ij} \tag{15.22}$$

其中，$\Delta\tau_{ij}$ 是信息素的附加量，$\Delta\tau_{ij} = 1/D^*$，D^* 是路径 R^* 的长度。

此外，为了避免局部搜索停滞，每条连接线上的信息素被限制在 $\tau_{\min}$ 与 $\tau_{\max}$ 之间，$\tau_{\min}$ 与 $\tau_{\max}$ 根据如下公式进行动态更新：

$$\tau_{\max} = 1/D^* \tag{15.23}$$

$$\tau_{\min} = \tau_{\max}(1 - \sqrt[n]{0.05})/((n-2)\sqrt[n]{0.05}/2) \tag{15.24}$$

其中，n 为工位节点的数量。

4. 改进 ACO 的步骤

提出的改进 ACO 的具体实现步骤总结如下。

步骤 1 初始化，读取所有工位数据，令迭代次数索引 nc = 0，初始化所有控制参数，将所有蚂蚁放置在配送中心。

步骤 2 令一只蚂蚁从配送中心开始出发，按照规则式(15.20)选择下一工位，使用禁忌表 Tabu_k 记录已经访问过的工位，基于上述方法构建一条可行路径 R，与当前最优路径 R^* 进行比较(根据规则生成的第一条可行路径设置为初始最优解)。

步骤 3 如果 $O > O^*$，则按照式(15.21)更新信息素，如果 $O < O^*$，则按照式(15.22)更新信息素，并令 $R^* = R$。

步骤 4 基于 2-opt 优化 R^*，并更新 R^*。

步骤 5 如果 $\tau_{ij}^{\text{new}} > \tau_{\max}$，则令 $\tau_{ij}^{\text{new}} = \tau_{\max}$，如果 $\tau_{ij}^{\text{new}} < \tau_{\min}$，则令 $\tau_{ij}^{\text{new}} = \tau_{\min}$，更新 τ_{ij}^{new}。

步骤 6　如果 nc ≤ nc$_{max}$（nc$_{max}$ 为设置的最大迭代次数），则令 nc = nc + 1，并返回步骤二，否则，停止该过程，输出当前解。

15.3.2　基于制造物联的实时局部调整

根据实时生产需求，通过基于改进 ACO 的初始全局规划获得车间物流优化方案，将各工位的配送任务交付给 AGV，当执行过程中出现异常时，需要快速且及时地决策。整个配送过程可被划分为若干个子任务，每个子任务由一辆 AGV 和一个或多个与其对应的工位组成，因此，实时调整只需对受异常行为影响的子任务进行局部优化。下面分别对如下几种情况进行说明。

（1）当任意一个工位的加工时间出现明显波动或设备发生故障时，根据制造物联提供的实时数据重新规划包含该工位的子任务，并以式（15.16）为优化目标更新各工位的配送优先级。

（2）当配送路线"工位 i-工位 j"上存在大型障碍物时，可根据车间全息地图提供的通道信息以及式（15.2）和式（15.3）更新行驶距离 d_{ij}，继而重新规划该子任务，当障碍物较小且不影响道路通行时，可按原方案执行，并根据 AGV 的避障策略避开障碍物继续配送任务。

（3）当某 AGV 在执行子任务过程中发生故障时，须根据车间全息地图提供的实时信息，选择距离该 AGV 最近的空闲 AGV 继续完成该子任务的配送，以使惩罚成本最小化。

15.4　基于制造物联的车间物流动态优化方法应用验证

改进 ACO 方法在 14.2.3 节所述的车间（包含 13 个工位、从事 8 种小型结构件的机加车间）中进行应用，选择其中 8 个对物料配送要求频繁的工位进行测试验证。此外，为了测试改进 ACO 的性能，进行了不同数据规模的实验分析。

15.4.1　初始数据与算法参数

1. 初始数据

为了便于计算，8 个工位的物流需求量根据体积与重量转换为单元物料，每个节点的位置坐标、物料需求量 q_i 和模糊时间窗 $[t'_{ei}, t_{ei}, t_{li}, t'_{li}]$ 的值见表 15.2。

表 15.2　初始数据

节点编号	位置坐标/m	需求量/单元	模糊时间窗/s
0	(50,30)	—	
1	(12,48.5)	42	[100,145,190,230]
2	(39,50)	38	[45,75,105,120]
3	(64,47.5)	20	[330,360,450,480]
4	(89,59)	30	[195,225,270,300]
5	(70.5,18)	50	[80,80,200,260]
6	(92,23)	45	[75,110,185,185]
7	(33,15)	40	[50,75,150,180]
8	(10,20)	20	[150,180,285,360]

根据车间全息地图提供的车间通道信息,按照式(15.2)和式(15.3)计算任意两节点之间的运输距离,假设 AGV 以 0.4m/s 的速度匀速行驶,由此得到节点间的行驶距离和时间,如表 15.3 所示。

表 15.3　节点间行驶距离和时间

节点编号		行驶时间/s								
		0	1	2	3	4	5	6	7	8
运输距离/m	0		141.25	77.5	78.75	167.5	81.25	122.5	80	125
	1	56.5		71.25	132.5	218.75	222.5	263.75	136.25	76.25
	2	31	28.5		68.75	147.5	158.75	200	102.5	147.5
	3	31.5	53	27.5		91.25	90	131.25	158.75	203.75
	4	68	87.5	59	36.5		148.75	97.5	250	295
	5	32.5	89	63.5	36	59.5		66.25	101.25	156.25
	6	49	105.5	80	52.5	39	26.5		167.5	212.5
	7	32	54.5	41	63.5	100	40.5	67		70
	8	50	30.5	59	81.5	118	62.5	85	28	

此外,将 AGV 在每个工位的服务时间设定为物料的卸载时间,卸载速率为秒/单元,设定最小平均满意度为85%,在式(15.1)中,设定 $\alpha=\beta=2/3$。

2. 算法参数

在改进的 ACO 算法中,需要确定的参数包括信息素浓度因子 γ_1、信息素可见度因子 γ_2、信息素挥发系数 ρ 以及权重系数 ϖ_1、ϖ_2 和 ϖ_3。以 Solomn RC101 问题为例,进行了一组数值实验来分析不同参数值对改进 ACO 算法的影响。模糊时间窗中的 t'_{ei} 和 t'_{li} 值设置如下:

$$\begin{cases} t'_{ei} = t_{ei} - (U \times 0.3 \times t_{ei}) \\ t'_{li} = t_{li} + (U \times 0.3 \times t_{li}) \end{cases} \tag{15.25}$$

其中,U 是一个从 0 到 1 均匀分布随机产生的值,最小满意度设置为 70%。

最大迭代次数设置为 200,每组参数运行 10 次,计算最优解和平均解,选择 10 次求解的平均配送距离 S_{avg}、最短配送距离 S_{best}、平均迭代次数 Iter、使用的平均 AGV 数量 m_a 和工位平均满意度 SD 作为实验指标,记录了不同参数组合下的实验结果,部分代表性结果列举在表 15.4 中。

表 15.4　不同参数组合下的实验结果

算法参数						实验结果				
γ_1	γ_2	ρ	ϖ_1	ϖ_2	ϖ_3	S_{avg}	S_{best}	Iter	m_a	SD
1	5	0.5	0.85	0.1	0.05	1484.3	1427.5	50.3	13.6	0.717
1	5	0.1	0.85	0.1	0.05	1505.6	1456.9	113.3	13.9	0.724
1	5	0.9	0.85	0.1	0.05	1567.5	1492.2	18.1	14.2	0.709
2	5	0.5	0.85	0.1	0.05	1662.2	1570.1	27.0	14.8	0.754
0.5	5	0.5	0.85	0.1	0.05	1568.2	1523.9	79.5	14.0	0.741

续表

算法参数						实验结果				
γ_1	γ_2	ρ	ϖ_1	ϖ_2	ϖ_3	S_{avg}	S_{best}	Iter	m_a	SD
1	3	0.5	0.85	0.1	0.05	1592.0	1536.4	70.3	14.6	0.742
1	0.5	0.5	0.85	0.1	0.05	1796.7	1738.3	86.3	17.9	0.795
1	5	0.5	0.5	0.3	0.2	2507.3	2382.3	91.3	21.4	0.863
1	5	0.5	0.7	0.2	0.1	2144.1	2073.1	88.7	18.8	0.841

由表 15.4 可以发现，当 γ_1 相对较大（γ_1 =2）时，改进的 ACO 算法由于过度依赖信息素，容易早熟收敛，陷入局部最优解；当 γ_2 较小（γ_1 =0.5）时，信息素在搜索过程中受重视的程度不足，会产生较多的随机搜索；当 γ_2 相对较大（γ_2 =5）时，路径长度的作用将会增大，使算法能快速收敛到最优解；当 ρ 取值较大（ρ =0.5）时，能有效地减少信息素在劣解上的残留，加快收敛速度；但当 ρ 取值过大（ρ =0.9）时，由于收敛速度过快，容易陷入局部最优。权重系数 ϖ_1、ϖ_2 和 ϖ_3 需要根据实际生产情况确定，任意两个节点之间的行驶距离对目标函数具有极大的影响，各站点的满意度制约着配送路线是否为可行路径，因此设置 $\varpi_1 \gg \varpi_2 > \varpi_3$，在实际生产过程中，当满意度要求较高时，可适当增大 ϖ_2 的值。根据上述分析和实验结果，最终算法参数的设定如表 15.5 所示。

表 15.5　改进 ACO 算法的参数值

算法参数	γ_1	γ_2	ρ	ϖ_1	ϖ_2	ϖ_3
取值	1	5	0.5	0.85	0.1	0.05

15.4.2　应用验证结果

基于上述初始数据和模型参数设置，在模糊时间窗 $[t'_{ei}, t_{ei}, t_{li}, t'_{li}]$ 和固定时间窗 $[t_{ei}, t_{li}]$ 两种情况下分别进行车间物流优化求解，计算结果如表 15.6 所示。

表 15.6　优化结果

时间窗	路径节点	到达时间	AGV 编号	载货率 AGV k	平均值	满意度 工位 i	平均值	行驶距离	配送时间	总成本
模糊时间窗	0	—	—	—		—				
	2	77.5				1				
	1	186.75	1	1.00		1				
	8	305				0.8132				
	0	450	—	—		—				
	7	80	2	0.90	0.95	1	0.9451	401	1287.5	2187.5
	5	221.25				0.7472				
	0	352.5	—	—		—				
	6	122.5				1				
	4	265	3	0.95		1				
	3	386.25				1				
	0	485	—	—		—				

续表

时间窗	路径节点	到达时间	AGV编号	载货率 AGV k	平均值	满意度 工位 i	平均值	行驶距离	配送时间	总成本
固定时间窗	0	—	—			—				
	2	77.5	1	0.80		1				
	1	186.75				1				
	0	370	—			—				
	7	80	2	0.60		1				
	8	190				1				
	0	335	—		0.71	—	1	447	1402.5	2602.5
	5	81.25	3	0.50		1				
	0	212.5	—			—				
	6	122.5				1				
	4	265	4	0.95		1				
	3	386.25				1				
	0	485	—			—				

带模糊时间窗的物料配送路径为" $w_0 - w_2 - w_1 - w_8 - w_0 - w_7 - w_5 - w_0 - w_6 - w_4 - w_3 - w_0$ "，如图 15.3 所示，一共需要 3 辆 AGV 行驶 401m 完成整个配送任务，考虑在每个站点的服务时间，一共需要花费 1287.5s。将每辆 AGV 的固定使用成本转换为 300s 的时间成本，完成此次配送任务的总时间成本为 2187.5s，各工位的平均满意度为 94.51%，AGV 的平均载货率达到 95%。与带固定时间窗的车间物流优化相比，模糊时间窗下的配送方案能够减少 1 辆 AGV 的使用以及 46m 的行驶距离，AGV 的载货率提升了 33.8%，总成本降低了 15.95%。可以看出，在满足最低满意度的前提下，所提出的方法能够显著降低配送成本。

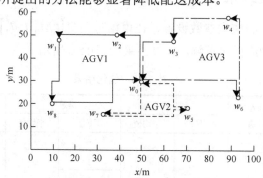

图 15.3　初始全局规划方案

在初始方案执行过程中，AGV3 在离开配送中心 350s 之后发生故障，此时坐标数据为 p_1 (73,59)，在这一刻，车间全息地图显示 AGV1 和 AGV2 以及配送中心的 AGV 处于无负载状态，当前 AGV1 和 AGV2 的坐标分别为(14,20)和(56,30)。分别计算 AGV1、AGV2 和配送中心 AGV 与故障 AGV3 的距离，发现 AGV2 与 AGV3 的距离最近，为了尽可能减少配送时间，选择 AGV2 继续完成 AGV3 的配送任务，如图 15.4 所示。可以看出，该方法对异常行为的干扰具有快速响应能力，能够较大限度地降低车间物流成本。

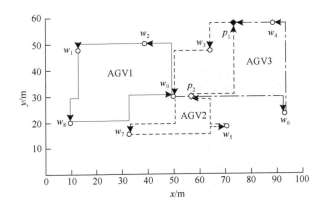

图 15.4　局部调整方案

思　考　题

15-1　为什么将制造物联技术应用到车间物流优化中？其作用是什么？

15-2　如何用模糊时间窗表示物料需求时间的不确定性？

15-3　在车间物流优化方案执行阶段，如若出现设备故障、AGV 突发异常等异常行为时，应当如何处理？

15-4　简述使用蚁群算法进行车间物流优化的关键步骤。

第16章　制造物联环境下考虑能耗的生产过程优化

在制造业绿色低碳转型发展的背景下，离散制造系统节能要求日益提高，制造车间能耗优化问题成为关注热点。针对车间生产过程节能优化问题，本章介绍一种制造物联环境下基于深度强化学习的车间能耗动态优化方法。

16.1　考虑能耗的生产过程动态优化问题描述

在描述考虑能耗的生产过程动态优化问题前，首先将本节中涉及的参数及变量符号进行说明，见表16.1。

表16.1　车间状态变量定义

变量	变量含义
Δe	能耗变化阈值
t	当前时刻
T_1	订单完工时间
n	工件数
m	机床数
AB_k	缓存区 B_k 的容量
B_k^t	缓存区 B_k 在 t 时刻实际存储的工件个数
$B=\{B_1,B_2,\cdots,B_m\}$	缓存区集，共有 m 个缓存区
$M=\{M_1,M_2,\cdots,M_m\}$	机床集，共有 m 个加工机床
$J=\{J_1,\cdots,J_i,\cdots,J_n\}$	总工件集
$\mathrm{OP}_i=\{\mathrm{OP}_{i1},\mathrm{OP}_{i2},\cdots,\mathrm{OP}_{iO_i}\}$	工件 J_i 的工序集 OP_i
ω_1	完工期权重
ω_2	能耗值权重
O_i	工件 J_i 的工序数
E_{M_i}	设备 M_i 的能耗

在复杂离散制造车间中，生产过程涉及加工设备、物料运输等多种因素，以第3章离散制造车间的能耗机理分析和影响因素总结为基础，假设车间有 m 台加工设备，订单包含多种类型数量不同的工件任务，此时问题描述为：每种加工工件 J_i 由工序集 OP_i 组成，O_i 为加工任务 J_i 的工序数，工件的每道工序可以在一台或多台设备上以不同时间和功率进行加工。

加工过程包括以下步骤：①工件由上一工位转运至当前工位，进入缓存区，等待下一道工序开始；②在当前工位对该工件进行加工；③工件在当前工位完成加工任务后，进入出缓存区中，等待转运至下游工位。重复上述步骤，至订单中所有任务加工完成。

加工过程需满足以下条件：

(1) 工件的每道工序可以在一台或多台加工设备上进行加工；

(2) 工件的某一工序仅能被该工序所有并行设备中的一台加工一次；

(3) 同一工件在同一时间只能进入一道加工工序；

(4) 一台设备在某一时刻仅能加工一个工件；

(5) 同一工件的加工工序存在优先级，即前一道工序完成后才能进入当前工序；

(6) 当某时刻有订单插入时，将该订单的生产任务与当前订单剩余任务合并，重新排产。

通过合理配置资源，对当前工位缓存区中工件的加工顺序和在制品下道工序的加工设备进行选择，使得订单完工时间和生产能耗最小。这里采用加权法，对两个优化目标进行加权，ω_1 和 ω_2 分别对应两个目标的权值，根据目标的重要程度进行调整。因此，优化目标设计如下：

$$\min\left(\omega_1 T_1 + \omega_2 \sum_{i=1}^{m} E_{M_i}\right) \tag{16.1}$$

当前常见的优化策略触发方式主要可分为以下三类：周期触发、事件触发和混合触发。周期触发是指按照特定的周期有规律地进行重调度，事件触发是指由车间的动态变化触发重调度。前者可以在一定范围内保证生产过程的稳定性，但对于突发情况响应的及时性不够好；后者可以快速响应车间扰动引起的变化，灵活度高。混合触发方式将二者进行结合，在周期触发机制的基础上，对车间内外部扰动做出快速响应。

将系统重调度触发机制设置如下：当车间能耗异常或出现内外部扰动时，触发系统进行优化决策。其中，能耗异常由预设阈值 Δe 来判断，当能耗预测值与前一时刻结果差值的绝对值大于阈值时，触发优化机制。

16.2　基于深度强化学习的生产过程动态优化

在复杂离散制造车间生产环境下，以生产内外部扰动作为触发条件，以订单完工时间和生产能耗为优化目标，本节介绍一种基于策略-价值软件(soft actor-critic，SAC)的深度强化学习方法，来实现面向节能的车间生产过程动态优化。

16.2.1　基于 SAC 的生产过程动态优化方法架构

离散制造车间工艺条件多样，各类不确定性扰动频发，为适应此类大规模复杂车间生产环境并保证生产过程的高效节能运行，设计了一种基于 SAC 的深度强化学习优化方法，其体系架构如图 16.1 所示。采用数据驱动方法，以车间实时状态数据为输入，从中重要挖掘知识和关联信息，训练和完善智能体进行决策，生成科学合理且适合车间当前状态的最佳决策方案，实现最大完工时间最小和生产能耗最小的目标优化。

基于 SAC 的生产过程动态优化过程描述如下：通过车间物联感知设备对设备状态、缓存区状态、转运状态和生产任务四部分数据进行采集，车间实时状态作为 Actor(策略)网络的输入，Actor 网络基于概率分布选择行为动作，智能体执行动作，环境给予奖励值反馈，状态更新，并存入经验池中，Critic(价值)网络通过学习环境和奖励之间的关系，对 Actor 选择的动作评判得分。当经验池中样本积累到一定数量时，从中采样出一批样本经验对 Critic 网络进行训练，计算两个目标 Q 值网络的值并取较小者。在交互过程中，Actor 网络和 Critic 网络不断更新，学习到新的调度知识，获得更优决策能力，生成更优策略。

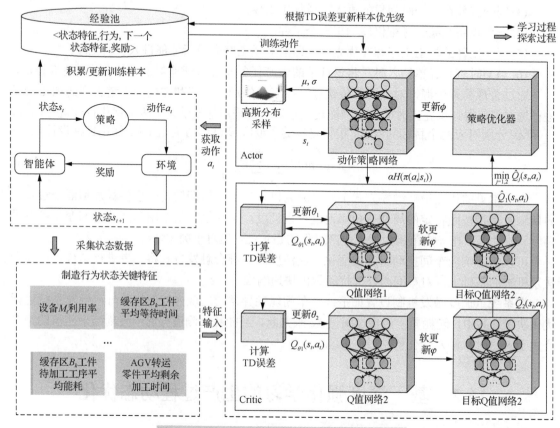

图 16.1　基于 SAC 的生产过程动态优化方法架构

16.2.2　考虑节能的生产过程动态优化"三要素"定义

1. 车间状态属性定义

车间数据特征呈高维特性，且存在部分冗余，不利于智能体进行经验学习，因此需要从中选择关键特征用以表征车间状态。状态特征的选择一般遵循以下原则：

(1)状态特征能反映环境的特点和变化，包括全局特征和局部特征；

(2)状态特征是与优化目标相关的状态变量的数值表示；

(3)状态特征应采用统一的尺度来表征不同规模的算例问题。

基于以上分析，车间状态特征描述如表 16.2 所示，选择设备状态(序号 1~4)、缓存区状态(序号 5~10)、转运状态(序号 11)、生产任务(序号 12~18)四类作为关键特征。

2. 车间决策行为定义

采用启发式算法或分配规则(SCH)定义工件/设备候选行为集合，在强化学习中采用优先

分配规则，可以帮助缓解其短视的问题。与状态相关或无关的行为都应被采纳，从而充分发挥现有动作规则理论和智能体从经验中学习的能力。

定义启发式规则时，应遵循以下原则：

(1)属性应当多样化；

(2)同一属性可创建不同的规则，如最小加工能耗、最大加工能耗；

(3)普适度强，不同工件/机床的选择可采用同一系统规则中的动作。

表 16.2　车间状态特征描述表

序号	表达式	特征含义
1	UR_{M_i}	设备 M_i 使用率
2	ST_{M_i}	设备 M_i 状态
3	$Type_{M_i}$	设备 M_i 在制品类型
4	$RT_{Type_{M_i}}$	设备 M_i 在制品本道工序剩余加工时间
5	L_{B_k}	缓存区 B_k 工件队列长度
6	WT_{B_k}	缓存区 B_k 工件平均等待时间
7	PWT_{B_k}	缓存区 B_k 工件平均待加工时间
8	RWT_{B_k}	缓存区 B_k 等待工件平均剩余加工时间
9	PWE_{B_k}	缓存区 B_k 工件待加工工序平均能耗
10	$NPWE_{B_k}$	缓存区 B_k 工件下道工序平均加工能耗
11	RPT	AGV 转运车上零件的平均剩余加工时间
12	TWS	决策工位刚加工完的在制品类型
13	WS	决策工位
14	CWN	已完成在制品数量
15	RPN	剩余工序数
16	RT	剩余加工时间
17	$NumP_{J_i}$	下一批投产任务
18	$TimeP$	下一批任务投产时间

车间决策动作行为是智能体的输出，本章所研究的问题中，生产过程的动作行为主要包括两个方面：

(1)从当前工位缓存区中选择待加工工件(AW)；

(2)为在制品选择后继工序的加工设备(AM)。

因此，将生产过程的动作行为表示为 EA=<AW, AM>。在建立决策行动组时，属性应该是多样化的，具有高度的通用性，同一属性可以创建不同的规则。

如表 16.3 和表 16.4 所示，考虑了 16 个 AW 和 6 个 AM 调度动作。将上述内容排列组合形成 96 种组合动作，供智能体选择。其中，智能体从当前缓存区中选择待加工工件(AW)动作候选行为集如表 16.3 所示，智能体为下一道工序选择加工设备(AM)动作候选行为集如表 16.4所示。

表 16.3 选择待加工工件动作候选行为表

序号	SCH	描述
1	FIFO	选择缓存区中等待时间最长的工件
2	LIFO	选择缓存区中等待时间最短的工件
3	SPT	选择缓存区中当前工序加工时间最短的工件
4	LPT	选择缓存区中当前工序加工时间最长的工件
5	LPRT	选择缓存区中剩余加工时间最短的工件
6	SPRT	选择缓存区中剩余加工时间最长的工件
7	SSPT	选择缓存区中后序工序加工时间最短的工件
8	LSPT	选择缓存区中后序工序加工时间最长的工件
9	SRWT	选择除当前工序加工时间剩余加工时间最短的工件
10	LRWT	选择除当前工序加工时间剩余加工时间最长的工件
11	SPPT	选择在该工位的加工时间占总加工时间比值最小的
12	LPPT	选择在该工位的加工时间占总加工时间比值最大的
13	NECP	选择缓存区中该道工序加工能耗最小的工件
14	XECP	选择缓存区中该道工序加工能耗最大的工件
15	NECNP	选择缓存区中后序工序加工能耗最小的工件
16	XECNP	选择缓存区中后序工序加工能耗最大的工件

表 16.4 选择加工设备动作候选行为表

AM	SCH	描述
1	LTNM	选择缓存区中后序工序加工时间最长的机床
2	STNM	选择缓存区中后序工序加工时间最短的机床
3	LWTM	选择空闲等待时间最长的机床
4	SWTM	选择空闲等待时间最短的机床
5	XECM	选择缓存区中后序工序加工能耗最大的机床
6	NECM	选择缓存区中后序工序加工能耗最小的机床

3. 智能体行为奖励函数定义

为保证智能体沿正确的方向优化,需要设置科学合理的奖励函数来指导智能体进行学习,做出最佳决策。奖励函数能够对智能体局部优化和全局优化进行反馈,一方面可以表征当前决策行为的好坏,另一方面也能反映智能体的优化目标——最大化累积奖励值。奖励函数的设计和选择应遵循以下规则:

(1)奖励函数能反映当前时刻行为的影响,与行为的即时奖励联系密切;

(2)累计奖励值能够反映目标函数值变化;

(3)奖励函数应具有普适性,适用于不同系统和规模的问题求解。

针对完工时间最小优化目标,要求智能体在订单完工时间更短的决策中获得更大的奖励值。完工时间与机器的利用率紧密相关,定义设备 M_i 的忙闲状态指示函数为

$$\delta_{M_i}(t) = \begin{cases} 0, & t \text{ 时刻设备} M_i \text{繁忙} \\ -1, & t \text{ 时刻设备} M_i \text{空闲} \end{cases} \tag{16.2}$$

奖励函数表示为

$$\mathrm{RT}_{t_k} = \frac{1}{m}\sum_{i=1}^{m}\int_{\tau-t_{k-1}}^{t_k}\delta_{M_i}(\tau) \tag{16.3}$$

其中，m 为设备数量；RT_{t_k} 表示决策时刻 t_{k-1} 执行后到 t_k 时刻，$[t_{k-1},t_k]$ 时间段中的奖励，即可表示为 $[t_{k-1},t_k]$ 时间段平均每台设备空闲时间的相反数。奖励函数可简化为

$$\mathrm{RT}_{t_k} = -\frac{1}{m}\left(\sum_{i=1}^{m}T_{M_i}^{t_k} - \sum_{i=1}^{m}T_{M_i}^{t_{k-1}}\right) \tag{16.4}$$

其中，$T_{M_i}^{t_k}$ 表示到决策时刻 t_k 之前设备 M_i 的空闲时间。

针对最小化生产能耗优化目标，要求智能体能够在能耗更少的决策中获得更大的回报。奖励函数表示为

$$\mathrm{RE}_{t_k} = -\frac{1}{m}\sum_{i=1}^{m}\int_{\tau-t_{k-1}}^{t_k}p_{M_i}(\tau)\mathrm{d}\tau \tag{16.5}$$

其中，$p_{M_i}(\tau)$ 表示设备 M_i 的瞬时功率；RE_{t_k} 表示决策时刻 t_{k-1} 执行后到 t_k 时刻，$[t_{k-1},t_k]$ 时间段中的奖励，即可表示为 $[t_{k-1},t_k]$ 时间段平均每台设备能耗的相反数。奖励函数可简化为

$$\mathrm{RE}_{t_k} = -\frac{1}{m}\left(\sum_{i=1}^{m}E_{M_i}^{t_k} - \sum_{i=1}^{m}E_{M_i}^{t_{k-1}}\right) \tag{16.6}$$

其中，$E_{M_i}^{t_k}$ 表示到决策时刻 t_k 之前设备 M_i 的能耗。

将两个优化目标进行加权集成，因此，智能体奖励函数综合表示为

$$R_{t_k} = \omega_1 \mathrm{RT}_{t_k} + \omega_2 \mathrm{RE}_{t_k}, \quad \omega_1 + \omega_2 = 1 \tag{16.7}$$

其中，ω_1、ω_2 分别表示优化目标完工期和优化目标能耗的权重值，针对车间对于完工时间和能耗的要求，权值取不同数值。

决策离奖励目标越近，环境应该给予的奖励就越多。上述奖励函数的形式是惩罚。因此，目标越接近，惩罚就越少。

16.2.3　基于 SAC 的生产过程动态优化

本书采用具有优先级经验回放机制的 SAC(priority experience replay-SAC，PER-SAC)算法进行车间动态优化，调度算法流程详见算法 16.1。

将车间当前特征状态 s_t 作为 Actor 网络的输入，Actor 网络根据高斯分布的均值和方差，基于概率分布选择行为动作 a_t，由智能体执行，环境给予反馈奖励值 r_t，状态更新为 s_{t+1}，并存入经验池中，Critic 网络通过学习环境和奖励之间的关系，对 Actor 选择的动作评判得分。当经验池中样本积累到一定数量时，从中采样出一批样本经验对 Critic 网络进行训练，计算出两个目标 Q 网络的最小值，更新 Actor 网络、Critic Q 值网络、策略及 Critic 目标 Q 值网络，直至收敛。

用随机梯度下降优化两个网络，参数化状态值函数 $V_\varphi(s_t)$、软 Q 函数 $Q_\theta(s_t,a_t)$ 和可处理策略 $\pi_\phi(a_t\,|\,s_t)$，这些网络的参数为 φ、θ 和 ϕ。将状态值函数建模表达为神经网络，将策略建模为具有神经网络给出的均值和协方差的高斯函数。

算法 16.1　基于 PER-SAC 的离散车间动态优化算法

0	初始化 SAC 算法参数、网络各参数 $(\varphi,\overline{\varphi},\theta,\phi)$ 和经验池 D
1	for 迭代次数 $=1,2,\cdots,X$
2	for 训练步数 $=1,2,\cdots,Y$
3	基于当前策略得到动作 a_t
4	从环境中得到状态 s_{t+1}
5	将 $\{s_t,a_t,r_t(s_t,a_t),s_{t+1}\}$ 存入经验池
6	end for
7	for 梯度下降步数
8	根据式(16.13)更新 Q 值函数参数 φ
9	根据式(16.16)更新 Q 值函数参数 θ
10	根据式(16.21)更新策略参数 ϕ
11	根据式(16.22)更新目标网络参数 $\overline{\varphi}$
12	end for
13	end for

　　智能体可以表示为一个四维元组 $\{S,A,p,r\}$ 形式的马尔可夫决策过程(MDP),并将其存于经验池(replay buffer) D 中。式中, S 表示状态特征集合; A 表示动作特征集合; p 为智能体的状态转移概率,用于进行回报值计算; r 为智能体选择某一动作所获得的回报。

1)最大熵框架

　　为尽可能充分地探索环境、获得最优策略,SAC 算法采用最大熵框架,在获得足够多回报的前提下,对未知状态空间等概率随机探索,因此 SAC 算法的目标函数中既包含回报又包含策略熵,要求策略 π 同时最大化回报和熵值。其熵项来源于 Actor 网络的输出,计算公式如式(16.8)所示,目标函数由回报和加权的策略熵组成,如式(16.9)所示。

$$H(\pi(\cdot\,|\,s_t))=E_{A_t\sim\pi(\cdot|s_t)}[-\log\pi(a_t\,|\,s_t)] \tag{16.8}$$

$$J_\pi=\sum_t E_{(s_t,a_t)\sim\ell_\pi}[r(s_t,a_t)+\alpha H(\pi(\cdot\,|\,s_t))] \tag{16.9}$$

其中, α 为温度系数; $r(s_t,a_t)$ 表示状态 s_t、动作 a_t 下的奖励; $\pi(a_t\,|\,s_t)$ 为状态 s_t 下选择动作 a_t 的策略; $H(\pi(\cdot\,|\,s_t))$ 为策略 π 在状态 s_t 下的熵。

2)软策略

　　对于一个固定策略 π,其软 Q 值可以通过贝尔曼算子迭代出来,如式(16.10)所示:

$$T^\pi Q(s_t,a_t)=r(s_t,a_t)+\gamma E_{s_{t+1}\sim p}[V(s_{t+1})] \tag{16.10}$$

其中, γ 为折扣因子; $V(s_t)$ 为 s_t 状态下的价值状态函数值。 $V(s_t)$ 由式(16.11)表示:

$$V(s_t)=E_{a_{t+1}\sim\pi}[Q(s_t,a_t)-\log\pi(a_t\,|\,s_t)] \tag{16.11}$$

其中, $Q(s_t,a_t)$ 为状态 s_t、动作 a_t 下的软 Q 值。

3)SAC 网络更新

　　使用随机梯度下降优化两个网络,参数化状态值函数 $V_\varphi(s_t)$、Q 值函数 $Q_\theta(s_t,a_t)$ 和可处理策略 $\pi_\phi(a_t\,|\,s_t)$,这些网络的参数为 φ、 θ 和 ϕ。将状态值函数建模表达为神经网络,将策略建模为具有神经网络给出的均值和协方差的高斯函数。

状态值函数近似于软值，与式(16.10)的 Q 值函数和策略相关。使用 MSE 最小化残差训练状态值函数，如式(16.12)所示：

$$J_V(\varphi) = E_{s_t \sim D}\left[\frac{1}{2} * (V_\varphi(s_t) - E_{a_t \sim \pi_\phi}[Q_\theta(s_t, a_t) - \log(\pi_\phi(a_t \mid s_t))])^2\right] \tag{16.12}$$

其中，D 是经验池。可用无偏优化器来计算 $J_V(\varphi)$ 的梯度：

$$\hat{\nabla}_\varphi J_V(\varphi) = \nabla_\varphi V_\varphi(s_t)(V_\varphi(s_t) - Q_\theta(s_t, a_t) + \log \pi_\phi(a_t \mid s_t)) \tag{16.13}$$

其中，s_t 来自经验池 D；a_t 为当前策略计算出的动作。

Q 值函数 $Q(s_t, a_t)$ 的参数也使用 MSE 训练来最小化软贝尔曼残差，由式(16.14)表示：

$$J_Q(\theta) = E_{(s_t, a_t) \sim D}\left[\frac{1}{2}(Q_\theta(s_t, a_t) - \hat{Q}(s_t, a_t))^2\right] \tag{16.14}$$

$$\hat{Q}(s_t, a_t) = r(s_t, a_t) + \gamma E_{s_{t+1} \sim p}[V_{\bar{\varphi}}(s_{t+1})] \tag{16.15}$$

其中，$V_{\bar{\varphi}}(s_t)$ 为目标网络，目的是稳定 Q 值网络的训练，s_t 和 a_t 由采样得到；$\hat{Q}(s_t, a_t)$ 为目标 Q 网络。

式(16.14)采用随机梯度下降进行更新，表示为

$$\hat{\nabla}_\theta J_Q(\theta) = \nabla_\theta Q_\theta(a_t, s_t)(Q_\theta(s_t, a_t) - r(s_t, a_t) - \gamma V_{\bar{\varphi}}(s_{t+1})) \tag{16.16}$$

在 SAC 更新过程中，策略正比于 Q 函数的指数分布，表示为

$$\pi_{\text{new}} = \arg\min_{\pi' \in \Pi} D_{\text{KL}}(\pi'(\cdot \mid s_t)) \| \frac{\exp(Q^{\pi\text{old}}(s_t, \cdot))}{Z^{\pi\text{old}}(s_t)} \tag{16.17}$$

其中，$Z^{\pi\text{old}}(s_t)$ 对 Q 值进行归一化分布。$\pi' \in \Pi$ 策略，被约束在空间 Π 中。Q 值满足 $Q^{\pi\text{new}}(s_t, a_t) \geqslant Q^{\pi\text{old}}(s_t, a_t)$，以保证每次策略更新优于旧策略。

可以通过最小化式(16.17)中 KL 散度的方式来训练策略 π 的参数，如式(16.18)所示：

$$J_\pi(\phi) = E_{s_t \sim D}\left[D_{\text{KL}}(\pi(\cdot \mid s_t)) \| \frac{\exp(Q_\theta(s_t, \cdot))}{Z_\theta(s_t)}\right] \tag{16.18}$$

通过使用神经网络变换来重参数化 a_t，得到：

$$a_t = f_\phi(\varepsilon_t; s_t) \tag{16.19}$$

其中，ε_t 为噪声向量，采用标准正态分布。此时，式(16.18)转化为

$$J_\pi(\phi) = E_{s_t \sim D, \varepsilon_t \sim N}\left[\log \pi_\phi(f_\phi(\varepsilon_t; s_t) \mid s_t) - Q_\theta(s_t, f_\phi(\varepsilon_t; s_t))\right] \tag{16.20}$$

式(16.18)用随机梯度下降进行更新，表示为

$$\hat{\nabla}_\phi J_\pi(\phi) = \nabla_\phi \log \pi_\phi(a_t \mid s_t) + (\nabla_{a_t} \log \pi_\phi(a_t \mid s_t) - \nabla_{a_t} Q(s_t, a_t))\nabla_\phi f_\phi(\varepsilon_t; s_t) \tag{16.21}$$

最后，采用目标平滑系数 τ 更新两个目标 Q 值网络：

$$\bar{\varphi}_i = \tau\varphi + (1 - \tau)\varphi \tag{16.22}$$

4) 基于线段树的优先级经验回放

原始强化学习更新完参数立刻丢弃刚获得的经验，这样会引起两个问题：①前后用于学习的样本经验存在强关联性，未能保存样本的独立分布条件，从而造成算法的不稳定性和发散性；②丢弃了一些有用的经验，之后仍需重新学习，效率较低。因此，引入计算样本优先

级,采用 TD 误差进行计算。TD 误差为目标 Q 值网络的计算值和当前 Q 值网络的计算值之差,用于衡量优先学习的程度,TD 误差越大,预测精度越低,样本就越需要被学习,优先级 p_i 也就越高。样本优先级定义如式(16.23)所示:

$$p_i = |\hat{Q}(s_t, a_t) - Q(s_t, a_t)| + \mu \tag{16.23}$$

其中, μ 为一个不为 0 的整数,用于防止样本优先级为 0。

经验回放机制主要用于克服样本数据的关联性过强导致算法不稳定的问题,将以往样本经验进行存储,在后续训练中随机采样,进行模型训练,提高了数据的利用率和模型的训练效率。常见的经验回放机制主要有贪婪优先回放和随机均匀回放两种。贪婪优先回放会抽取优先级较高的样本,其他样本被抽中的概率减小,样本多样性受到影响,易导致出现过拟合现象。随机均匀回放采用随机抽取方式从经验池中抽取样本进行训练,每个样本被抽取到的概率相等,因此会抽到无效样本,不利于网络收敛。

这里采用线段树(segment tree)进行经验回放。初始化自下而上,由叶子节点开始向上构建,树叶拥有存储样本的优先级 p_i,每个树枝节点有两个分叉,有最大值线段树、最小值线段树、加和线段树三种。这里采用最小值线段树,故上一层节点的值是两个叶子节点的较小者,所以线段树的顶端就是所有 p_i 的最小值。将采样区间进行划分,每段均匀采样,根据采样值落到的区间,决定被采样到的叶子节点。

5)噪声网络

在 Critic 网络中添加高斯噪声(Gaussian noise),提高网络的泛化能力和容错率,同时平滑了输入空间的结构,有正则化的效果,进而提高了鲁棒性。此时,Critic 网络中的动作 a_t 重构为

$$a_t = f_\varphi(\varepsilon_t; s_t) \tag{16.24}$$

6)学习策略

在此采用一种动态学习策略,通过衰减系数对学习率进行调整,控制网络收敛过程。初始阶段学习率较大,有助于加速学习,而后学习率逐渐减小,以避免错过最优解。学习率的更新方式如式(16.25)所示:

$$lr_i = lr_{i-1} * 0.9995 \tag{16.25}$$

初始学习率为 lr_0,随迭代次数增多,学习率呈递减趋势,直至最小值 lr_{min} 并保持不变。

16.3　基于深度强化学习的生产过程动态优化方法应用验证

该方法在 14.2.3 节所述的车间(包含 13 个工位、从事 8 种小型结构件的机加车间)中进行应用,选取其中一个包括 8 种类型工件的加工任务订单案例进行应用验证。

记录 PER-SAC 算法训练过程中的奖励累计、完工时间与能耗值的变化情况,分别如图 16.2～图 16.4 所示,深色曲线为真实值,为更加直观地显示数值变化趋势对其数值进行拟合,拟合后结果如图中浅色曲线所示。式(16.26)为拟合公式:

$$y_{\text{reg},t+1} = 0.9 * y_{\text{reg},t} + 0.1 * y_{\text{real},t} \tag{16.26}$$

其中, $y_{\text{reg},t}$ 表示 t 时刻的拟合值; $y_{\text{real},t}$ 表示 t 时刻的真实值。

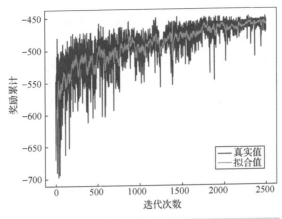

图 16.2　PER-SAC 算法训练过程中的奖励累计变化图

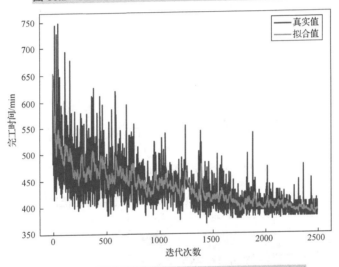

图 16.3　PER-SAC 算法训练过程中的完工时间变化图

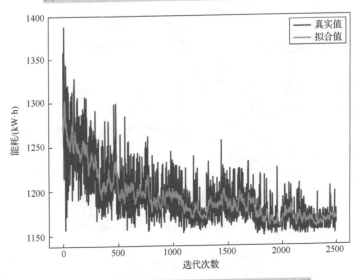

图 16.4　PER-SAC 算法训练过程中的能耗值变化图

初始阶段，完工期和能耗值均有明显波动，随着迭代次数的增加，智能体降低探索利用已学经验知识，逐渐获得决策能力，奖励累计值逐渐上升，完工期和能耗值也逐低，验证了奖励函数的可行性，完工期和能耗值最终收敛至最优值 364 和 1156。所得决方案中各行为规则选择频率如图 16.5 所示(选取排名前 15 的动作规则绘图)，其中，规则R37: NECP+STNM 选择次数最多，共计 14 次，其次是规则 R7: SPT+STNM 和 R43: NECNP+STNM，均为 13 次。

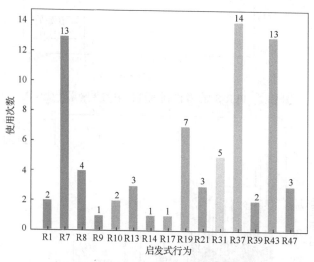

图 16.5 最优解下各组合规则使用频率图

当前调度方案甘特图如图 16.6 所示，优化目标收敛至最小值时，决策方案对应的调度甘

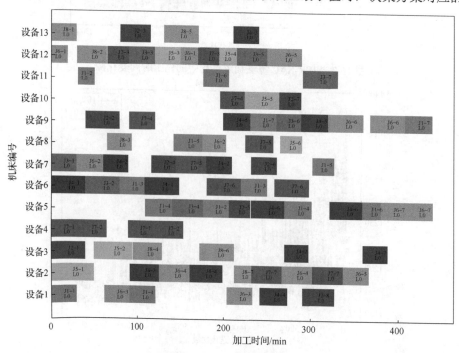

图 16.6 优化前的甘特图

特图如图 16.7 所示，甘特图中给出了各工件的各工序于各时刻在各工位上进行加工的情况，整个过程共执行决策 73 次。

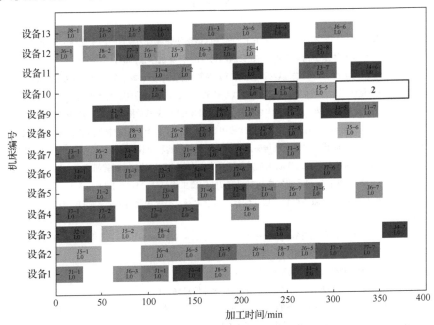

图 16.7　优化后的甘特图

由图 16.6 和图 16.7 可知，优化后订单完工时间明显减少，各工位机器利用率增加，空闲时间减少。图 16.7 中有颜色区域（如 1 号区域所示）表示该横轴对应的时间有加工任务安排，标签"J3-6 L0"和纵轴位置"10"表示订单 L0 中的工件 3 的第 6 道工序在设备 10 上加工，空白区域（如 2 号区域所示）表示该阶段加工任务完成后机床的空闲时段。

思　考　题

16-1　简述基于强化学习的生产过程动态优化的基本原理。

16-2　表征车间状态关键特征的选择一般需遵循哪些原则？

16-3　奖励函数的设计和选择应遵循哪些规则？

16-4　简述经验回放机制的主要作用。常见的经验回放机制有哪些？

参 考 文 献

□丰田, 周光辉, 李锦涛, 等, 2022. 边-云协同下智能制造单元的物联网络协调配置方法[J]. 西安交通大学学报, 56(6): 184-194.

陈海明, 崔莉, 谢开斌, 2013. 物联网体系结构与实现方法的比较研究[J]. 计算机学报, 36(1): 168-188.

陈伟兴, 李少波, 黄海松, 2016. 离散型制造物联过程数据主动感知及管理模型[J]. 计算机集成制造系统, 22(1): 166-176.

机械工业信息研究院战略与规化研究所, 2014. 德国工业4.0战略计划实施建议(摘编)[J]. 世界制造技术与装备市场, (3): 42-48.

郭斌, 刘思聪, 刘琰, 等, 2023. 智能物联网: 概念、体系架构与关键技术[J]. 计算机学报, 46(11): 2259-2278.

贺长鹏, 郑宇, 王丽亚, 等, 2014. 面向离散制造过程的 RFID 应用研究综述[J]. 计算机集成制造系统, 20(5): 1160-1170.

黄进宏, 左菲, 曾明, 2002. 一种基于能量优化的无线传感网络自适应组织结构和协议[J]. 电讯技术, 42(6): 118-121.

黄少华, 郭宇, 查珊珊, 等, 2019. 离散车间制造物联网及其关键技术研究与应用综述[J]. 计算机集成制造系统, 25(2): 284-302.

李伯虎, 柴旭东, 刘阳, 等, 2022. 智慧物联网系统发展战略研究[J]. 中国工程科学, 24(4): 1-11.

李刚, 闫开宁, 2023. 基于"互联网+"的服务型制造模式创新: 科学内涵、研究进展与未来方向[J]. 西安交通大学学报(社会科学版), 43(6): 117-126.

李建中, 高宏, 2008. 无线传感器网络的研究进展[J]. 计算机研究与发展, 45(1): 1-15.

李培根, 2019. 浅说智能制造[J]. 科技导报, 37(8): 1.

李晓维, 2007. 无线传感器网络技术[M]. 北京: 北京理工大学出版社.

刘广荣, 2009. 西安研制成功物联网核心芯片"唐芯一号"[J]. 半导体信息(6): 1.

刘明周, 马靖, 王强, 等, 2015. 一种物联网环境下的制造资源配置及信息集成技术研究[J]. 中国机械工程, 26(3): 339-347.

马祖长, 孙怡宁, 2004. 大规模无线传感器网络的路由协议研究[J]. 计算机工程与应用, 40(11): 165-167, 198.

年丽云, 2015. 基于 RFID 的离散制造车间实时定位技术研究[D]. 南京: 南京航空航天大学.

聂志, 冷晟, 叶文华, 等, 2015. 基于物联网技术的数字化车间制造数据采集与管理[J]. 机械制造与自动化, 44(4): 98-101.

牛宇鑫, 2013. 制造业创新转型 物联网先行[N]. 中国信息化周报, 05-27(30).

孙其博, 刘杰, 黎羴, 等, 2010. 物联网: 概念、架构与关键技术研究综述[J]. 北京邮电大学学报, 33(3): 1-9.

王楚豫, 谢磊, 赵彦超, 等, 2022. 基于 RFID 的无源感知机制研究综述[J]. 软件学报, 33(1): 297-323.

王东强, 鄢萍, 刘飞, 等, 2010. 基于 EPC 规范的车间层多源信息集成技术[J]. 中国机械工程, 21(3): 319-324, 377.

王加兴, 2010. 离散制造车间数据采集及其分析处理系统研究与开发[D]. 杭州: 浙江大学.

王健全, 马彰超, 孙雷, 等, 2023. 工业网络体系架构的演进、关键技术及未来展望[J]. 工程科学学报, 45(8): 1376-1389.

王鑫, 吴际, 刘超, 等, 2018. 基于 LSTM 循环神经网络的故障时间序列预测[J]. 北京航空航天大学学报, 44(4): 772-784.

邬群勇, 孙梅, 崔磊, 2016. 时空数据模型研究综述[J]. 地球科学进展, 31(10): 1001-1011.

吴鹏兴, 郭宇, 黄少华, 等, 2021. 基于数字孪生的离散制造车间可视化实时监控方法[J]. 计算机集成制造系统, 27(6): 1605-1616.

武星, 王旻超, 张武, 等, 2011. 云计算研究综述[J]. 科技创新与生产力, (6): 49-55.

熊伟杰, 郭宇, 黄少华, 等, 2022. 基于 OPC UA 的数字孪生车间实时数据融合与建模研究[J]. 机械设计与制造, (7): 143-148.

闫振强, 2014. 基于射频识别技术的离散制造车间定位感知关键技术研究[D]. 南京: 南京航空航天大学.

杨周辉, 2011. 基于 RFID 的汽车混流装配线生产监控系统的研究[D]. 广州: 广东工业大学.

姚锡凡, 于淼, 陈勇, 等, 2014. 制造物联的内涵、体系结构和关键技术[J]. 计算机集成制造系统, 20(1): 1-10.

喻剑, 2009. RFID 中间件关键技术研究[D]. 广州: 华南理工大学.

张洁, 吕佑龙, 汪俊亮, 等, 2020. 智能车间的大数据应用[M]. 北京: 清华大学出版社.

张晴, 饶运清, 2003. 车间动态调度方法研究[J]. 机械制造, 41(1): 39-41.

周光辉, 张红州, 王蕊, 等, 2011. 基于 UWB 的数字化制造车间物料实时配送系统: 中国, CN201010013550.9 [P]. 2011-11-16.

Al-TURJMAN F M, HASSANEIN H S, IBNKAHLA M A, 2013. Efficient deployment of wireless sensor networks targeting environment monitoring applications[J]. Computer communications, 36(2): 135-148.

BARRIOS P, DANJOU C, EYNARD B, 2022. Literature review and methodological framework for integration of IoT and PLM in manufacturing industry[J]. Computers in industry, 140: 103688.

BINDEL A, ROSAMOND E, CONWAY P, et al., 2012. Product life cycle information management in the electronics supply chain[J]. Proceedings of the institution of mechanical engineers part B journal of engineering manufacture, 226(8): 1388-1400.

CHENG C Y, PRABHU V, 2013. An approach for research and training in enterprise information system with RFID technology[J]. Journal of intelligent manufacturing, 24(3): 527-540.

CHEN D, LIU Z X, WANG L Z, et al., 2013. Natural disaster monitoring with wireless sensor networks: a case study of data-intensive applications upon low-cost scalable systems[J]. Mobile networks and applications, 18(5): 651-663.

CHEN J C, CHENG C H, HUANG P B, et al., 2013. Warehouse management with lean and RFID application: a case study[J]. The international journal of advanced manufacturing technology, 69(1): 531-542.

CHEN J S, 2014. Study on the application of RFID in the visible military logistics[M]//Lecture notes in electrical engineering. Berlin: Springer.

CHONGWATPOL J, SHARDA R, 2013. RFID-enabled track and traceability in job-shop scheduling environment[J]. European journal of operational research, 227(3): 453-463.

CHUNG Y F, HSIAO T C, CHEN S C, 2014. The application of RFID monitoring technology to patrol management system in petrochemical industry[J]. Wireless personal communications, 79(2): 1063-1088.

COSTA C, ANTONUCCI F, PALLOTTINO F, et al., 2013. A review on agri-food supply chain traceability by means of RFID technology[J]. Food and bioprocess technology, 6(2): 353-366.

COSTIN A, PRADHANANGA N, TEIZER J, 2012. Leveraging passive RFID technology for construction resource field mobility and status monitoring in a high-rise renovation project [J]. Automation in construction, 24: 1-15.

DAI H Y, XU J, 2013. Collaborative design of RFID systems for multi-purpose supply chain applications[J]. Journal of systems science and systems engineering, 22(2): 152-170.

DING B, CHEN L, CHEN D L, et al., 2008. Application of RTLS in warehouse management based on RFID and Wi-Fi[C]//2008 4th International Conference on Wireless Communications, Networking and Mobile Computing, Dalian: 1-5.

EKPENYONG M, IGBOKWE C, 2012. Predictive queue-based technique for network latency optimization in established TCP/IP gigabit Ethernet stations[J]. Procedia technology, 6: 739-746.

ELSHUBER M, OBERMAISSER R, 2013. Dependable and predictable time-triggered Ethernet networks with COTS components[J]. Journal of systems architecture, 59(9): 679-690.

FERRER G, HEATH S K, DEW N, 2011. An RFID application in large job shop remanufacturing operations [J]. International journal of production economics, 133(2): 612-621.

FESCIOGLU-UNVER N, CHOI S H, SHEEN D, et al., 2015. RFID in production and service systems: technology, applications and issues[J]. Information systems frontiers, 17(6): 1369-1380.

GRAVES A, 2012. Supervised Sequence Labelling with Recurrent Neural Networks[M]. Berlin: Springer.

GWON S H, OH S C, HUANG N J, et al., 2011. Advanced RFID application for a mixed-product assembly line[J]. The international journal of advanced manufacturing technology, 56(1): 377-386.

HA O, PARK M, LEE K, et al., 2013. RFID application in the food-beverage industry: identifying decision making factors and evaluating SCM efficiency[J]. KSCE journal of civil engineering, 17(7): 1773-1781.

HEWA T, BRAEKEN A, LIYANAGE M, et al., 2022. Fog computing and blockchain-based security service architecture for 5G industrial IoT-enabled cloud manufacturing[J]. IEEE transactions on industrial informatics, 18(10): 7174-7185.

HOCHREITER S, SCHMIDHUBER J, 1997. Long short-term memory[J]. Neural computation, 9(8): 1735-1780.

HUANG G Q, WRIGHT P K, NEWMAN S T, 2009. Wireless manufacturing: a literature review, recent developments, and case studies [J]. International journal of computer integrated manufacturing, 22(7): 579-594.

HUANG G Q, ZHANG Y F, CHEN X, et al., 2008. RFID-enabled real-time wireless manufacturing for adaptive assembly planning and control [J]. Journal of intelligent manufacturing, 19(6): 701-713.

HUANG S H, GUO Y, YANG N J, et al., 2021. A weighted fuzzy C-means clustering method with density peak for anomaly detection in IoT-enabled manufacturing process[J]. Journal of intelligent manufacturing, 32(7): 1845-1861.

HUANG S H, GUO Y, ZHA S S, et al., 2017. A real-time location system based on RFID and UWB for digital manufacturing workshop[J]. Procedia CIRP, 63: 132-137.

.012. Time-interleaved CMOS chip design of Manchester and miller encoder for RFID application[J]. Analog integrated
 .d signal processing, 71(3): 549-560.

 H, JAVAID M, 2022. Role of Internet of Things (IoT) in adoption of industry 4.0[J]. Journal of industrial integration and
 .nagement, 7(4): 515-533.

.O J M, KWAK C, CHO Y, et al., 2011. Adaptive product tracking in RFID-enabled large-scale supply chain[J]. Expert systems with
 applications, 38(3): 1583-1590.

KOUR R, KARIM R, PARIDA A, et al., 2014. Applications of radio frequency identification (RFID) technology with eMaintenance cloud
 for railway system[J]. International journal of system assurance engineering and management, 5(1): 99-106.

KRANZFELDER M, ZYWITZA D, JELL T, et al., 2012. Real-time monitoring for detection of retained surgical sponges and team motion
 in the surgical operation room using radio-frequency-identification (RFID) technology: a preclinical evaluation [J]. Journal of surgical
 research, 175(2): 191-198.

LANIEL M, ÉMOND J P, ALTUNBAS A E, 2011. Effects of antenna position on readability of RFID tags in a refrigerated sea container of
 frozen bread at 433 and 915MHz [J]. Transportation research part C: emerging technologies, 19(6): 1071-1077.

LEE C K H, CHOY K L, HO G T S, et al., 2013. A RFID-based resource allocation system for garment manufacturing[J]. Expert systems
 with applications, 40(2): 784-799.

LV Y Q, LEE C K M, CHAN H K, et al., 2012. RFID-based colored petri net applied for quality monitoring in manufacturing system[J].
 The international journal of advanced manufacturing technology, 60(1): 225-236.

NGAI E W T, CHEUNG B K S, LAM S S, et al., 2014. RFID value in aircraft parts supply chains: a case study[J]. International journal of
 production economics, 147: 330-339.

NI L M, LIU Y H, LAU Y C, et al., 2004. LANDMARC: indoor location sensing using active RFID[J]. Wireless networks, 10(6): 701-710.

PÉREZ M M, CABRERO-CANOSA M, HERMIDA J V, et al., 2012. Application of RFID technology in patient tracking and medication
 traceability in emergency care[J]. Journal of medical systems, 36(6): 3983-3993.

POON T C, CHOY K L, CHAN F T S, et al., 2011. A real-time production operations decision support system for solving stochastic
 production material demand problems [J]. Expert systems with applications, 38(5): 4829-4838.

QIAN W W, GUO Y, ZHANG H, et al., 2023. Digital twin driven production progress prediction for discrete manufacturing workshop[J].
 Robotics and computer-integrated manufacturing, 80: 102456.

RODRIGUES D, CARVALHO P, RITO LIMa S, et al., 2022. An IoT platform for production monitoring in the aerospace manufacturing
 industry[J]. Journal of cleaner production, 368: 133264.

SONG W, LI W F, FU X W, et al., 2013. RFID based real-time manufacturing information perception and processing[M]//AVERSA R,
 KOŁODZIEJ J, ZHANG J, et al., Lecture notes in computer science. Cham: Springer.

WANG H Y, ZHAO S P, 2012. The predigest project of TCP/IP protocol communication system based on DSP technology and Ethernet [J].
 Physics procedia, 25: 1253-1257.

WANG K, ZHANG C R, XU X, et al., 2013. A CNC system based on real-time Ethernet and windows NT[J]. The international journal of
 advanced manufacturing technology, 65(9): 1383-1395.

WEISER M, 1991. The computer for the 21st century[J]. Scientific American, 265(3): 94-104.

YAGHMAEE M H, BAHALGARDI N F, ADJEROH D, 2013. A priori tization based congestion control protocol for healthcare
 monitoring application in wireless sensor networks[J]. Wireless personal communications, 72(4): 2605-2631.

YAO W, CHU C H, LI Z, 2012. The adoption and implementation of RFID technologies in healthcare: a literature review[J]. Journal of
 medical systems, 36(6): 3507-3525.

YEDAVALLI R K, BELAPURKAR R K, 2011. Application of wireless sensor networks to aircraft control and health management
 systems[J]. Journal of control theory and applications, 9(1): 28-33.

ZHONG R Y, 2013. RFID-enabled real-time advanced production planning and scheduling using data mining [D]. Hong Kong: The
 University of Hong Kong.

ZHOU W, PIRAMUTHU S, 2012. Manufacturing with item-level RFID information: from macro to micro quality control[J]. International
 journal of production economics, 135(2): 929-938.